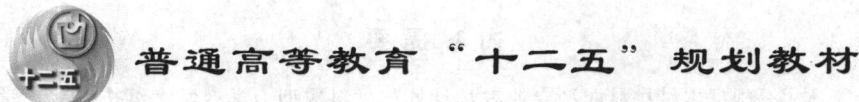

普通高等教育"十二五"规划教材

金属塑性成型力学

（第 2 版）

王 平　编著

U0342706

北 京

冶金工业出版社

2023

内 容 提 要

　　本书是根据本科材料成型专业教学计划与材料成型力学教学大纲按东北大学"十二五"教材建设规划要求编写的。全书从应力与应变的基本概念入手，建立求解材料成型问题的基本方程，进而结合材料成型实际讲述了主要解析方法——工程法、滑移线法和上界法，并给出具体解析实例。

　　本书按新的教学大纲进一步加强了工程法与上界法的解析实例，针对各校具体情况，可根据需要增加或删去带 * 号的章节。本书可作为高等学校材料成型专业的教学用书，也可供生产、设计和科研部门的工程技术人员参考。

图书在版编目（CIP）数据

金属塑性成型力学/王平编著. —2 版. —北京：冶金工业出版社,2013.3
（2023.1 重印）
普通高等教育"十二五"规划教材
ISBN 978-7-5024-6167-6

Ⅰ. ①金… Ⅱ. ①王… Ⅲ. ①金属压力加工—塑性力学—高等学校—教材　Ⅳ. ①TG3

中国版本图书馆 CIP 数据核字（2013）第 045284 号

金属塑性成型力学（第 2 版）

出版发行	冶金工业出版社	电　话	(010)64027926
地　址	北京市东城区嵩祝院北巷 39 号	邮　编	100009
网　址	www. mip1953. com	电子信箱	service@ mip1953. com

责任编辑　卢　敏　美术编辑　彭子赫　版式设计　孙跃红
责任校对　石　静　责任印制　窦　唯
北京富资园科技发展有限公司印刷
2006 年 8 月第 1 版，2013 年 3 月第 2 版，2023 年 1 月第 3 次印刷
787mm×1092mm　1/16；12.75 印张；306 千字；193 页
定价 28.00 元

投稿电话　(010)64027932　投稿信箱　tougao@cnmip. com. cn
营销中心电话　(010)64044283
冶金工业出版社天猫旗舰店　yjgycbs. tmall. com
（本书如有印装质量问题，本社营销中心负责退换）

前　言

　　本书是根据本科材料成型专业教学计划与材料成型力学教学大纲按照东北大学"十二五"教材建设规划要求编写的。全书从应力与应变的基本概念入手，建立求解材料成型问题的基本方程，进而结合材料成型实际讲述了主要解析方法——工程法、滑移线法和上界法，并给出很多具体解析实例。为培养学生分析与解决问题的能力，各章均有一定数量的思考题与习题。为便于学生自学，对书中涉及的主要公式都做了详细的推导。

　　本书是按照 90 学时的内容编写的，按新的教学大纲该书进一步加强了工程法与上界法的解析实例，若学时较少，可根据各校具体情况，增加或删去带 * 号的章节。

　　本书可作为高等学校材料成型专业的教学用书，也可供生产、设计和科研部门的工程技术人员参考。

　　在编写过程中，东北大学赵德文教授和邸洪双教授以书面和口头形式提出了许多宝贵意见。本书的出版，得到了东北大学的资助，在此深表感谢。

　　由于作者水平有限，书中不足在所难免。书中的不妥之处，敬请读者批评指正。

作　者
2013 年 3 月

目　　录

0 绪 论

金属塑性成型过程，就是利用金属的塑性，在一定外力的作用下，使之变形，得到所需尺寸规格和一定性能要求的产品的变形过程。

塑性成型的成败取决于坯料的塑性、成型时的应力状态和外作用力。

金属塑性成型的方式很多，本书主要根据成型时工件的受力方式或者成型时工件的温度特征这两方面进行分类。

0.1 金属塑性成型的分类

0.1.1 根据成型时工件的受力方式分类

根据成型时工件的受力方式分为基本成型方式和组合成型方式，如表 0-1 所示。

0.1.1.1 基本成型方式

A 压力作用变形

靠压力作用使金属产生变形的方式有锻造、轧制和挤压。

(1) 锻造：用锻锤锤击或用压力机的压头压缩工件，分自由锻和模锻，可生产各种形状的锻件，如各种轴类、曲柄和连杆等。

(2) 轧制：坯料通过转动的轧辊受到压缩，使横断面减小、形状改变、长度增加，可分为纵轧、横轧和斜轧。

1) 纵轧——工作轧辊旋转方向相反，轧件的纵轴线与轧辊轴线垂直；

2) 横轧——工作轧辊旋转方向相同，轧件的纵轴线与轧辊轴线平行；

3) 斜轧——工作轧辊旋转方向相同，轧件的纵轴线与轧辊轴线成一定的倾斜角。

用轧制法可生产板带材、简单断面和异型断面型材与管材、回转体（如变断面轴和齿轮等）、各种周期断面型材、丝杠、麻花钻头和钢球等。

(3) 挤压：把坯料放在挤压筒中，垫片在挤压轴推动下，迫使成型材料从一定形状和尺寸的模孔中挤出，分正挤压和反挤压。

1) 正挤压——挤压轴的运动方向和从模孔中挤出材料的前进方向一致；

2) 反挤压——挤压轴的运动方向和从模孔中挤出材料的前进方向相反。

用挤压法可生产各种断面的型材和管材。

B 拉力作用变形

主要靠拉力作用使材料成型的方式有拉拔、冲压（拉延）和拉伸成型。

(1) 拉拔：用拉拔机的夹钳把成型材料从一定形状和尺寸的模孔中拉出，可生产各种断面的型材、线材和管材。

(2) 冲压：靠压力机的冲头把板料冲入凹模中进行拉延，可生产各种杯件和壳体，如

表 0−1 金属塑性成型方式与受力特点示意图

基本受力特点	分类与名称	基本成型方式
压 力	锻造 — 自由锻（镦粗、延伸）、模锻	（镦粗、延伸、模锻示意图）
压 力	轧制 — 纵轧、横轧、斜轧	（纵轧、横轧、斜轧示意图）

基本受力特点	分类与名称	基本成型方式
压力（压挤、挤压）	正向挤压、反向挤压	（正向挤压、反向挤压示意图）
拉 力	拉拔（拉）、冲压（拉延）、拉伸成型	（拉拔、冲压、拉伸成型示意图）
剪 力	剪切	（剪切示意图）
弯 矩	弯曲	（弯曲示意图）

组合成型方式	分类与名称
锻造－轧制	镦轧
拉拔－轧制	拔轧
轧制－弯曲	辊弯
轧制－剪切	搓轧（异步轧制）（$v_1 < v_2$）
轧制－挤压	楔轧

汽车外壳等。

C 弯矩和剪力作用变形

主要靠弯矩和剪力作用使材料产生成型的方式有弯曲和剪切。

（1）弯曲：材料在弯矩作用下成型，如板带弯曲成型和金属材的矫直等。

（2）剪切：材料在剪力作用下进行剪切变形，如板料的冲剪和金属的剪切等。

基本成型方式简称"锻、轧、挤、拉、冲、弯、剪"。

0.1.1.2 组合成型方式

为了扩大品种和提高成型精度与效率，常常把上述基本成型方式组合起来，而形成新的组合成型过程，如表0-1所示。仅就轧制来说，目前已成功地研究出或正在研究与其他基本成型方式相组合的一些成型过程。诸如锻造和轧制组合的锻轧过程，可生产各种变断面零件以扩大轧制品种和提高锻造加工效率；轧制和挤压组合的轧挤过程，可以生产铝型材，纵轧压力穿孔也是这种组合过程，可以对斜轧法难以穿孔的连铸坯（易出内裂和折叠）进行穿孔，并可使用方坯代替圆坯；拉拔和轧制组合的拔轧过程，其轧辊不用电机驱动而靠拉拔工件带动，能生产精度较高的各种断面型材。冷轧带材时带前后张力轧制也是一种拔轧组合，可减小轧制力；轧制和弯曲组合的辊弯过程，使带材通过一系列轧辊构成的孔型进行弯曲成型，可生产各种断面的薄壁冷弯或热弯型材。轧制和剪切组合的搓轧过程，因上下工作辊旋转速度不等（也叫异步轧制）而造成上下辊面对轧件摩擦力方向相反的搓轧条件，可显著降低轧制力，能生产高精度极薄带材。

此外，还有铸造和轧制组合的液态铸轧（图0-1），粉末冶金和轧制组合的粉末轧制（图0-2）等新的组合成型过程。目前，已采用液态铸轧法生产铸铁板、不锈钢和高速钢薄带、铝带和铜带等，钢的液态铸轧正在研究中；用粉末轧制法已能生产出有一定强度和韧性的板带材。

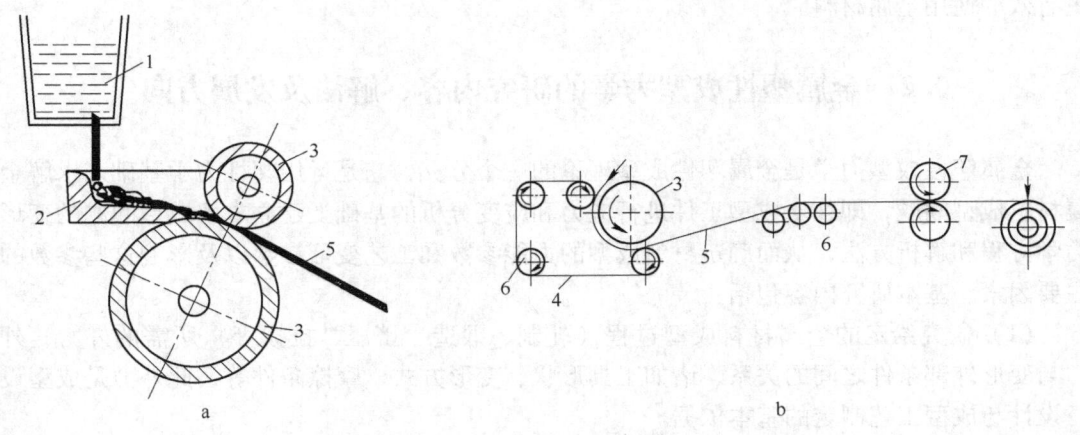

图0-1 液态铸轧过程

a—铸铁板液态铸轧；b—铝带液态铸轧

1—盛钢桶；2—流钢槽；3—水冷轧辊；4—冷却钢带；5—轧件；6—导辊；7—轧辊

0.1.2 按成型时的工件温度分类

按变形时的工件温度特征可分为热变形、冷变形和温变形。

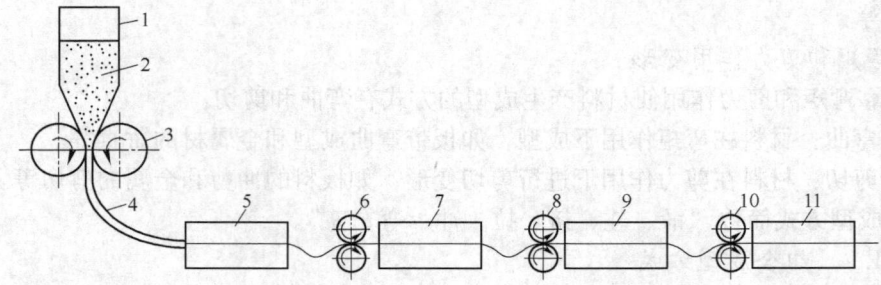

图 0 - 2　粉末轧制过程

1—料斗；2—粉末；3—轧辊；4—未烧结的带坯；5—预烧结炉；6——次冷轧；

7—烧结炉；8—二次冷轧；9，11—退火炉；10—三次冷轧

（1）热变形——在进行充分再结晶温度以上所完成的变形过程。

（2）冷变形——在不产生回复和再结晶温度以下所完成的变形过程。

（3）温变形——介于冷热变形之间的温度进行的变形。

热变形是为了改善产品的组织性能，常常要控制加热温度、变形终了温度、变形程度和成型后产品的冷却速度，从而提高产品的强韧性。

冷变形的实质是冷变形—退火—冷变形……成品退火的过程，可以得到表面光洁、尺寸精确、组织性能良好的产品。

温变形的目的有的是为了降低金属的变形抗力，有的是为了改善金属的塑性，也有的是为了在韧性不显著降低时提高金属的强度。

以上说明，各种成型方式的适当组合可开发出能扩大品种、改善产品精度和成型效率的新的成型过程。成型过程和热处理适当配合可显著改善产品的组织性能，以便更经济、更有效的使用金属材料。

0.2　金属塑性成型力学的研究内容、解法及发展方向

金属塑性成型力学是金属塑性成型理论的一个分支，它是运用塑性力学基础来求解金属材料成型问题，即在对成型工件进行应力和应变分析的基础上建立求解成型问题的变形力学方程和解析方法，从而确定材料成型的力能参数和工艺变形参数以及影响这些参数的主要因素。基本研究内容包括：

（1）研究给定的金属材料成型过程（轧制、锻造、挤压、拉拔等）所需的外力；外力与变形外部条件之间的关系，诸如工具形状、变形方式、摩擦条件等，此外力是成型设备设计与成型工艺制定的基本依据。

（2）研究成型材料内部的应力场、应变场、应变速率场以及边界位移等，从而分析成型时产生裂纹的原因和预防措施，预测产品内残余应力和组织性能，提高产品质量。

（3）研究新的、更合理的成型过程与组合成型过程及其力学特点，以提高成型效率、节省能源；研究新的、更合理的数学解析方法以提高成型力学的解析性、严密性与科学性。

作为实用塑性理论的金属塑性成型力学直到 20 世纪 60 年代主要的解法仍是初等解析

法即传统工程法。此法的基本特点是采用近似的平衡方程与近似塑性条件并假定正应力在某方向均匀分布、剪应力在某方向线性分布，然后求解出工件接触面上的应力分布方程。由于方法较简单，如参数处理得当，计算结果与实际之间误差常在工程允许范围内，结果可信，因此今天仍有重要价值。但此种方法的主要缺点是不能研究变形体内部应力与变形分布。

另外一种发展较早的变形力解法是分析理想刚－塑性材料的滑移线法，该法采用精确平衡方程与塑性条件推导出汉基应力方程并按边界条件与几何性质绘制出塑性流动区内的滑移线场，借助滑移线场与速端图可确定塑性区内各点的应力分布与流动情况。此法可以有效地解析平面变形问题，但对轴对称问题及边界形状复杂的三维问题尚有待深入研究。

20世纪40年代末至50年代初A.A.马尔科夫与R.希尔等从数学塑性理论角度出发，以完整的形式证明了可变形连续介质力学的极值原理。到70年代极值原理解析材料成型实际问题的应用已居主导地位。其中上界法发展成上界三角形速度场解法与上界连续速度场解法；三角形速度场解法将变形区设定为由刚性的三角形块组成，当成型工具具备已知速度时，刚性块发生相互搓动，借助速端图可求出变形功率与边界外力；此法因对变形区处理粗略，目前已逐渐被连续速度场解法取代。上界连续速度场解法是对具体的成型问题设定满足运动许可条件含有待定参量的上界运动许可速度场，然后计算应变速率场与成型功率，再用数学方法使成型功率最小化进而得到相关力能参数。

本书主要讲授工程法、滑移线法和上界法。

金属塑性成型力学今后发展的动向应当是：（1）采用较精确的初始和边界条件（包括接触摩擦条件等）以及反映实际材料流变特性的变形抗力模型，依靠电子计算机求解精确化的变形力学方程，并加强对三维流动问题的研究。（2）研究金属塑性成型工件内部的矢量场（应力、位移和应变分布）和标量场（温度、硬度和晶粒度分布等）。（3）研究金属塑性成型力学中非线性力学与数学问题的线性化解法（塑性功率积分方法线性化、屈服准则线性化等），以提高金属塑性成型力学的解析性、严密性与科学性。

1　应力与应变

【本章概要】金属塑性成型是金属与合金在外力作用下产生塑性变形的过程，所以必须了解成型过程中工件所受的外力及其在工件内的应力和应变。本章将从塑性成型中工件所受的外力和所呈现的现象入手讲述成型工件内应力和应变状态的分析及其表示方法。这些都是塑性成型的力学基础。

【关键词】应力状态；主应力；应变状态；应变速率；刚 – 塑体"模型"

1.1　基本概念

1.1.1　外力

所谓外力，是由外界施加于变形体的力。在一定条件下，要使物体变形，必须施加一定的力，作用于物体上的力有两种类型：体积力（质量力）和表面力（外力）。

（1）体积力——指作用于物体的每一个质点上，例如重力、磁力、惯性力等。

（2）表面力——指作用于物体表面上的外力。塑性成型过程中的工件表面上作用的外力主要有作用力和约束反力。

1）作用力——通常把材料成型设备的可动工具部分对工件所作用的力叫做作用力或者叫主动力，例如，锻压时锤头对工件作用的压力（图 1 – 1a 中的 P），轧制时轧辊对工件的轧制力（图 1 – 1b 中的 P）等。材料成型时的作用力可以实测或用理论计算得到。用这个力来验算设备零件强度和设备功率。

2）约束反力——工件在主动力的作用下，其运动将受到工具的阻碍而产生变形，金属变形时，其质点的流动又会受到工件与工具接触面上摩擦力的制约，因此，工件在主动力的作

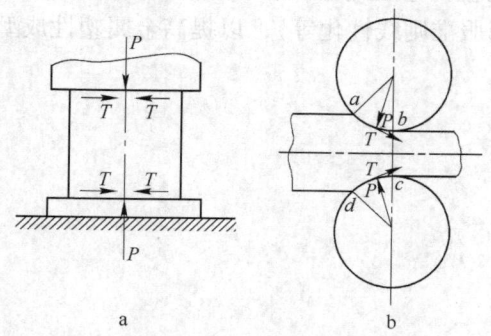

图 1 – 1　镦粗及轧制时的外力图
a—镦粗；b—轧制

用下，其整体运动和质点流动受到工具的约束时就产生约束反力。这样，在工件和工具接触表面上的约束反力就有正压力和摩擦力。

正压力——沿工具和工件接触面的法线方向并阻碍工件整体移动或金属流动的力，其方向垂直于接触面，并指向工件。

摩擦力——沿工具和工件接触面的切线方向并阻碍金属流动的力，其方向和接触面平

行，并与金属质点流动方向或流动趋势相反。

应当指出，体积力和表面力皆可使物体在一定的情况下产生弹性变形或塑性变形。但对大多数成型金属来说，成型是由表面力来完成的，体积力与表面力相比，在成型过程中所起的作用较小，故一般略而不计。

平锤下镦粗时，圆柱体试件受上、下锤头力的作用而产生高度减小、断面扩大的变形，如图 1 - 1a 所示。

锤头力 P 是使柱体产生变形的有效作用力。由于锤头表面在横向上没有运动，而工件与工具接触处是相对运动的，这就产生了阻碍柱体断面扩大的摩擦力。图 1 - 1b 为平辊间的轧制，轧辊沿径向对轧件施加压力 P，使其高度减小。为了使轧件能进入逐渐缩小的辊缝，在轧辊与材料接触表面之间也存在摩擦力，它的作用是将轧件咬入辊缝以实现轧制过程。

镦粗时，摩擦力妨碍柱体断面的扩大，是无效力；轧制时，摩擦力是实现轧件成型所必需的有效力之一。

1.1.2 内力与应力

变形物体受到外力作用时，内部将出现与外力平衡、抵抗变形的内力，故寻求变形力的平衡条件，不仅有作用于整个物体上外力的平衡条件，而且需要物体每个无穷小单元也处于平衡。变形物体的平衡条件具有微分性质，即意味着研究物体变形时力的情况，还需要了解物体内部的应力情况。内力的强度称为应力。物体内部出现应力，称物体处于应力状态之中。

为研究应力情况，需引入变形区的概念。在金属成型时，所谓变形区，是指那些受工具直接作用的、金属坯料正在产生塑性变形的那部分体积。如图 1 - 1a 所示，镦粗时金属整体全部在工具直接作用下发生变形，整块金属都处于变形区内，任意瞬间的变形都遍及全体。轧制则不然，每瞬间的变形只发生在其纵向上的一小段中，如图 1 - 1b 中 *abcd* 所包围的部分。变形区前面部分，变形已完毕，后面部分则尚未变形，这些部分又称为刚端。所谓刚端（或外区）是指变形过程的任意瞬间、金属坯料上不发生塑性变形的那部分金属体积。

从变形区内取出一个小体积，如图 1 - 2a 所示，当其处于平衡状态时，作用着 P_1，P_2，P_3，…诸力。若截去 B 部分，为了保持与 A 部分的平衡，则截面上一定有一合力 P，如图 1 - 2b 所示，在截面的任一微小面素 ΔF 上，在 P 力方向有 ΔP 力，那么 $\lim\limits_{\Delta F \to 0} \dfrac{\Delta P}{\Delta F}$ 定义为面素上的全应力 S。即

$$S = \lim_{\Delta F \to 0} \frac{\Delta P}{\Delta F} \tag{1 - 1}$$

ΔP 对 ΔF 而言，可分解为垂直分量（法线分量）ΔN 及切线分量 ΔT，可得出

$$\sigma = \lim_{\Delta F \to 0} \frac{\Delta N}{\Delta F} \tag{1 - 2}$$

$$\tau = \lim_{\Delta F \to 0} \frac{\Delta T}{\Delta F} \tag{1 - 3}$$

式中　σ，τ——面素 ΔF 上的垂直应力（正应力）及切线应力（切应力）。

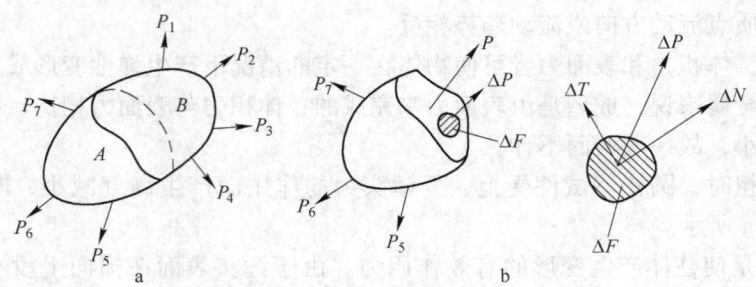

图 1-2 微小面素上作用力

1.1.3   应力状态

如图 1-3a 所示，设均匀圆杆的一端
固定，另一端受拉力 P 的作用，圆杆的截
面积为 F，则 F 的单元面积上的拉应力为
$\dfrac{P}{F}$。如图 1-3b 所示，若垂直拉力轴向断
面上的应力不变，由于 $P' = P$，该断面上
的法线应力 $\sigma = \dfrac{P}{F}$。如图 1-3c 所示，若

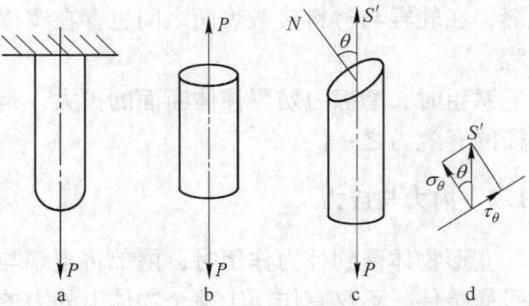

图 1-3 简单拉伸下不同表面的应力图

所取截面的法线与拉力轴向成 θ 角，拉力的作用在该面上出现的力为 S'，并且

$$S' = \frac{P}{F/\cos\theta} = \frac{P\cos\theta}{F} \tag{1-4}$$

如图 1-3d 所示，若将 S' 分解为垂直该面的法线分量 σ_θ 及作用该面上的切线分量 τ_θ，
则它们分别为

$$\left.\begin{array}{c} \sigma_\theta = \dfrac{P\cos^2\theta}{F} = \sigma\cos^2\theta \\[2mm] \tau_\theta = \dfrac{P\cos\theta\sin\theta}{F} = \sigma\cos\theta\sin\theta \end{array}\right\} \tag{1-5}$$

式中 σ_θ——θ 面的法线应力（正应力）；

τ_θ——θ 面的切线应力（剪应力，切应力）。

由上述两种情况可以看出，即使物体的力学状态相同，若所考查的面的位置发生变
化，应力状态的表示方法也变化。若以拉伸轴为法线的平面的应力状态（σ，0）已知，
则法线与拉伸轴成 θ 角的平面上的应力状态（σ_θ，τ_θ）与（σ，0）之间存在公式 1-5 的
关系。

1.1.4   应力分解

任意截面上的应力分量，通常可按两种方式分解：

一是按坐标轴方向分解。如图 1-4a 所示，N 表示应力矢量 S_n 作用面的外法线方向，
S_{nx}、S_{ny}、S_{nz} 表示应力矢量 S_n 在坐标轴 x、y、z 上的分量，于是

$$s_n^2 = s_{nx}^2 + s_{ny}^2 + s_{nz}^2 \tag{1-6}$$

其二是按法线和切线方向分解，如图 1 – 4b 所示，S_n 在法线 N 上的分量用 σ_n 表示，称为给定截面 n 上的法向应力（或正应力）；S_n 在切线方向上的分量用 τ_n 表示，称为给定截面 n 上的切向应力（或剪应力），显然

$$s_n^2 = \sigma_n^2 + \tau_n^2 \qquad\qquad (1-7)$$

根据定义，应力量纲为 [力]/[面积]。

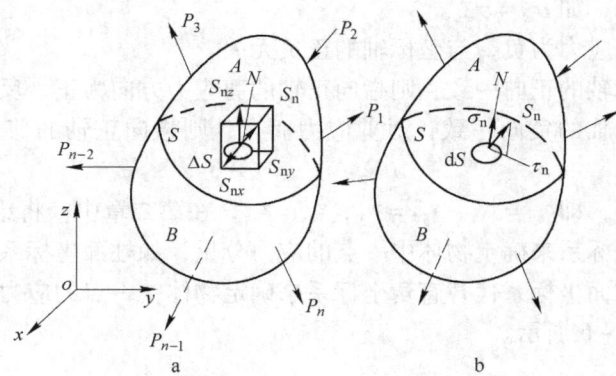

图 1 – 4　应力分解

1.1.5　一点应力状态的两种描述方法

要研究物体变形的应力状态，首先必须了解物体内任意一点的应力状态，才可推断整个变形体的整体应力状态。点的应力状态，是指物体内任意一点附近不同方位上所承受的应力情况。

在变形区内某点附近取一无限小的单元六面体，在其每个界面上都作用着一个全应力。设单元体很小，可视为一点，故对称面上的应力是相等的，只需在三个可见的面上画出全应力，如图 1 – 5a 所示。将全应力按取定坐标轴向进行分解（注意，这里单元体的六个边界面均为与对应的坐标面平行），每个全应力分解为一个法向应力（正应力）和两个切向应力，此为应力状态图描述法，如图 1 – 5b 所示。

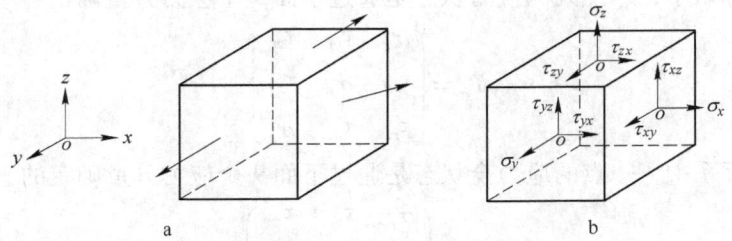

图 1 – 5　单元六面体应力图

也可用下列应力状态张量来描述

$$\sigma_{ij} = \begin{pmatrix} \sigma_x & \tau_{yx} & \tau_{zx} \\ \tau_{xy} & \sigma_y & \tau_{zy} \\ \tau_{xz} & \tau_{yz} & \sigma_z \end{pmatrix}$$

上述两种表示方法，各名为应力状态图与应力状态张量，因为它们都表示了沿相应坐标轴的方向上有无应力分量及应力方向的图形概念。也即确定了一点处的 9 个应力分量，也就确定了该点的应力状态。

对其中的应力分量，做如下规定：

应力分量中，第一个下标表示力作用面的法线方向，第二个下标表示力的方向。正应力只用一个下标表示，如 $\sigma_x = \sigma_{xx}$。

拉应力为正，压应力为负，与坐标轴的正负无关。

若拉应力与坐标轴的正向一致，则指向正轴的剪应力方向为正，反之，为负。

若拉应力与坐标轴的负向一致，对剪应力而言，则指向正轴的剪应力方向为负，反之，为正。

遵循剪应力互等，即 $\tau_{xy} = \tau_{yx}$，$\tau_{yz} = \tau_{zy}$，$\tau_{zx} = \tau_{xz}$，在第二章中，将给予证明。

也可以用其他坐标系来确定物体中一点的应力分量，如柱面坐标系和球面坐标系。如果用柱面坐标系或球面坐标系代替直角坐标系来确定物体中一点的应力状态，那么，相应的应力分量就如图 1-6 所示。

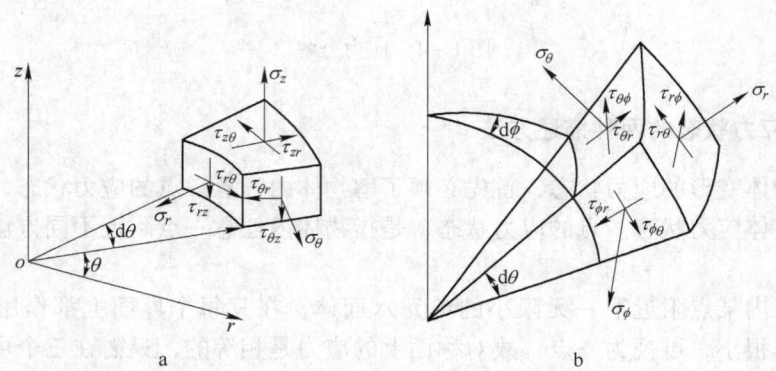

图 1-6   其他坐标系中的应力分量
a—柱面坐标系；b—球面坐标系

在柱面坐标系中，一点处的应力状态是通过下面 9 个应力分量确定：

$$T_\sigma = \begin{pmatrix} \sigma_r & \tau_{\theta r} & \tau_{zr} \\ \tau_{r\theta} & \sigma_\theta & \tau_{z\theta} \\ \tau_{rz} & \tau_{\theta z} & \sigma_z \end{pmatrix} \tag{1-8}$$

在球面坐标系中，一点的应力全状态是通过下面 9 个应力分量确定的：

$$T_\sigma = \begin{pmatrix} \sigma_r & \tau_{\theta r} & \tau_{\phi r} \\ \tau_{r\theta} & \sigma_\theta & \tau_{\phi\theta} \\ \tau_{r\phi} & \tau_{\theta\phi} & \sigma_\phi \end{pmatrix} \tag{1-9}$$

柱面坐标系和球面坐标系下应力分量的规定与直角坐标系下的规定相同。

1.1.6   变形表示法

材料成型时，物体将产生较大的塑性变形。这种塑性变形引起了物体形状和尺寸明显地改变，故不能按上述微小变形算式进行计算。由于材料成型中，物体的弹性变形量与塑性变形相比小至可以忽略，为计算方便，材料成型原理中有一条"体积不变"法则认为：物体塑性变形前后体积不变。设某物体变形前高向、横向及纵向的尺寸为 H、B、L，变形后为 h、b、l，按体积不变法则，有

$$HBL = hbl \tag{1-10}$$

工程计算时常采用绝对变形表示法和相对变形表示法来表示变形的大小。

绝对变形量的大小用下式表示：

压下量 $\Delta h = H - h$

宽展量 $\Delta b = b - B$

延伸量 $\Delta l = l - L$

绝对变形量不能确切的表示变形程度的大小，仅能表示工件外形尺寸的变化。

相对变形通常有两种表示法：工程应变和真应变。

工程应变是指一轴向尺寸变化的绝对量与该轴向原来（或完工）尺寸的比值。它能表达物体每单位尺寸的变化率，可以明晰地看出该物体所承受的变形程度。

对矩形六面体而言

$$e_1 = \frac{H-h}{H} \times 100\%$$

$$e_2 = \frac{b-B}{B} \times 100\% \tag{1-11}$$

$$e_3 = \frac{l-L}{L} \times 100\%$$

一般而言，成型时坯料的 3 个轴上的尺寸都在变化，但常以尺寸变化量最大的方向为主方向来计算坯料的变形程度，如平辊轧制计算压缩率（加工率或压下率），通过模孔的拉伸计算伸长率。对某些变形过程，也可用断面面积的改变率——断面减缩率 ψ，长度增长的倍数——延伸系数 λ 来表示变形程度

$$\psi = \frac{F-f}{F} \times 100\% \tag{1-12}$$

$$\lambda = \frac{l}{L} \tag{1-13}$$

式中 F，f——变形前、后的横断面积；

      L，l——变形前、后的长度。

上述表示法不足以反映实际变形情况，只表达了终了时刻的状态，而实际变形过程中，长度 l_0 是经过无穷多个中间数值变成 l_n，如 l_1，l_2，l_3，$\cdots$，l_{n-1}，l_n。其中相邻两长度相差均极微小，由 l_0 至 l_n 的总变形程度，可近似的看做是各个阶段变形之和

$$\frac{l_1-l_0}{l_0} + \frac{l_2-l_1}{l_1} + \cdots + \frac{l_{n-1}-l_{n-2}}{l_{n-2}} + \frac{l_n-l_{n-1}}{l_{n-1}}$$

设 dl 为每一变形阶段的长度增量，则物体的总变形量或总变形程度为

$$\varepsilon_3 = \int_{l_0}^{l_n} \frac{dl}{l} = \ln\frac{l_n}{l_0} = \ln\frac{l}{L} \tag{1-14}$$

此 ε_3 反映了物体变形的实际情况，称为长度方向的自然变形或对数变形。高度、宽度方

向的对数变形分别可表示为

$$\varepsilon_1 = \ln \frac{h}{H} \tag{1-15}$$

$$\varepsilon_2 = \ln \frac{b}{B} \tag{1-16}$$

可见在大变形问题中，只有采用对数表示的变形程度才能得出合理的结果。这是因为：

（1）工程变形不能表示实际情况，而且变形程度愈大，误差也愈大。如将对数应变用工程变形表示，并按泰勒级数展开（以长度方向为例），则有

$$\varepsilon_3 = \ln \frac{l_n}{l_0} = \ln(1 + e_3) = e_3 - \frac{e_3^2}{2} + \frac{e_3^3}{3} - \frac{e_3^4}{4} + \cdots \tag{1-17}$$

可见，只有当变形程度很小时，e 才近似等于 ε，变形程度愈大，误差也愈大。故上述计算 e 的方法是一种近似简便的方法。

（2）对数变形为可加变形，工程变形为不可加变形。

假设某物体原长为 l_0 经历 l_1、l_2 变为 l_3，总相对变形为

$$e_3 = \frac{l_3 - l_0}{l_0}$$

各阶段的工程变形为

$$e_3^1 = \frac{l_1 - l_0}{l_0}, \quad e_3^2 = \frac{l_2 - l_1}{l_1}, \quad e_3^3 = \frac{l_3 - l_2}{l_2}$$

显然

$$e_3 \neq e_3^1 + e_3^2 + e_3^3$$

但用对数变形表示，则无上述问题，因各阶段的对数变形为

$$\varepsilon_3^1 = \ln \frac{l_1}{l_0}, \quad \varepsilon_3^2 = \ln \frac{l_2}{l_1}, \quad \varepsilon_3^3 = \ln \frac{l_3}{l_2}$$

$$\varepsilon_3^1 + \varepsilon_3^2 + \varepsilon_3^3 = \ln \frac{l_1}{l_0} + \ln \frac{l_2}{l_1} + \ln \frac{l_3}{l_2} = \ln \frac{l_1 l_2 l_3}{l_0 l_1 l_2} = \ln \frac{l_3}{l_0} = \varepsilon_3$$

所以对数变形又称为可加变形。

（3）对数变形为可比变形，工程变形为不可比变形。

设某物体由 l_0 延长一倍后尺寸变为 $2l_0$，其工程变形为

$$e_3^+ = \frac{2l_0 - l_0}{l_0} = 1$$

如果该物体受压缩而缩短一半，尺寸变为 l_0，则其工程变形为

$$e_3^- = \frac{l_0 - 2l_0}{2l_0} = -0.5$$

物体拉长一倍与缩短一半时，物体的变形程度应该一样。而用工程变形表示拉压程度则数值相差悬殊。因此工程变形失去可以比较的性质。

用对数变形表示拉、压两种不同性质的变形程度，不失去可以比较的性质。拉长一倍的对数变形为

$$\varepsilon_3^+ = \ln \frac{2l_0}{l_0} = \ln 2$$

缩短一半的对数变形

$$\varepsilon_3^- = \ln \frac{l_0}{2l_0} = -\ln 2$$

所以，对数变形满足变形的可比性。

（4）利用对数变形算式，可将体积不变方程写成

$$\ln \frac{l}{L} + \ln \frac{b}{B} + \ln \frac{h}{H} = 0 \qquad (1-18)$$

从上式可看出：1）塑性变形时相互垂直的3个方向上对数变形之和等于零；2）在3个主变形中，必有一个与其他两者符号相反，其绝对值与其他两个之和相等，即按绝对值而言是最大的。所以在实际生产中允许采用最大主变形以描述该过程的变形程度。

实际生产中，多采用工程变形算式，对数变形一般用于科学研究中。

1.1.7 应力－应变曲线

单向拉伸（或压缩）、薄壁管扭转试验所得到的应力－应变曲线，给出了材料的强度和塑性性能指标，它是塑性成型力学理论最基本的试验资料。实验表明，纯扭转实验曲线与拉伸曲线基本相似，故下面只介绍单向拉伸（或压缩）的有关实验结论。

（1）一般金属材料按其塑性变形性能的不同可分为：有明显屈服流动台阶和无明显屈服流动台阶两类。例如低碳钢、铸钢和某些合金钢即属于前者（图1－7a），对于此类金属材料通常是把初始屈服时的应力作为屈服极限，用σ_s表示；而中碳钢、某些高强度合金钢和某些有色金属则属于后者（图1－7b），对于此类金属材料则规定有0.2%残余应变时的应力作为条件屈服极限，用$\sigma_{0.2}$表示，或者把割线模量$E_s = 0.7E$的应力作为条件屈服极限σ_s（E为弹性模量）。

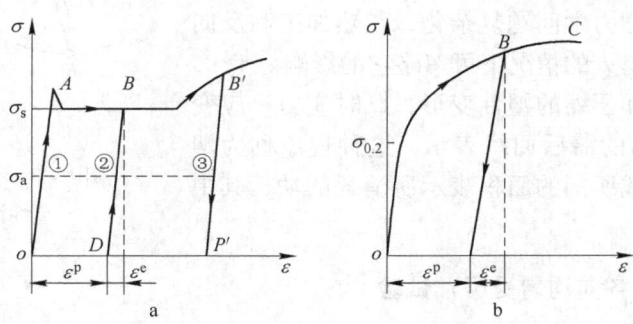

图1－7 应力－应变曲线
a—有明显屈服极限；b—无明显屈服极限

拉伸实验结果表明，如应力小于弹性极限，则加载和卸载时都服从弹性的虎克定律。材料进入塑性状态以后，加载和卸载将遵循不同的规律。例如，图1－7a中的B点，从B点处卸载，其应力与应变并不沿原曲线BAo退回到o点，而是沿着BD线变化，当应力全部消失时，还保留有永久应变oD。通常，材料塑性变形再卸载时，可近似取BD平行于Ao，以ε^p表示塑性应变oD，则B点的应变为：

$$\varepsilon = \varepsilon^e + \varepsilon^p = \frac{\sigma}{E} + \varepsilon^p \qquad (1-19)$$

　　如果从 D 点再重新加载，开始时仍近似按 DB 变化，再回到 B 点后才近似按原有曲线继续变化，产生新的塑性变形。这样，B 点成为这时的屈服极限，也可认为它是第二次加载时新的屈服应力。在第二次加载过程中，弹性系数仍保持不变，但弹性极限及屈服极限常有升高现象，其升高程度与塑性变形的历史有关，决定于前阶段的塑性变形程度。这种现象称为应变强化或加工硬化。$\sigma - \varepsilon$ 曲线的斜率越大，则硬化效应越显著。B 点的应力称为加载应力。对于均匀应力状态的情形，全部卸除外载之后，宏观应力等于零，但保留了宏观的永久应变。

　　从图 1-7a 中看出，应力与应变之间不是单值对应的关系，它们的关系与加载历史有关。例如，对应力 σ_a 的应力，根据其加载的历史不同，可对应于①、②、③处的应变。因此，塑性成型力学的问题应该是从某一已知的初始状态（可以是弹性状态）开始，跟随加载过程，用应力增量与应变增量的关系逐步将每个时刻的各个增量累加起来，得到物体内的应力和应变分布。

　　（2）对一般金属材料的拉伸和压缩曲线，在小变形阶段基本上是重合的，在大塑性变形阶段则差别显著。一般，在应变不超过 10% 时，可认为两者一致，但精确的试验发现，某些高强度合金钢 σ_s 和 E 在拉伸和压缩时略有区别。因此，对于一般金属材料，在变形不太大的情况下，用简单拉伸试验代替压缩试验进行塑性变形分析是可以的。

　　（3）如图 1-8 所示，金属沿 oAB 拉伸，从 B 点卸载到 C 点后，若在同方向（CB）拉伸便在 B 点附近屈服，若在反方向（CD）压缩则在 D 点屈服，比较 B、D 两点处屈服应力的绝对值可见，反方向加载在 D 点处的屈服应力比 B 点处的小，这就是所谓包辛格效应。这种现象不仅在拉伸和压缩的情况出现而且扭转时也有。此效应使处理塑性成型力学问题复杂化，在热加工和反向加载前进行去应力退火的情况下可忽略它的影响。

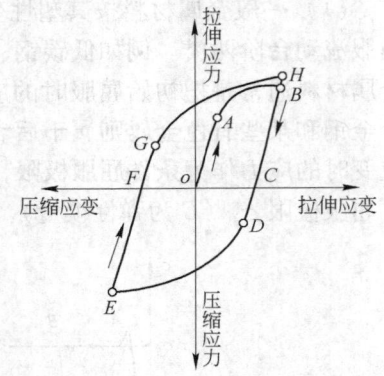

图 1-8　包辛格效应和塑性滞后现象

　　逐次给以拉伸和压缩的塑性变形，此时应力-应变曲线用图 1-8 所示的滞后回线表示，这种现象称为塑性滞后现象。此回线所围的面积表示所消耗的功，其中大部分变成热损失。

1.1.8　静水压力（各向均匀受压）试验

　　在不同的应力状态下，P. W. 勃里奇曼（Bridgman）关于静水压力对塑性变形的影响曾做过比较全面的研究。当压力达到 1500MPa 时，他提出各向均匀压力 p 与单位体积变化之间的关系为：

$$\varepsilon_m = \frac{\Delta V}{V_0} = \frac{1}{K} p \left(1 - \frac{1}{K_1} p \right) \tag{1-20}$$

式中　K——体积压缩模量；

　　　K_1——派生模量，对不同的金属其数值是不同的；

　　ΔV，V_0——体积的增量和初始体积。

　　式 1-20 又可写为：

$$\frac{\Delta V}{V_0} = ap - bp^2 \qquad (1-21)$$

对于铜、铝、铅的系数 a、b 如表 1-1 所示。

表 1-1　a、b 数值表

系　数	铜	铝	铅
a	7.32×10^{-7}	13.34×10^{-7}	23.73×10^{-7}
b	2.7×10^{-12}	3.5×10^{-12}	17.25×10^{-12}

由 P. W. 勃里奇曼公式看出，体积应变实际上与静水压力是线性关系。对于不太大的压力，公式中平方项是完全可以忽略的。在 1000MPa 下对弹簧做试验，其体积仅缩小 2.2%，而镍仅缩小 1.8%，但也有一些松散结构的碱金属，如锶在 1500MPa 作用下，体积改变约为 1/3，这时的体积变化显然是不能忽略的。对于一般金属材料，可以认为其体积变化是弹性的，除去静水压力后体积变形可以完全恢复，而没有残余的体积变形。在塑性变形过程中，体积变形与塑性变形相比，往往是可以忽略的，因此，在研究大塑性变形的塑性成型力学问题时，忽略体积变化并认为材料是不可压缩的假设是有试验基础的。

应指出，应变速率、时间、温度等因素对应力－应变曲线都有影响。但这些影响在一定条件下比较明显，而对金属材料在一般的应变速率及室温条件下则影响不大。上述试验都是在一般应变速率及室温条件下进行的。

1.1.9　变形体模型

在进行塑性成型力学问题解析时，常把实际变形体——工件理想化而采用以下几种"模型"。

1.1.9.1　线性弹性体"模型"

这种"模型"的应力与应变之间符合虎克定律，呈线性关系（图 1-9b），可用下式表示：

$$\sigma = E\varepsilon \qquad (1-22)$$

1.1.9.2　理想弹－塑性体"模型"

对于具有明显屈服平台的材料，如低碳钢，如果不考虑材料的强化性质，并忽略上屈服极限，则可得如图 1-10 所示的理想弹－塑性体的"模型"。

设 oA 是弹性段，AB 是塑性段。应力可用下列公式表示：

$$\left.\begin{array}{ll} \sigma = E\varepsilon & (\varepsilon \leqslant \varepsilon_s) \\ \sigma = \sigma_s = E\varepsilon_s & (\varepsilon > \varepsilon_s) \end{array}\right\} \qquad (1-23)$$

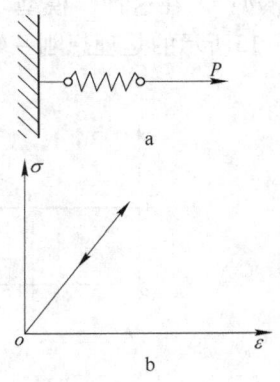

图 1-9　线性弹性体

即 oA 是服从虎克定律的直线，在弹性极限外的应力－应变曲线是平行于 ε 轴的直线，具有这种应力－应变关系的材料，称为理想弹－塑性材料。

1.1.9.3　弹－塑性强化体"模型"

如果考虑到材料的强化性质，应力－应变曲线则可用图 1-11 来表示。在图中有 oA 和 AB 两条曲线，此种情况的近似表达式为：

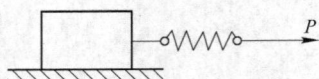

$$\left.\begin{aligned}\sigma &= E\varepsilon & (\varepsilon \leqslant \varepsilon_s)\\ \sigma &= \sigma_s + E_1(\varepsilon - \varepsilon_s) & (\varepsilon \geqslant \varepsilon_s)\end{aligned}\right\} \quad (1-24)$$

式中 E，E_1——直线 oA 和 AB 的斜率。

具有这种应力－应变关系的材料，称为弹－塑性线性强化材料。此种近似，对某些材料是足够准确的。

如果考虑到材料具有非线性强化性质，则其近似表达式为：

$$\left.\begin{aligned}\sigma &= A\varepsilon^n & (\varepsilon \leqslant \varepsilon_s)\\ \sigma &= A + B\varepsilon & (\varepsilon \geqslant \varepsilon_s)\end{aligned}\right\} \quad (1-25)$$

式中 n——强化指数，$n = 0$ 时表示理想塑性体的"模型"，$n = 1$ 时则为线性强化体的"模型"。

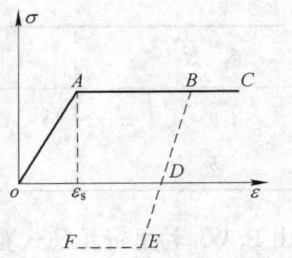

图 1－10 理想弹－塑性体

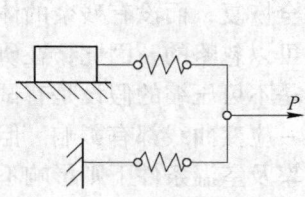
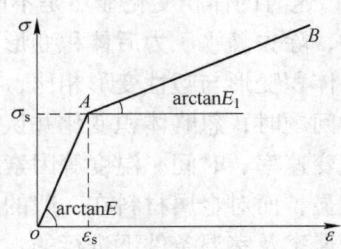

图 1－11 线性强化材料

1.1.9.4 刚－塑体"模型"

在塑性成型中，弹性变形比塑性变形小得多，这时可忽略弹性变形，即为刚－塑性体"模型"。在这种"模型"中，假设应力在达到屈服极限前，变形等于零。图 1－12 和图 1－13 所示的是理想刚－塑性材料及具有线性强化的刚－塑性材料的"模型"图。

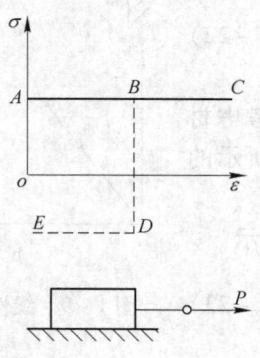
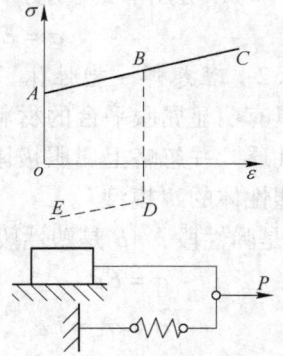

图 1－12 刚－塑性材料   图 1－13 刚－塑性线性强化材料

在图 1－12 中，线段 AB 是平行于 ε 轴的，而卸载线段 BD 则是平行于 σ 轴的。

1.1.9.5 复杂"模型"

在一般情况下，变形时金属将具有弹性、黏性和硬化的复杂"模型"，如图 1－14 所示。在塑性成型过程中，变形温度（T）、变形程度（ε）、应变速率（单位时间的变形程度）$\dot{\varepsilon}$ 等都影响单向拉伸（或压缩）时的单位变形力（变形抗力）。理论和实验都证明，一般存在下列关系：

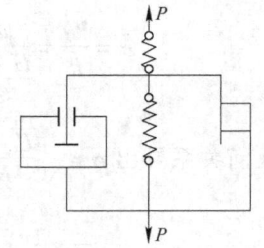

$$\sigma_s = A\varepsilon^a\dot{\varepsilon}^b e^{-cT} \qquad (1-26)$$

式中，A、a、b、c 为决定于变形材料和变形条件的常数。

应指出，由于塑性成型过程中塑性变形很大，此时弹性变形可以忽略。

图 1 – 14　复杂"模型"图

1. 1. 10　平均应变速率

应变速率是应变对时间的变化率。按此定义，应变速率可用下式表示：

$$\dot{\varepsilon} = \frac{d\varepsilon}{dt}$$

通常，用最大主要变形方向的应变速率来表示各种变形过程的应变速率。例如，轧制和锻压时用高向应变速率表示，即

$$\dot{\varepsilon} = \frac{d\varepsilon}{dt} = \frac{dh_x}{h_x}\bigg/ dt = \frac{1}{h_x} \times \frac{dh_x}{dt} = \frac{v_y}{h_x} \qquad (1-27)$$

式中　v_y——工具瞬间移动速度。

可见，应变速率不仅和工具瞬间移动速度有关，而且还与工件瞬时厚度（h_x）有关。注意，切莫把应变速率同工具移动速度混淆起来。

为了研究各种塑性成型过程的应变速率对金属性能的影响，常常需要求出平均应变速率 $\bar{\dot{\varepsilon}}$，求法如下。

1. 1. 10. 1　锻压

$$\bar{\dot{\varepsilon}} = \frac{\bar{v}_y}{\bar{h}} \approx \frac{\bar{v}_y}{\dfrac{H+h}{2}} = \frac{2\bar{v}_y}{H+h} \qquad (1-28)$$

或

$$\bar{\dot{\varepsilon}} = \frac{\varepsilon}{t} = \frac{\ln\dfrac{H}{h}}{\dfrac{H-h}{\bar{v}_y}} = \frac{\bar{v}_y\ln\dfrac{H}{h}}{H-h} \qquad (1-29)$$

式中　$\bar{v}_y$——工具平均压下速度。

如压下速度是变化的，则按示波图测出压下时间 t，由

$$\bar{v}_y = \frac{H-h}{t} \qquad (1-30)$$

求出平均压下速度。

1. 1. 10. 2　轧制

如图 1 – 15 所示，假定接触弧中点压下速度等于平均压下速度 $\bar{v}_y$，即

$$\bar{v}_y = 2v\sin\frac{\alpha}{2} \approx 2v\frac{\alpha}{2} = v\alpha$$

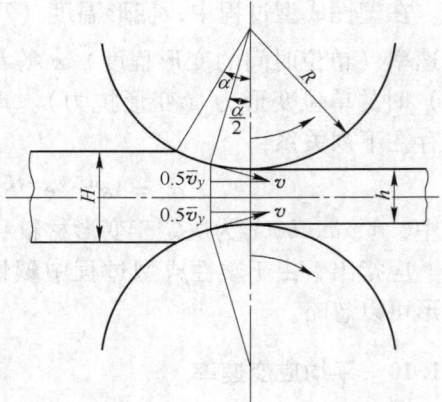

$$\overline{\dot\varepsilon}=\frac{\overline{v}_y}{h}=\frac{v\alpha}{\dfrac{H+h}{2}}=\frac{2v\alpha}{H+h}$$

按几何关系导出 $\alpha=\sqrt{\dfrac{H-h}{R}}$ 代入上式，得

$$\overline{\dot\varepsilon}=\frac{2v\sqrt{\dfrac{H-h}{R}}}{H+h}\qquad(1-31)$$

式 1-31 是 S. 艾克隆得（Ekelund）公式。

　　轧制时的平均应变速率也可按下式近似求得

$$\overline{\dot\varepsilon}=\frac{\dfrac{H-h}{H}}{t}\approx\frac{\dfrac{H-h}{H}}{\dfrac{R\alpha}{v}}=\frac{H-h}{H}\times\frac{v}{R\alpha}=\frac{H-h}{H}\times$$

图 1-15　确定轧制时平均应变速率图

$$\frac{v}{R\sqrt{\dfrac{H-h}{R}}}=\frac{H-h}{H}\times\frac{v}{\sqrt{R(H-h)}}\qquad(1-32)$$

式 1-31 和式 1-32 中，R 为轧辊半径，v 为轧辊圆周速度。

1.1.10.3　拉伸

$$\overline{\dot\varepsilon}=\frac{\varepsilon}{t}=\frac{\ln\dfrac{l}{L}}{\dfrac{l-L}{\overline{v}_y}}=\frac{\overline{v}_y}{l-L}\ln\frac{l}{L}\qquad(1-33)$$

式中　$\overline{v}_y$——平均拉伸速度。

　　通常，在拉伸试验中拉伸速度 v_y 为常数。

1.1.10.4　挤压

　　对于挤压筒直径为 D_b，挤压杆速度为 v_b，挤压系数（挤压筒面积与制品面积之比）为 μ，模角（或死区角度）为 α，变形程度为 ε 时，挤压平均应变速率按下式计算

$$\overline{\dot\varepsilon}=\frac{\varepsilon}{t}=\frac{\varepsilon}{\dfrac{V}{F_f v_f}}=\frac{6v_b\varepsilon\tan\alpha}{D_b\left(1-\dfrac{1}{\sqrt{\mu^3}}\right)}\qquad(1-34)$$

式中　V——变形区体积；

　　　　F_f——制品截面积；

　　　　v_f——金属流出速度。

　　在各种塑性成型设备上进行加工时的平均应变速率见表 1-2。

表 1-2　各种塑性加工设备上进行加工时的平均应变速率

设备类型	平均应变速率$\overline{\dot\varepsilon}/s^{-1}$	设备类型	平均应变速率$\overline{\dot\varepsilon}/s^{-1}$
液压机	0.03 ~ 0.06	中型轧机	10 ~ 25
曲柄压力机	1 ~ 5	线材轧机	75 ~ 1000 以上

设备类型	平均应变速率$\bar{\varepsilon}/s^{-1}$	设备类型	平均应变速率$\bar{\varepsilon}/s^{-1}$
摩擦压力机	2～10	厚板和中板轧机	8～15
蒸气空气锤	10～250	热轧宽带钢轧机	70～100
初轧机	0.8～3	冷轧宽带钢轧机	可达1000
大型轧机	1～5		

1.2 应 力 分 析

1.2.1 一点应力状态分析

若在六面体（如图 1－16a 所示）的一角，沿微分面 abc 截割，则得如图 1－16b 所示的小四面体。为了与 3 个坐标面上的应力平衡，微分斜面 abc 上应出现全应力 S。设斜面法线 N 与坐标轴 x、y、z 的夹角为 α_x、α_y、α_z，且令各夹角的余弦值为

$$\left.\begin{array}{l} \cos\alpha_x = l \\ \cos\alpha_y = m \\ \cos\alpha_z = n \end{array}\right\} \tag{1-35}$$

为简化，设斜面 abc 的面积为一个单位，则四面体其他 3 个坐标平面 oac、obc、oab 的面积分别为 l、m、n。

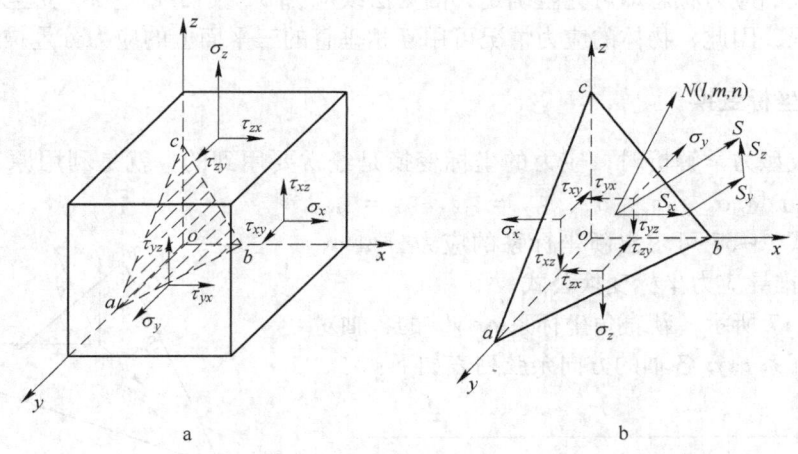

图 1－16 一点应力状态图

a—单元四面体的位置；b—单元四面体上的应力

现求四面体斜面上的应力，与另外 3 个坐标平面上应力间的关系式。

全应力 S 可分解为 S_x、S_y、S_z 3 个分量，显然

$$S^2 = S_x^2 + S_y^2 + S_z^2 \tag{1-36}$$

当四面体处于平衡状态时，各轴向上应力分量之和应等于零，故得

$$S_x = \sigma_x l + \tau_{yx} m + \tau_{zx} n$$
$$S_y = \tau_{xy} l + \sigma_y m + \tau_{zy} n$$
$$S_z = \tau_{xz} l + \tau_{yz} m + \sigma_z n$$

(1-37)

式 1-37 也可写成下列矩阵形式

$$\begin{bmatrix} \sigma_x & \tau_{yx} & \tau_{zx} \\ \tau_{xy} & \sigma_y & \tau_{zy} \\ \tau_{xz} & \tau_{yz} & \sigma_z \end{bmatrix} \begin{Bmatrix} l \\ m \\ n \end{Bmatrix} = \begin{Bmatrix} S_x \\ S_y \\ S_z \end{Bmatrix}$$

(1-38)

斜面上的法线应力及切应力 σ_n 和 τ_n 计算式为

$$\sigma_n = S_x l + S_y m + S_z n$$

(1-39)

将式 1-37 的 S_x、S_y、S_z 值代入上式，并注意到 $\tau_{xy} = \tau_{yx}$、$\tau_{zx} = \tau_{xz}$、$\tau_{yz} = \tau_{zy}$，则

$$\sigma_n = \sigma_x l^2 + \sigma_y m^2 + \sigma_z n^2 + 2(\tau_{xy} lm + \tau_{yz} mn + \tau_{zx} nl)$$

(1-40)

因为

$$S^2 = \sigma_n^2 + \tau_n^2$$

而

$$S^2 = S_x^2 + S_y^2 + S_z^2$$

所以

$$\tau_n = \sqrt{S^2 - \sigma_n^2} = \sqrt{S_x^2 + S_y^2 + S_z^2 - \sigma_n^2}$$

(1-41)

从以上各式可见，单元四面体坐标系中 3 个互相垂直平面上的应力，可用来确定任意斜面上的应力，只要该面的方位已经确定。若变形体内某点 3 个互相垂直面上的应力已知时，则该点处的应力状态即可完全确定，因为法线应力 σ_n 及切线应力 τ_n 完全可以表示该点的应力情况，因此，物体的应力情况可用互相垂直的三平面上的应力分量描述。

1.2.2 应力坐标变换

在塑性成型力学解析时，应力的坐标变换是经常要用到的。就是利用原直角坐标系 $oxyz$ 的应力分量 σ_x、σ_y、σ_z、$\tau_{xy} = \tau_{yx}$、$\tau_{yz} = \tau_{zy}$、$\tau_{zx} = \tau_{xz}$，按式 1-37 可求出新坐标系的应力分量 $ox'y'z'$。下面来推导应力坐标变换公式。

如图 1-17 所示，新直角坐标系 $ox'y'z'$ 的各轴对于原直角坐标系 $oxyz$ 各轴的方向余弦列表如下：

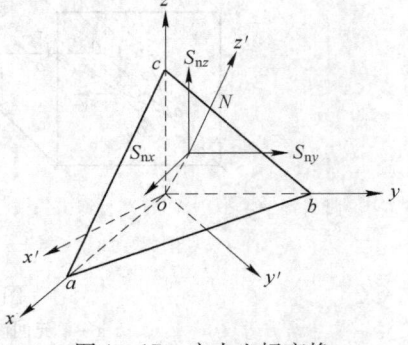

图 1-17 应力坐标变换

	x	y	z
x'	l_1	m_1	n_1
y'	l_2	m_2	n_2
z'	l_3	m_3	n_3

令新坐标轴 z' 与微分斜面的外法线 N 相合，并注意此时 $l = l_3$、$m = m_3$、$n = n_3$，则 S_{nx}、S_{ny}、S_{nz} 可按式 1-37 确定，再将 S_{nx}、S_{ny}、S_{nz} 投影于 z' 轴上，参照式 1-40 便得沿 z' 轴方向在微分面 abc 上的正应力

$$\sigma_{z'} = \sigma_x l_3^2 + \sigma_y m_3^2 + \sigma_z n_3^2 + 2\tau_{xy} l_3 m_3 + 2\tau_{yz} m_3 n_3 + 2\tau_{zx} n_3 l_3$$

分析可见，当微分斜面 abc 通过 o 点时，x' 轴与 y' 轴均在微分斜面内，这时 S_{nx}、S_{ny}、S_{nz} 在 x' 和 y' 轴上的投影，就是微分斜面上的两个剪应力，即

$$\tau_{z'x'} = S_{nx}l_1 + S_{ny}m_1 + S_{nz}n_1$$
$$= \sigma_x l_1 l_3 + \sigma_y m_1 m_3 + \sigma_z n_1 n_3 + \tau_{xy}(l_3 m_1 + l_1 m_3) +$$
$$\tau_{yz}(m_1 n_3 + m_3 n_1) + \tau_{zx}(l_1 n_3 + l_3 n_1)$$
$$\tau_{z'y'} = S_{nx}l_2 + S_{ny}m_2 + S_{nz}n_2$$
$$= \sigma_x l_2 l_3 + \sigma_y m_2 m_3 + \sigma_z n_2 n_3 + \tau_{xy}(l_2 m_3 + l_3 m_2) +$$
$$\tau_{yz}(m_2 n_3 + m_3 n_2) + \tau_{zx}(l_2 n_3 + l_3 n_2)$$

同理，可以求出过 M 点以 y' 轴和 x' 轴为外法线的微分面上的正应力和剪应力

$$\sigma_{x'} = \sigma_x l_1^2 + \sigma_y m_1^2 + \sigma_z n_1^2 + 2\tau_{xy}l_1 m_1 + 2\tau_{yz}m_1 n_1 + 2\tau_{zx}n_1 l_1$$
$$\sigma_{y'} = \sigma_x l_2^2 + \sigma_y m_2^2 + \sigma_z n_2^2 + 2\tau_{xy}l_2 m_2 + 2\tau_{yz}m_2 n_2 + 2\tau_{zx}n_2 l_2$$
$$\tau_{y'x'} = \sigma_x l_1 l_2 + \sigma_y m_1 m_2 + \sigma_z n_1 n_2 + \tau_{xy}(l_1 m_2 + l_2 m_1) +$$
$$\tau_{yz}(m_1 n_2 + m_2 n_1) + \tau_{zx}(l_1 n_2 + l_2 n_1)$$
$$\tau_{y'z'} = \tau_{z'y'}$$
$$\tau_{x'z'} = \tau_{z'x'}$$

以上就是空间问题的应力坐标变换公式。它可写成矩阵形式：

$$\begin{pmatrix} \sigma_{x'} & \tau_{y'x'} & \tau_{z'x'} \\ \tau_{x'y'} & \sigma_{y'} & \tau_{z'y'} \\ \tau_{x'z'} & \tau_{y'z'} & \sigma_{z'} \end{pmatrix} = \begin{pmatrix} l_1 & m_1 & n_1 \\ l_2 & m_2 & n_2 \\ l_3 & m_3 & n_3 \end{pmatrix} \begin{pmatrix} \sigma_x & \tau_{yx} & \tau_{zx} \\ \tau_{xy} & \sigma_y & \tau_{zy} \\ \tau_{xz} & \tau_{yz} & \sigma_z \end{pmatrix} \begin{pmatrix} l_1 & l_2 & l_3 \\ m_1 & m_2 & m_3 \\ n_1 & n_2 & n_3 \end{pmatrix} \quad (1-42)$$

或用符号表示为

$$[\Sigma'] = [\lambda][\Sigma][\lambda]^T \quad (1-43)$$

其中

$$[\lambda] = \begin{pmatrix} l_1 & m_1 & n_1 \\ l_2 & m_2 & n_2 \\ l_3 & m_3 & n_3 \end{pmatrix}$$

$$[\lambda]^T = \begin{pmatrix} l_1 & l_2 & l_3 \\ m_1 & m_2 & m_3 \\ n_1 & n_2 & n_3 \end{pmatrix}$$

$$[\Sigma] = \begin{pmatrix} \sigma_x & \tau_{yx} & \tau_{zx} \\ \tau_{xy} & \sigma_y & \tau_{zy} \\ \tau_{xz} & \tau_{yz} & \sigma_z \end{pmatrix}$$

顺便指出，平面和空间的应力坐标变换公式具有相同的矩阵形式。

如对于原直角坐标系 $oxyz$，已知通过物体中一点 M 的 3 个相互垂直的微分面上的应力分量为：

$$\begin{pmatrix} \sigma_x & \tau_{yx} & \tau_{zx} \\ \tau_{xy} & \sigma_y & \tau_{zy} \\ \tau_{xz} & \tau_{yz} & \sigma_z \end{pmatrix}$$

则按应力坐标变换式便可求出对于新直角坐标系 $ox'y'z'$，通过该点的另 3 个相互垂直的微分面上的应力分量，即

$$\begin{pmatrix} \sigma_{x'} & \tau_{y'x'} & \tau_{z'x'} \\ \tau_{x'y'} & \sigma_{y'} & \tau_{z'y'} \\ \tau_{x'z'} & \tau_{y'z'} & \sigma_{z'} \end{pmatrix}$$

这样，无论原坐标系或新坐标系中的 9 个应力分量都可表达物体内一点的应力状态。这些应力分量便组成了表示一点处应力状态的应力张量。至此，我们可以把应力张量的概念进一步加以说明。容易理解，一点处所受的应力情况或应力状态，不会因该点的坐标轴转换而变；所以表示该点应力状态的应力张量也不会因其坐标轴转换而变。这就是应力张量的不变性。但是，应力张量的分量却因其坐标轴的转换而按一定规律变化，例如，按式 1 – 42 变换者称为二阶张量。这种张量除了具有坐标转换时，张量不变性和张量分量变换的规律外，还存在主轴、主分量（或主应力）和张量不变量。

1.2.3   主应力、应力张量不变量

过一点可作无数微分面，其中的一组面上，只有法向正应力而无切应力，这种面称为主微分面或主平面，其上的法向应力即全应力称为主应力，面的法向则为应力主轴。

如果微分面 abc（图 1 – 16）为主微分面，以 σ 表示主应力，则 σ 在各坐标轴上的投影为

$$S_x = \sigma l, \ S_y = \sigma m, \ S_z = \sigma n$$

代入式 1 – 37 得

$$\left.\begin{array}{l} (\sigma_x - \sigma) l + \tau_{yx} m + \tau_{zx} n = 0 \\ \tau_{xy} l + (\sigma_y - \sigma) m + \tau_{zy} n = 0 \\ \tau_{xz} l + \tau_{yz} m + (\sigma_z - \sigma) n = 0 \end{array}\right\} \tag{1-44}$$

各方向余弦间存在下式关系：

$$l^2 + m^2 + n^2 = 1 \tag{1-45}$$

可由上列 4 个方程来求解 σ、l、m、n。齐次方程组式 1 – 44 不能有 $l = m = n = 0$ 这样的解答，因这与式 1 – 45 相抵触。要方程组式 1 – 44 有非零解，则必须取这个方程组系数的行列式等于零，即

$$\begin{vmatrix} \sigma_x - \sigma & \tau_{yx} & \tau_{zx} \\ \tau_{xy} & \sigma_y - \sigma & \tau_{zy} \\ \tau_{xz} & \tau_{yz} & \sigma_z - \sigma \end{vmatrix} = 0 \tag{1-46}$$

将行列式展开，得一个含 σ 的 3 次方程

$$\sigma^3 - I_1 \sigma^2 - I_2 \sigma - I_3 = 0 \tag{1-47}$$

其中

$$\left.\begin{array}{l} I_1 = \sigma_x + \sigma_y + \sigma_z \\ I_2 = -(\sigma_x \sigma_y + \sigma_y \sigma_z + \sigma_z \sigma_x) + \tau_{xy}^2 + \tau_{yz}^2 + \tau_{zx}^2 \\ I_3 = \sigma_x \sigma_y \sigma_z + 2\tau_{xy}\tau_{yz}\tau_{zx} - \sigma_x \tau_{yz}^2 - \sigma_y \tau_{zx}^2 - \sigma_z \tau_{xy}^2 \end{array}\right\} \tag{1-48}$$

上列 σ 的 3 次方程称为这个应力状态的特征方程,它有 3 个实根 σ_1、σ_2、σ_3,即为所求主应力。对同一点的应力状态,3 个主应力的数值是一定的,而与过该点的坐标系的选择无关,尽管应力分量 σ_x、σ_y、$\cdots$、τ_{zx} 等随坐标系的不同而改变。可见,过该点不论坐标系如何选择,特征方程的系数 I_1、I_2、I_3 等于常数,分别称为一次、二次和三次应力常量,或称应力张量不变量。主状态下应力张量不变量为

$$\left.\begin{array}{l} I_1 = \sigma_1 + \sigma_2 + \sigma_3 \\ I_2 = -(\sigma_1\sigma_2 + \sigma_2\sigma_3 + \sigma_3\sigma_1) \\ I_3 = \sigma_1\sigma_2\sigma_3 \end{array}\right\} \qquad (1-49)$$

可以证明 3 个主应力作用的微分面是互相垂直的,而且 σ_1、σ_2、σ_3 是实根。

将主应力 σ_1 的值代入式 1-44 的任何两个方程中,将这两个方程与式 1-45 联立求解,解出对应于 σ_1 的应力主轴的方向余弦 l_1、m_1、n_1。同样也可求得分别对应 σ_2 及 σ_3 的方向余弦 l_2、m_2、n_2 及 l_3、m_3、n_3。

将 σ_1、l_1、m_1、n_1 代入式 1-44 得下列前 3 个方程;将 σ_2、l_2、m_2、n_2 代入式 1-44 得下列后 3 个方程。对前 3 个方程左边各项分别乘以 l_2、m_2、n_2,对后 3 个方程左边各项分别乘以 $-l_1$、$-m_1$、$-n_1$,则

$$\left.\begin{array}{l} (\sigma_x - \sigma_1)l_1 + \tau_{yx}m_1 + \tau_{zx}n_1 \quad\big|\quad l_2 \\ \tau_{xy}l_1 + (\sigma_y - \sigma_1)m_1 + \tau_{zy}n_1 \quad\big|\quad m_2 \\ \tau_{xz}l_1 + \tau_{yz}m_1 + (\sigma_z - \sigma_1)n_1 \quad\big|\quad n_2 \\ (\sigma_x - \sigma_2)l_2 + \tau_{yx}m_2 + \tau_{zx}n_2 \quad\big|\quad -l_1 \\ \tau_{xy}l_2 + (\sigma_y - \sigma_2)m_2 + \tau_{zy}n_2 \quad\big|\quad -m_1 \\ \tau_{xz}l_2 + \tau_{yz}m_2 + (\sigma_z - \sigma_2)n_2 \quad\big|\quad -n_1 \end{array}\right\} = 0$$

相加并整理,得

$$(\sigma_2 - \sigma_1)(l_1l_2 + m_1m_2 + n_1n_2) = 0$$

如果 $\sigma_1 \neq \sigma_2$,则

$$l_1l_2 + m_1m_2 + n_1n_2 = 0 \qquad (1-50)$$

由解析几何知,式 1-50 是主应力 σ_1 和 σ_2 作用的主微分面的法线相互垂直的条件,即主微分面是相互垂直的。

用式 1-50 可以证明 σ_1、σ_2、σ_3 是实根。

根据代数方程理论,3 次方程式至少有一个实根,因而至少有一个主应力是实根。我们再分析另外两个主应力是否也是实根。假定特征方程的根 σ_1 是复根,这样,必然有第二个与 σ_1 共轭的复根 σ_2,例如

$$\sigma_1 = a + ib, \quad \sigma_2 = a - ib$$

由于 σ_1 是复数,代入式 1-44 和式 1-45 后联立求出的 l_1、m_1、n_1 一定也是复数。同样,σ_2 是复数,因而求出的 l_2、m_2、n_2 也是复数。如果 σ_1 与 σ_2 是共轭复数,那么 l_1、m_1、n_1 和 l_2、m_2、n_2 也分别是共轭复数。我们知道,共轭复数相乘之积为正。例如 $l_1 = c + id$,$l_2 = c - id$,$l_1l_2 = c^2 + d^2$。这样一来,将使式 1-50 中 3 项全部为正,显然不对,所以 σ_1 和 σ_2 不能是复根而是实根。

下面证明主应力的极值性质。

如果应力主轴与坐标轴方向相同，则与坐标面平行的微分平面即主微分面，在这些面上分别作用着主应力 σ_1、σ_2、σ_3（图 1-18）。这时任意微分面上的全应力为

$$S^2 = S_1^2 + S_2^2 + S_3^2 = \sigma_1^2 l^2 + \sigma_2^2 m^2 + \sigma_3^2 n^2$$

正应力

$$\sigma_n = \sigma_1 l^2 + \sigma_2 m^2 + \sigma_3 n^2 \tag{1-51}$$

切应力

$$\tau_n = \sqrt{S^2 - \sigma_n^2} = \sqrt{\sigma_1^2 l^2 + \sigma_2^2 m^2 + \sigma_3^2 n^2 - (\sigma_1 l^2 + \sigma_2 m^2 + \sigma_3 n^2)^2} \tag{1-52}$$

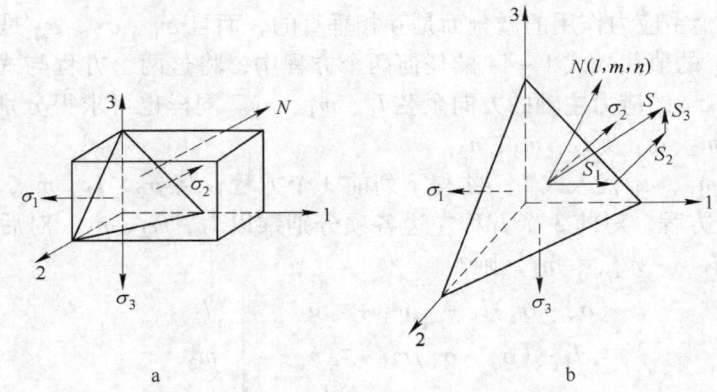

图 1-18   主坐标系中任意微分面上的应力

根据

$$l^2 + m^2 + n^2 = 1$$

式 1-51 可以写成

$$\sigma_n = \sigma_1 - (\sigma_1 - \sigma_2) m^2 - (\sigma_1 - \sigma_3) n^2 \tag{1-53}$$

或

$$\sigma_n = (\sigma_1 - \sigma_3) l^2 + (\sigma_2 - \sigma_3) m^2 + \sigma_3 \tag{1-54}$$

如果将 3 个主应力数值规定为 $\sigma_1 \geqslant \sigma_2 \geqslant \sigma_3$，由式 1-53 得 $\sigma_n \leqslant \sigma_1$，由式 1-54 得 $\sigma_n \geqslant \sigma_3$，因此

$$\sigma_1 \geqslant \sigma_n \geqslant \sigma_3 \tag{1-55}$$

可见，通过一点所有微分面上正应力中，最大和最小的是主应力。

在给定的外力作用下，物体中一点的主应力数值与方向即已确定，而与坐标系的选择无关（尽管应力分量 σ_x、σ_y、$\cdots$、τ_{xy} 等随坐标系而改变），所以应力状态特征方程的根应与所选取的坐标系无关。因此这个方程的系数也应与所选取的坐标系无关，式 1-48 中的 3 个量 I_1、I_2、I_3 是坐标转换时的一些不变量，称为应力张量不变量。第一不变量 I_1 说明通过物体中任一点，3 个互相垂直的微分面上的正应力之和是常数，也等于该点的 3 个主应力之和。

1.2.4   应力椭球面

如果物体任一点的主应力已知，可用另一种几何方法表达一点的应力状态。在主应力

状态下，式 1-37 可化简为

$$S_x = \sigma_1 l, \quad S_y = \sigma_2 m, \quad S_z = \sigma_3 n$$

因为

$$l^2 + m^2 + n^2 = 1$$

所以可以得出

$$\frac{S_x^2}{\sigma_1^2} + \frac{S_y^2}{\sigma_2^2} + \frac{S_z^2}{\sigma_3^2} = 1$$

当微分面的方向变化时，点 p 将画成一个椭球面，如图 1-19 所示。

这是椭球面的方程，其半径（半轴）的长度分别等于主应力 σ_1、σ_2、σ_3。这个椭球面称为应力椭球面。

如果两个主应力相等，例如 $\sigma_1 = \sigma_2$，应力椭球面变成回转椭球面，则该点的应力状态对于主轴 oS_z 是对称的。

如果 3 个主应力都相等 $\sigma_1 = \sigma_2 = \sigma_3$，应力曲面变成圆球面，则通过该点的任一微分面均为主微分面，而作用于其上的应力都相等。

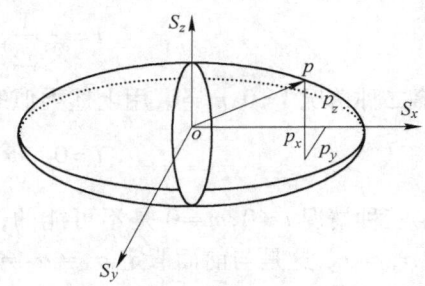

图 1-19 应力椭球面

1.2.5 主剪应力、最大剪应力

已知通过变形体内任意点可作许多微分平面，其上作用着切应力及正应力，利用式 1-52 来研究在微分平面的方位为何种数值时，其上的切应力达到极值。

由于

$$n^2 = 1 - l^2 - m^2$$

代入式 1-52 中

$$
\begin{aligned}
\tau_n^2 &= \sigma_1^2 l^2 + \sigma_2^2 m^2 + \sigma_3^2 (1 - l^2 - m^2) - [\sigma_1 l^2 + \sigma_2 m^2 + \sigma_3 (1 - l^2 - m^2)]^2 \\
&= (\sigma_1^2 - \sigma_3^2) l^2 + (\sigma_2^2 - \sigma_3^2) m^2 + \sigma_3^2 - [(\sigma_1 - \sigma_3) l^2 + (\sigma_2 - \sigma_3) m^2 + \sigma_3]^2
\end{aligned}
$$

$$(1-56)$$

当微分平面转动时，切应力 τ_n 将随之变化，要寻求 τ_n 的最大与最小值，可令 τ_n^2 对于 l 及 m 的偏导数等于零。这样，得出确定 l 及 m 的两个方程

$$
\left.
\begin{aligned}
(\sigma_1^2 - \sigma_3^2) l - 2[(\sigma_1 - \sigma_3) l^2 + (\sigma_2 - \sigma_3) m^2 + \sigma_3](\sigma_1 - \sigma_3) l = 0 \\
(\sigma_2^2 - \sigma_3^2) m - 2[(\sigma_1 - \sigma_3) l^2 + (\sigma_2 - \sigma_3) m^2 + \sigma_3](\sigma_2 - \sigma_3) m = 0
\end{aligned}
\right\}
$$

$$(1-57)$$

如果 $\sigma_1 \neq \sigma_2 \neq \sigma_3$，将上列第一式除以 $(\sigma_1 - \sigma_3)$，第二式除以 $(\sigma_2 - \sigma_3)$，并加以整理，得

$$
\left.
\begin{aligned}
\{(\sigma_1 - \sigma_3) - 2[(\sigma_1 - \sigma_3) l^2 + (\sigma_2 - \sigma_3) m^2]\} l = 0 \\
\{(\sigma_2 - \sigma_3) - 2[(\sigma_1 - \sigma_3) l^2 + (\sigma_2 - \sigma_3) m^2]\} m = 0
\end{aligned}
\right\}
$$

$$(1-58)$$

这是未知数 l 及 m 的 3 次方程式，每个方程式有 3 组解，其中

$$l = m = 0, \quad n = \pm 1$$

为主微分面，其上切应力为零。因此只需考察下列 3 种情况：

（1）$l \neq 0$，$m = 0$；

（2）$l = 0$，$m \neq 0$；

（3）$l \neq 0$，$m \neq 0$。

对于第一种情况 $l \neq 0$，$m = 0$，满足了式 1-58 的第二式，将第一式除以 l，化简得

$$(\sigma_1 - \sigma_3)(1 - 2l^2) = 0 \tag{1-59}$$

因为 $\sigma_1 - \sigma_3 \neq 0$，则必有 $1 - 2l^2 = 0$，由此推出

$$l = \pm \frac{1}{\sqrt{2}}, \quad m = 0, \quad n = \pm \frac{1}{\sqrt{2}}$$

对于第二种情况 $l = 0$，$m \neq 0$，用上述类似的解法，得

$$l = 0, \quad m = \pm \frac{1}{\sqrt{2}}, \quad n = \pm \frac{1}{\sqrt{2}}$$

对于第三种情况 $l \neq 0$，$m \neq 0$ 是不可能的，因为将式 1-58 中两式分别除以 l 与 m，然后相减，得 $\sigma_1 = \sigma_2$，这是与前面假定 $\sigma_1 \neq \sigma_2 \neq \sigma_3$ 不相符的。

同样从式 1-52 中消去的是 m，可得

$$l = \pm \frac{1}{\sqrt{2}}, \quad m = \pm \frac{1}{\sqrt{2}}, \quad n = 0$$

另一组解 $l = n = 0$，$m = \pm 1$ 指的是主微分平面，其上切应力为零，是不需要的。

在上述 3 种情况下，每个解答定出两个微分面，这两个微分面通过一个坐标轴与其他两个坐标轴成 45° 及 135° 的角，这种微分面称主剪平面。图 1-20 示出了上述这些微分面，即主切平面的位置。

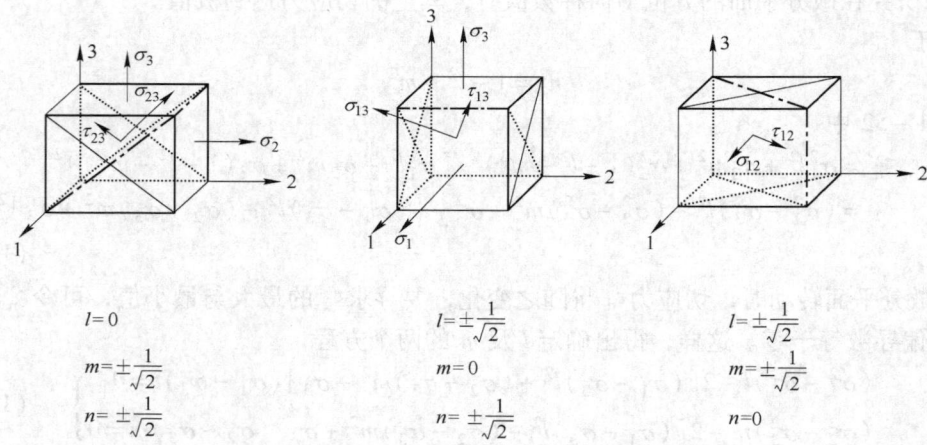

图 1-20　一点的主剪平面

将第一种情况求出的解答代入式 1-52 中，得

$$\tau_n^2 = \left(\frac{\sigma_1 - \sigma_3}{2}\right)^2$$

用 τ_{13} 代替上式的 τ_n，并由第二、三种情况的解答，得

$$\tau_{13} = \pm\frac{\sigma_1 - \sigma_3}{2} \\ \tau_{23} = \pm\frac{\sigma_2 - \sigma_3}{2} \\ \tau_{12} = \pm\frac{\sigma_1 - \sigma_2}{2} \Bigg\} \qquad (1-60)$$

如果 $\sigma_1 \geqslant \sigma_2 \geqslant \sigma_3$，则最大剪应力为 τ_{13}。最大剪应力作用于平分最大与最小主应力夹角微分平面上，其值等于该两主应力之差的一半。τ_{12}、τ_{23}、τ_{13} 统称为主剪应力。

在式 1-52 所示剪应力作用的微分面上，也作用着正应力，按式 1-51，其值各等于主应力之和的一半，即

$$\frac{\sigma_1 + \sigma_3}{2} \\ \frac{\sigma_2 + \sigma_3}{2} \\ \frac{\sigma_1 + \sigma_2}{2} \Bigg\} \qquad (1-61)$$

将上述结果列于表 1-3。

表 1-3　主应力和主剪应力面上的应力

l	0	0	±1	0	$\pm\dfrac{1}{\sqrt{2}}$	$\pm\dfrac{1}{\sqrt{2}}$
m	0	±1	0	$\pm\dfrac{1}{\sqrt{2}}$	0	$\pm\dfrac{1}{\sqrt{2}}$
n	±1	0	0	$\pm\dfrac{1}{\sqrt{2}}$	$\pm\dfrac{1}{\sqrt{2}}$	0
τ_{ij}	0	0	0	$\pm\dfrac{\sigma_2 - \sigma_3}{2}$	$\pm\dfrac{\sigma_1 - \sigma_3}{2}$	$\pm\dfrac{\sigma_1 - \sigma_2}{2}$
正应力	σ_3	σ_2	σ_1	$\dfrac{\sigma_2 + \sigma_3}{2}$	$\dfrac{\sigma_1 + \sigma_3}{2}$	$\dfrac{\sigma_1 + \sigma_2}{2}$

如两主应力相等，例如 $\sigma_1 = \sigma_3 \neq \sigma_2$，由式 1-58 的第二式得

$$\{(\sigma_2 - \sigma_3) - 2[(\sigma_2 - \sigma_3)m^2]\}m = 0$$

即

$$(\sigma_2 - \sigma_3)(1 - 2m^2)m = 0$$

得出

$$m = 0 \quad \text{或} \quad m = \pm\frac{1}{\sqrt{2}}$$

将 $m = 0$ 及 $\sigma_1 = \sigma_3$ 代回式 1-52 得 $\tau_n = 0$，它不是极端值。

如 $\sigma_1 = \sigma_2 = \sigma_3$，从式 1-52 可知，切应力在该点的任何微分面上皆为零。

1.2.6　应力张量的分解

1.2.6.1　八面体面和八面体应力

将坐标原点与物体中所考察的点相重合，并使坐标面与过该点的主微分面——主平面重合，即在主状态下，作八个倾斜的微分平面，它们与主微分平面同样倾斜，即所有这些面的方向余弦都相等 $l = m = n$。这八个面形成一个正八面体（图 1 – 21），在这些面上的应力，称为八面体应力。

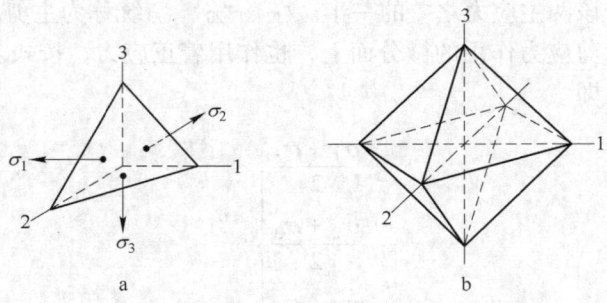

图 1 – 21　正八面体

由于这些斜微分面上的法线方向余弦相等，于是得

$$l = \pm \frac{1}{\sqrt{3}},\ m = \pm \frac{1}{\sqrt{3}},\ n = \pm \frac{1}{\sqrt{3}}$$

将这些数值代入式 1 – 51，得八面体上正应力

$$\sigma_8 = \frac{1}{3}(\sigma_1 + \sigma_2 + \sigma_3) = \frac{1}{3}(\sigma_x + \sigma_y + \sigma_z) = \sigma_m \qquad (1 - 62)$$

所以正八面体面上的正应力，等于平均正应力。从塑性成型的观点来看，这个应力只能引起物体体积的改变（造成膨胀或缩小），而不能引起形状的变化。当 σ_1、σ_2、σ_3 均为压缩应力时，这个平均正应力即称为静水压力。

将 $l = m = n = \pm \frac{1}{\sqrt{3}}$ 值代入式 1 – 52，得八面体面上的切应力的平方

$$\tau_8^2 = \frac{1}{9}\left[(\sigma_1 - \sigma_2)^2 + (\sigma_2 - \sigma_3)^2 + (\sigma_3 - \sigma_1)^2 \right]$$

即

$$\tau_8 = \frac{1}{3}\sqrt{(\sigma_1 - \sigma_2)^2 + (\sigma_2 - \sigma_3)^2 + (\sigma_3 - \sigma_1)^2} \qquad (1 - 63)$$

由上述讨论可知，通过物体内任意一点，在取定主坐标系的情况下，与金属成型最有直接关系的是两组 10 对特殊平面，6 对主切平面，4 对八面体面。它们都和成型力计算理论有密切关系，是成型力计算中不可缺少的基本概念。另外，从计算八面体上切应力的公式以及主切应力公式中可以直观地看出，各主应力同时增加或同时减少相同的数值，切应力的计算值不变。可见，为了实现塑性成型，物体 3 个主轴方向等值地加上拉力或压力，并不能改变开始产生塑性成型时的应力情况，这就提供了在生产中利用静水压力效果的理论根据，也是下述应力张量能加以分解的原因。

1.2.6.2　球应力分量和偏差应力分量

八面体面上的正应力可称为在物体中一点的平均正应力。设物体中一点的应力状态为 3 个主应力相同，并等于 σ_m，这点的应力状态用下列应力张量表示

$$\sigma_m = \begin{Bmatrix} \sigma_m & 0 & 0 \\ 0 & \sigma_m & 0 \\ 0 & 0 & \sigma_m \end{Bmatrix} = \begin{Bmatrix} \sigma_1 & 0 & 0 \\ 0 & \sigma_2 = \sigma_1 & 0 \\ 0 & 0 & \sigma_3 = \sigma_1 \end{Bmatrix} \qquad (1-64)$$

由于一点的 3 个主应力相同，通过该点的所有微分面上的应力相同，这时应力曲面为球形，因此式 1–64 称为球应力张量。

取任意的应力张量

$$\begin{pmatrix} \sigma_x & \tau_{yx} & \tau_{zx} \\ \tau_{xy} & \sigma_y & \tau_{zy} \\ \tau_{xz} & \tau_{yz} & \sigma_z \end{pmatrix}$$

将上列张量减去，并加上球形应力张量，得

$$\begin{pmatrix} \sigma_x & \tau_{yx} & \tau_{zx} \\ \tau_{xy} & \sigma_y & \tau_{zy} \\ \tau_{xz} & \tau_{yz} & \sigma_z \end{pmatrix} = \begin{Bmatrix} \sigma_x - \sigma_m & \tau_{yx} & \tau_{zx} \\ \tau_{xy} & \sigma_y - \sigma_m & \tau_{zy} \\ \tau_{xz} & \tau_{yz} & \sigma_z - \sigma_m \end{Bmatrix} + \begin{Bmatrix} \sigma_m & 0 & 0 \\ 0 & \sigma_m & 0 \\ 0 & 0 & \sigma_m \end{Bmatrix} \qquad (1-65)$$

这样，在一般情况下，应力张量可以表示为两个张量之和的形式，式 1–65 中等号右侧第一个张量称为偏差应力张量。

球形应力张量可从任意应力张量中分出，因为它表示均匀各向受拉（受压），只能改变物体内给定微分单元的体积而不改变它的形状。偏差应力张量则只能改变微分单元体的形状而不改变其体积，在研究物体的弹性状态时有重要的意义。

现在进一步研究偏差应力张量的不变量。仿照式 1–48 中所列的不变量，这里也考察 3 个不变量。第一不变量按式 1–48 的第一式，为

$$\begin{aligned} I_1' &= \sigma_x' + \sigma_y' + \sigma_z' \\ &= (\sigma_x - \sigma_m) + (\sigma_y - \sigma_m) + (\sigma_z - \sigma_m) \\ &= \sigma_x + \sigma_y + \sigma_z - 3 \times \frac{1}{3}(\sigma_x + \sigma_y + \sigma_z) = 0 \end{aligned} \qquad (1-66)$$

因此，第一不变量等于零。

第二不变量，按式 1–48 的第二式，为

$$\begin{aligned} I_2' &= -(\sigma_x'\sigma_y' + \sigma_y'\sigma_z' + \sigma_z'\sigma_x') + \tau_{xy}^2 + \tau_{yz}^2 + \tau_{zx}^2 \\ &= -[(\sigma_x - \sigma_m)(\sigma_y - \sigma_m) + (\sigma_y - \sigma_m)(\sigma_z - \sigma_m) + (\sigma_z - \sigma_m)(\sigma_x - \sigma_m)] + \\ &\quad \tau_{xy}^2 + \tau_{yz}^2 + \tau_{zx}^2 \end{aligned}$$

将 $\sigma_m = \frac{1}{3}(\sigma_x + \sigma_y + \sigma_z)$ 代入，得

$$I_2' = \frac{1}{6}[(\sigma_x - \sigma_y)^2 + (\sigma_y - \sigma_z)^2 + (\sigma_z - \sigma_x)^2 + 6(\tau_{xy}^2 + \tau_{yz}^2 + \tau_{zx}^2)] \qquad (1-67)$$

如坐标轴是应力主轴，则

$$I_2' = \frac{1}{6}[(\sigma_1 - \sigma_2)^2 + (\sigma_2 - \sigma_3)^2 + (\sigma_3 - \sigma_1)^2] \qquad (1-68)$$

这个不变量与八面体面上切应力的平方仅差一个系数。

以后将要讲到，偏差应力张量二次不变量可以作为金属屈服的判据。

第三不变量，按式 1-48 的第三式，为简单起见，取坐标轴为应力主轴，得

$$I_3' = \sigma_1'\sigma_2'\sigma_3' = (\sigma_1 - \sigma_m)(\sigma_2 - \sigma_m)(\sigma_3 - \sigma_m)$$

1.2.7 主应力图与主偏差应力图

在一定的应力状态条件下，变形物体内任意点存在着互相垂直的 3 个主平面及主应力轴。为了简化以后的分析，在金属塑性成型理论中多采用主坐标系，这时应力张量可写成

$$\sigma_{ij} = \begin{pmatrix} \sigma_1 & 0 & 0 \\ 0 & \sigma_2 & 0 \\ 0 & 0 & \sigma_3 \end{pmatrix}$$

表示一点的主应力有无和正负号的应力状态图示称为主应力图示。主应力图示共有 9 种：体应力状态的 4 种、平面应力状态的 3 种、线应力状态的两种，如图 1-22 所示。

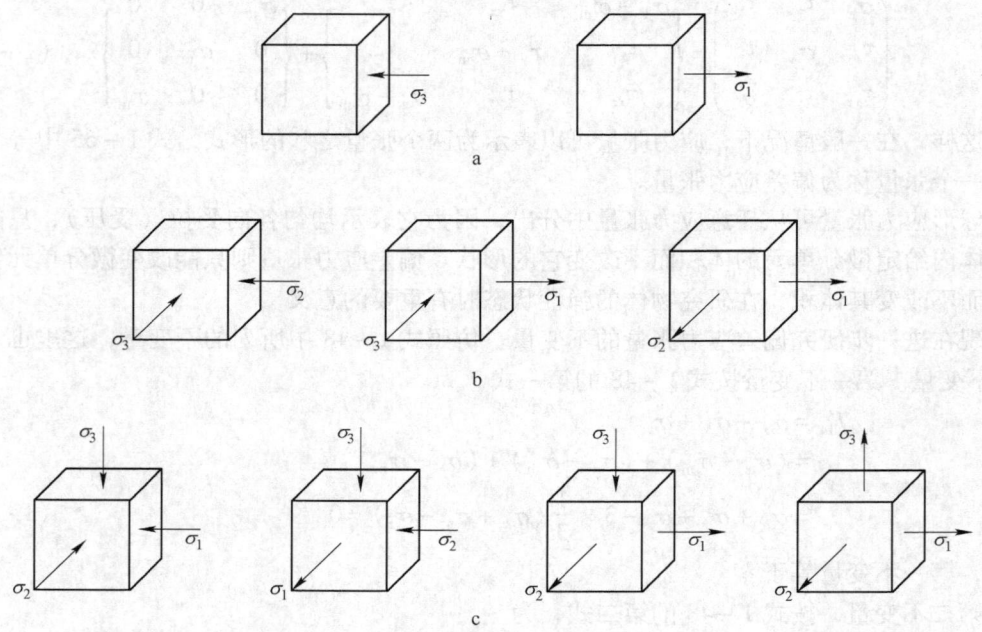

图 1-22 9 种主应力图
a—线应力状态；b—面应力状态；c—体应力状态

主应力图示便于直观定性地说明变形体内某点处的应力状态。例如变形区内绝大部分属于某种主应力图示，则这种主应力图示就表示该塑性成型过程的应力状态。

金属成型中，变形体内的主应力图示与工件和工具的形状、接触摩擦、残余应力等因素有关，而且这些因素往往是同时起作用。所以在变形体内同时存在多种应力状态图示是常有的。主应力图示还常随变形的进程发生转变。例如，在单向拉伸过程中，均匀拉伸阶段是单向拉应力图示，而出现细颈后，细颈部位就变成了三向拉伸的主应力图示。从主应力图示可定性看出材料成型过程中单位变形力的大小和塑性的高低。

实践证明，同号应力状态图示比异号应力状态图示的单位变形力大。

由直径为 10mm 的坯料，挤压和拉拔成直径为 8mm 的红铜棒，挤压时单位挤压力为

$$\sigma_3 = \frac{P}{\frac{\pi d^2}{4}} = \frac{3530 \times 9.80665}{\frac{\pi}{4} \times 0.01^2} = 440.99 \, \text{MPa}$$

拉拔时单位拉力为

$$\sigma_1 = \frac{P}{\frac{\pi d^2}{4}} = \frac{1050 \times 9.80665}{\frac{\pi}{4} \times 0.008^2} = 204.55 \, \text{MPa}$$

实践表明，低塑性金属或合金，用挤压方式成型比其他塑性成型方式更易于成型而不破裂，这是因为很强的压应力可以抵消局部区域附加拉应力的有害影响，也可以使工件内部的某些裂纹得以焊合的缘故。

前已述及，应力张量可以分解。球应力分量 σ_m 可以从应力张量中分出。这里，如从各主应力中分出 σ_m，余下的应力分量将与遵守体积不变条件的成型过程相对应，这时的应力图示叫主偏差应力图示，主偏差应力图示有 3 种，如图 1 – 23 所示。

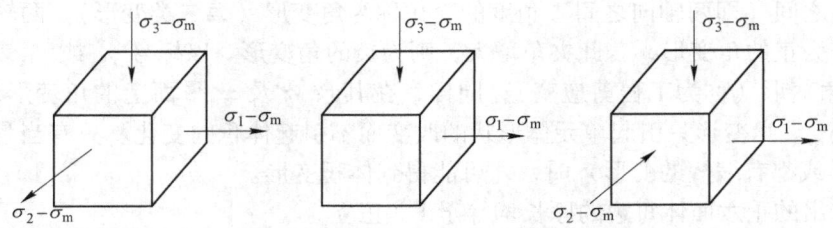

图 1 – 23 主偏差应力图

1.3 应 变 分 析

1.3.1 应变的基本概念

将矩形六面体在平锤下进行镦粗，其塑性变形前后物体的形状，如图 1 – 24 所示。

从研究变形前、后两种情况可以看出，物体受镦粗而产生塑性变形后，其高度减小，长度、宽度增加，原来规则外形变成扭歪的。物体塑性变形后，其线尺寸（各棱边）不但要变化而且平面上棱边间的角度也发生偏转，也就是说不但要产生线变形，而且要产生角度变形。

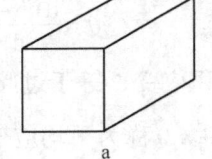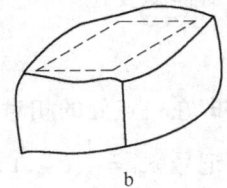

图 1 – 24 矩形件塑性变形前后形状
a—变形前；b—变形后

要研究物体的这种变形状态，最好从微小变形开始。在变形前为无限小的单元六面体，其变形也可以认为是由简单变形所组成，亦即可将变形分成若干分量。这样，可列出六面体的六个变形分量：3 个线分量——线变形（各棱边尺寸的变化）；3 个角分量——角变形（两棱边间角度的变化）。图 1 – 25 表示这些分量及其标号。

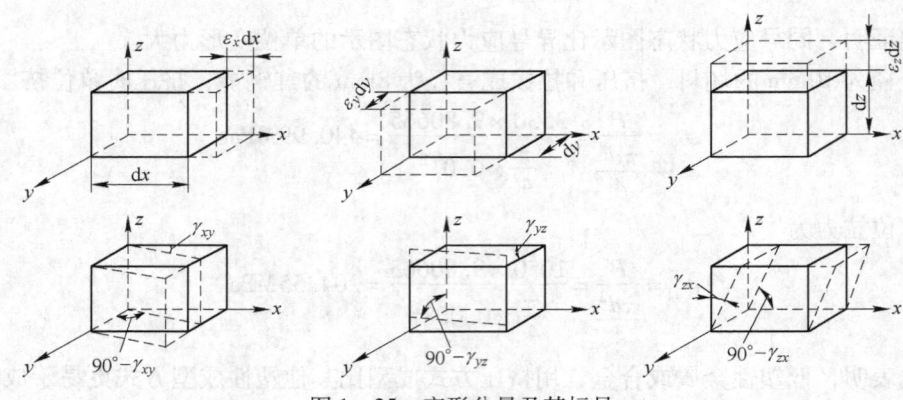

图 1-25　变形分量及其标号

以字母 ε_x 表示诸棱边的相对变化（第一类变形），其下标表示伸长的方向或与棱边平行的轴向。规定伸长的线应变为正，缩短的线应变为负。

当六面体产生图 1-25 所示的第一类基本变形时，其体积及形状都发生改变，如果原始形状为立方体，变形后就成为平行六面体。

两棱边之间（即两轴向之间）角度的变化称为角变形（第二类变形）。两轴正向夹角的减小，作为正的角变形，若此夹角增大，则为负的角变形。以标号 γ_{xy} 或 γ_{yx} 表示投影在平面 xy 上角变形（称为工程剪应变）；同样，在其余 yz 及 zx 平面上的角变形记作 γ_{yz} 或 γ_{zy}，γ_{zx} 或 γ_{xz}。角变形只引起单元体形状的改变而不引起体积的变化。只有当各边都有伸长的变形（或都有缩短的变形）时，才可能得到体积变形。

设所取出的正六面体每边的原长均等于 1（正立方体体积等于 1），并设三个线应变分量同时存在（图 1-26），则由于此种变形，立方体变形后其体积（普遍而言是指所取点附近的体积）等于

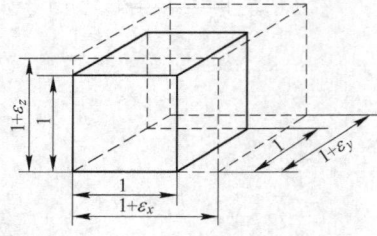

$$\mathrm{d}V' = (1 + \varepsilon_x)(1 + \varepsilon_y)(1 + \varepsilon_z)$$

设伸长的相对量很小，故上式中高阶微量可以忽略，因此变形后的体积

图 1-26　按三个直角方向相对伸长的总和而定的体积变形

$$\mathrm{d}V' = 1 + \varepsilon_x + \varepsilon_y + \varepsilon_z$$

相对体积变化

$$\theta = \frac{\mathrm{d}V' - \mathrm{d}V}{\mathrm{d}V} = \varepsilon_x + \varepsilon_y + \varepsilon_z \qquad (1-69)$$

亦即在一点处的相对体积应变，等于过此点的三个正交方向上所产生的相对应变之和。引用记号 $\varepsilon_\mathrm{m} = \frac{1}{3}(\varepsilon_x + \varepsilon_y + \varepsilon_z)$ 称为平均应变，则式 1-69 可写成

$$\theta = 3\varepsilon_\mathrm{m}$$

对于塑性成型，$\theta = 0$。

1.3.2　几何方程

1.3.2.1　一点的位移分量

设物体某点 M 原来的坐标为 x，y，z，经过变形后移到新位置 M_1（图 1-27）。以

MM_1 为全位移，令 u_x，u_y，u_z 表示全位移 MM_1 沿坐标轴 x，y，z 的投影，则 u_x，u_y，u_z 称为位移分量或位移向量的投影。

不同点的位移分量也不同，它们是该点坐标的函数，即

$$u_x = f_1(x, y, z)$$
$$u_y = f_2(x, y, z)$$
$$u_z = f_3(x, y, z)$$

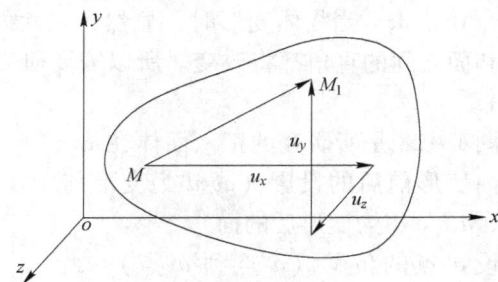

图 1 – 27　位移分量的标号

若研究与 M 点无限接近的另一点 N，其坐标在变形前为 $x + dx$，$y + dy$，$z + dz$，变形后 M 移到 M_1 点，N 移到 N_1 点，这时 M 点的位移分量为 u_x，u_y，u_z；N 点的位移分量为 u'_x，u'_y，u'_z。可将 N 点的位移精确的写成

$$\left. \begin{aligned} u'_x &= u_x + \frac{\partial u_x}{\partial x}dx + \frac{\partial u_x}{\partial y}dy + \frac{\partial u_x}{\partial z}dz \\[2mm] u'_y &= u_y + \frac{\partial u_y}{\partial x}dx + \frac{\partial u_y}{\partial y}dy + \frac{\partial u_y}{\partial z}dz \\[2mm] u'_z &= u_z + \frac{\partial u_z}{\partial x}dx + \frac{\partial u_z}{\partial y}dy + \frac{\partial u_z}{\partial z}dz \end{aligned} \right\} \tag{1-70}$$

上式的解析意义是若各点的位移为连续函数，则位移的分量亦为连续函数，并可展开成泰勒函数（略去了二阶及高阶无穷小项）。

由式 1 – 70 可看出，N_1 的位移增量是

$$\left. \begin{aligned} du_x &= u'_x - u_x = \frac{\partial u_x}{\partial x}dx + \frac{\partial u_x}{\partial y}dy + \frac{\partial u_x}{\partial z}dz \\[2mm] du_y &= u'_y - u_y = \frac{\partial u_y}{\partial x}dx + \frac{\partial u_y}{\partial y}dy + \frac{\partial u_y}{\partial z}dz \\[2mm] du_z &= u'_z - u_z = \frac{\partial u_z}{\partial x}dx + \frac{\partial u_z}{\partial y}dy + \frac{\partial u_z}{\partial z}dz \end{aligned} \right\} \tag{1-71}$$

若所研究的两点在一个与坐标面相平行的平面内，而且在任意一个与坐标轴平行的直线上，此两点位移增量的公式可大为简化。如果 MN 两点与坐标面 xoz 相平行的平面内，直线 MN 与 x 轴平行，则 $dy = dz = 0$，所以

$$\left. \begin{aligned} u'_x &= u_x + \frac{\partial u_x}{\partial x}dx \qquad & du_x &= \frac{\partial u_x}{\partial x}dx \\[2mm] u'_y &= u_y + \frac{\partial u_y}{\partial x}dx \qquad & du_y &= \frac{\partial u_y}{\partial x}dx \\[2mm] u'_z &= u_z + \frac{\partial u_z}{\partial x}dx \qquad & du_z &= \frac{\partial u_z}{\partial x}dx \end{aligned} \right\} \tag{1-72}$$

比值 $\dfrac{\partial u_x}{\partial x}$ 可以理解为位移的水平分量 u_x 在水平方向上的变率，乘以 dx（在所研究的特例中，乘以线段 MN 的长度）表示水平位移在 dx 长度内的增量。

1.3.2.2　应变分量与位移分量间的微分关系——几何方程

在变形体内 M 点的近旁，以平行于各坐标平面截取一无限小的正六面体，其边长各为 dx、dy、dz。当物体变形时，显然，正六面体要变动其位置并改变其原来形状，它的边长和面之间的直角都将改变。所以需要研究边长的变化（线应变）及角度的改变（角应变）。

图 1 - 28 是所研究的正六面体在 xoy 平面内变形前后的投影（$abcd$ 为变形前的面，$a'b'c'd'$ 为变形后的面）。

设 a 点的位移（a 点到 a' 点）u_x、u_y，则 b 及 d 点的位移，如图 1 - 28 所示，原长为 dx 的 ad 的相对伸长，可以写成

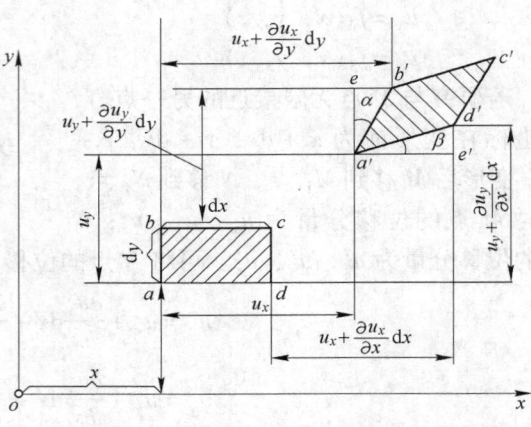

图 1 - 28　平面变形过程中变形前、后的形状改变

$$\varepsilon_x = \frac{a'd' - ad}{ad} = \frac{\left(u_x + \dfrac{\partial u_x}{\partial x}dx + dx - u_x \right) - dx}{dx}$$

$$= \frac{\partial u_x}{\partial x}$$

同样

$$\varepsilon_y = \frac{a'b' - ab}{ab} = \frac{\left(u_y + \dfrac{\partial u_y}{\partial y}dy + dy - u_y \right) - dy}{dy} = \frac{\partial u_y}{\partial y}$$

ab 在 xoy 平面内的转角

$$\tan\alpha = \frac{eb'}{ea'} = \frac{u_x + \dfrac{\partial u_x}{\partial y}dy - u_x}{u_y + \dfrac{\partial u_y}{\partial y}dy + dy - u_y} = \frac{\dfrac{\partial u_x}{\partial y}}{1 + \dfrac{\partial u_y}{\partial y}}$$

因 $\dfrac{\partial u_y}{\partial y}$ 比 1 小得多，若略去，则

$$\tan\alpha \approx \alpha = \frac{\partial u_x}{\partial y}$$

同样，ad 在 xoy 平面内的转角

$$\tan\beta = \frac{e'd'}{e'a'} = \frac{u_y + \dfrac{\partial u_y}{\partial x}dx - u_y}{u_x + \dfrac{\partial u_x}{\partial x}dx + dx - u_x} = \frac{\partial u_y}{\partial x} = \beta$$

则角应变，即直角 bad 的改变——减小，可写成

$$\gamma_{xy} = \alpha + \beta = \frac{\partial u_x}{\partial y} + \frac{\partial u_y}{\partial x}$$

运用轮换代入法，我们可直接写出另外两个坐标面内的角应变公式。这样得出下列应变分量与位移分量的微分关系

$$\left.\begin{array}{ccc} \varepsilon_x = \dfrac{\partial u_x}{\partial x} & \varepsilon_y = \dfrac{\partial u_y}{\partial y} & \varepsilon_z = \dfrac{\partial u_z}{\partial z} \\[3mm] \gamma_{xy} = \dfrac{\partial u_x}{\partial y} + \dfrac{\partial u_y}{\partial x} & \gamma_{yz} = \dfrac{\partial u_y}{\partial z} + \dfrac{\partial u_z}{\partial y} & \gamma_{zx} = \dfrac{\partial u_z}{\partial x} + \dfrac{\partial u_x}{\partial z} \end{array}\right\}$$
$$(1-73)$$

式 1 – 73 为应变与位移关系的几何方程。

几何方程式 1 – 73 表明：若已知 3 个函数 u_x，u_y，u_z，则可借此决定所有 6 个应变分量——3 个线应变，3 个剪应变，因为它们是由位移分量的一次导数表示的。

为找出与剪应力相对应的纯剪应变，必须把刚性转动的分量从角位移中扣除，可以证明纯剪应变：

$$\varepsilon_{xz} = \varepsilon_{zx} = \frac{1}{2}\gamma_{xz}$$

$$\varepsilon_{xy} = \varepsilon_{yx} = \frac{1}{2}\gamma_{xy}$$

$$\varepsilon_{zy} = \varepsilon_{yz} = \frac{1}{2}\gamma_{zy}$$

可以得出直角坐标系下应变与位移关系的几何方程如下：

$$\left.\begin{array}{ll} \varepsilon_x = \dfrac{\partial u_x}{\partial x} & \varepsilon_{xy} = \dfrac{1}{2}\left(\dfrac{\partial u_x}{\partial y} + \dfrac{\partial u_y}{\partial x}\right) \\[3mm] \varepsilon_y = \dfrac{\partial u_y}{\partial y} & \varepsilon_{yz} = \dfrac{1}{2}\left(\dfrac{\partial u_y}{\partial z} + \dfrac{\partial u_z}{\partial y}\right) \\[3mm] \varepsilon_z = \dfrac{\partial u_z}{\partial z} & \varepsilon_{zx} = \dfrac{1}{2}\left(\dfrac{\partial u_z}{\partial x} + \dfrac{\partial u_x}{\partial z}\right) \end{array}\right\}$$
$$(1-74)$$

式中　ε_x，ε_y，ε_z——从变形体内任意点处取出的平行六面体素，其棱边 dx，dy，dz 的相对变形，称为线应变，并规定：伸长为正，缩短为负；

ε_{xy}，ε_{yz}，ε_{zx}——xoy，yoz，zox 面上的剪应变，规定：两轴正向夹角减小时为正，增大时为负，剪应变的下标规定：原平行于 x 轴得到的棱边向平行于 y 轴的棱边转者，标为 ε_{xy}。

直角坐标系下，一点的应变状态由该点的应变张量来表示，即

$$\begin{pmatrix} \varepsilon_x & \varepsilon_{yx} & \varepsilon_{zx} \\ \varepsilon_{xy} & \varepsilon_y & \varepsilon_{zy} \\ \varepsilon_{xz} & \varepsilon_{yz} & \varepsilon_z \end{pmatrix}$$

以后要讲到，应变张量具有与应力张量相类似的性质。

在圆柱坐标系中，其应变与位移关系的几何方程为：

$$\left.\begin{array}{ll} \varepsilon_r = \dfrac{\partial u_r}{\partial r} & \varepsilon_{r\theta} = \dfrac{1}{2}\left(\dfrac{\partial u_\theta}{\partial r} + \dfrac{\partial u_r}{r\partial \theta} - \dfrac{u_\theta}{r}\right) \\[3mm] \varepsilon_\theta = \dfrac{u_r}{r} + \dfrac{\partial u_\theta}{r\partial \theta} & \varepsilon_{\theta z} = \dfrac{1}{2}\left(\dfrac{\partial u_\theta}{\partial z} + \dfrac{\partial u_z}{r\partial \theta}\right) \\[3mm] \varepsilon_z = \dfrac{\partial u_z}{\partial z} & \varepsilon_{zr} = \dfrac{1}{2}\left(\dfrac{\partial u_r}{\partial z} + \dfrac{\partial u_z}{\partial r}\right) \end{array}\right\}$$
$$(1-75)$$

式中　ε_r，ε_θ，ε_z——线应变；

$\varepsilon_{r\theta}$，$\varepsilon_{\theta z}$，ε_{zr}——剪应变。

在球面坐标系中，其应变与位移关系的几何方程为：

$$\left.\begin{aligned}
\varepsilon_r &= \frac{\partial u_r}{\partial r} \\[6pt]
\varepsilon_\theta &= \frac{1}{r}\frac{\partial u_\theta}{\partial \theta} + \frac{u_r}{r} \\[6pt]
\varepsilon_\phi &= \frac{1}{r\sin\theta}\frac{\partial u_\phi}{\partial \phi} + \frac{u_r}{r} + \frac{u_\theta}{r} \\[6pt]
\varepsilon_{r\theta} &= \frac{1}{2}\left(\frac{\partial u_\theta}{\partial r} + \frac{\partial u_r}{r\partial \theta} - \frac{u_\theta}{r}\right) \\[6pt]
\varepsilon_{\theta\phi} &= \frac{1}{2}\left(\frac{1}{r\sin\theta}\frac{\partial u_\phi}{\partial \phi} + \frac{\partial u_\phi}{r\partial \theta} - \frac{\cot\theta}{r}u_\phi\right) \\[6pt]
\varepsilon_{\phi r} &= \frac{1}{2}\left(\frac{\partial u_\phi}{\partial r} + \frac{1}{r\sin\theta}\frac{\partial u_r}{\partial \phi} - \frac{u_\phi}{r}\right)
\end{aligned}\right\} \qquad (1-76)$$

式中　ε_r，ε_θ，ε_ϕ——线应变；

　　　$\varepsilon_{r\theta}$，$\varepsilon_{\theta\phi}$，$\varepsilon_{\phi r}$——剪应变。

1.3.3　一点应变状态分析

如图 1-29 所示，直线 MN 连接物体内变形前无限靠近的两点，直线 M_1N_1 连接处于变形状态中的两点。考察它们的变形情况。

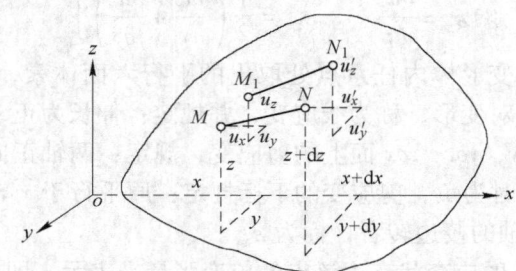

图 1-29　变形体内无限接近两点的位移

以 L 表示线段 MN 的原长，很明显

$$L^2 = \mathrm{d}x^2 + \mathrm{d}y^2 + \mathrm{d}z^2$$

变形前，线段 MN 与坐标轴夹角的余弦为

$$l = \frac{\mathrm{d}x}{L}, \quad m = \frac{\mathrm{d}y}{L}, \quad n = \frac{\mathrm{d}z}{L} \qquad (1-77)$$

以 L_1 表示线段 M_1N_1 的长，按图 1-29 所示，得

$$\begin{aligned}
L_1^2 &= (u_x' + \mathrm{d}x - u_x)^2 + (u_y' + \mathrm{d}y - u_y)^2 + (u_z' + \mathrm{d}z - u_z)^2 \\
&= \mathrm{d}x^2 + \mathrm{d}y^2 + \mathrm{d}z^2 + 2\mathrm{d}x(u_x' - u_x) + 2\mathrm{d}y(u_y' - u_y) + 2\mathrm{d}z(u_z' - u_z) + \\
&\quad (u_x' - u_x)^2 + (u_y' - u_y)^2 + (u_z' - u_z)^2
\end{aligned}$$

因为 $u_x' - u_x = \mathrm{d}u_x$，$\mathrm{d}^2 u_x$ 很小可以忽略不计，故

$$L_1^2 - L^2 = 2\mathrm{d}x(u_x' - u_x) + 2\mathrm{d}y(u_y' - u_y) + 2\mathrm{d}z(u_z' - u_z) \qquad (1-78)$$

L_1 也可用单位伸长 ε_r 表示

$$L_1 = (1 + \varepsilon_r) L$$
$$L_1^2 = (1 + \varepsilon_r)^2 L^2 = (1 + 2\varepsilon_r + \varepsilon_r^2) L^2 \approx (1 + 2\varepsilon_r) L^2$$

由此得

$$L_1^2 - L^2 = 2\varepsilon_r L^2 \tag{1-79}$$

即

$$L^2 \varepsilon_r = \mathrm{d}x(u_x' - u_x) + \mathrm{d}y(u_y' - u_y) + \mathrm{d}z(u_z' - u_z)$$

$$\varepsilon_r = \frac{\mathrm{d}x}{L} \frac{u_x' - u_x}{L} + \frac{\mathrm{d}y}{L} \frac{u_y' - u_y}{L} + \frac{\mathrm{d}z}{L} \frac{u_z' - u_z}{L}$$

根据式 1 – 71 及式 1 – 77，得

$$\varepsilon_r = l\left(\frac{\partial u_x}{\partial x}\frac{\mathrm{d}x}{L} + \frac{\partial u_x}{\partial y}\frac{\mathrm{d}y}{L} + \frac{\partial u_x}{\partial z}\frac{\mathrm{d}z}{L}\right) + m\left(\frac{\partial u_y}{\partial x}\frac{\mathrm{d}x}{L} + \frac{\partial u_y}{\partial y}\frac{\mathrm{d}y}{L} + \frac{\partial u_y}{\partial z}\frac{\mathrm{d}z}{L}\right) +$$

$$n\left(\frac{\partial u_z}{\partial x}\frac{\mathrm{d}x}{L} + \frac{\partial u_z}{\partial y}\frac{\mathrm{d}y}{L} + \frac{\partial u_z}{\partial z}\frac{\mathrm{d}z}{L}\right)$$

将上式进行整理后，得

$$\varepsilon_r = \frac{\partial u_x}{\partial x}l^2 + \frac{\partial u_y}{\partial y}m^2 + \frac{\partial u_z}{\partial z}n^2 + \left(\frac{\partial u_x}{\partial y} + \frac{\partial u_y}{\partial x}\right)lm + \left(\frac{\partial u_y}{\partial z} + \frac{\partial u_z}{\partial y}\right)mn + \left(\frac{\partial u_z}{\partial x} + \frac{\partial u_x}{\partial z}\right)nl$$

根据式 1 – 74，得

$$\varepsilon_r = \varepsilon_x l^2 + \varepsilon_y m^2 + \varepsilon_z n^2 + 2\varepsilon_{xy}lm + 2\varepsilon_{yz}mn + 2\varepsilon_{zx}nl \tag{1-80}$$

可见，通过一个已知点任意微小线段的伸长应变，可以由该点的 6 个应变分量表出。这个结论与前面研究点应力状态时所导出的式 1 – 40 形式上是相同的，这反映在弹性变形阶段内应力与应变的相似性。因此，凡应力状态理论中有关的方程，从应变作相类似的推导，皆可获得形式上相同的结果。

1.3.4 主应变、应变张量不变量

在计算线应变 ε_r （又称为正变形）的式 1 – 80 中 l、m、n，也存在

$$l^2 + m^2 + n^2 = 1$$

的关系。现在来求 ε_r 的极值。设 ε 为主应变，它是一个未定常数。从式 1 – 80 的左边减去 ε，从右边减去 $\varepsilon(l^2 + m^2 + n^2)$，于是得

$$\varepsilon_r - \varepsilon = \varepsilon_x l^2 + \varepsilon_y m^2 + \varepsilon_z n^2 + 2\varepsilon_{xy}lm + 2\varepsilon_{yz}mn + 2\varepsilon_{zx}nl - \varepsilon(l^2 + m^2 + n^2)$$

$$= (\varepsilon_x - \varepsilon)l^2 + (\varepsilon_y - \varepsilon)m^2 + (\varepsilon_z - \varepsilon)n^2 + 2\varepsilon_{xy}lm + 2\varepsilon_{yz}mn + 2\varepsilon_{zx}nl$$

求出 $\varepsilon_r - \varepsilon$ 对于 l、m、n 的导数并使它等于零（这时 ε 是常数）

$$\left.\begin{array}{l} \dfrac{\partial(\varepsilon_r - \varepsilon)}{\partial l} = 2(\varepsilon_x - \varepsilon)l + 2\varepsilon_{yx}m + 2\varepsilon_{zx}n = 0 \\[3mm] \dfrac{\partial(\varepsilon_r - \varepsilon)}{\partial m} = 2(\varepsilon_y - \varepsilon)m + 2\varepsilon_{xy}l + 2\varepsilon_{zy}n = 0 \\[3mm] \dfrac{\partial(\varepsilon_r - \varepsilon)}{\partial n} = 2(\varepsilon_z - \varepsilon)n + 2\varepsilon_{yz}m + 2\varepsilon_{xz}l = 0 \end{array}\right\} \tag{1-81}$$

由于此时认为 ε 与 l、m、n 无关，求 $\varepsilon_r - \varepsilon$ 的极值，也就是求 ε_r 的极值。

当 ε_r 达到极值时，主应变的方向余弦应满足式 1–81，即齐次线性方程组式 1–81 有非零解，系数行列式等于零，即

$$\begin{vmatrix} \varepsilon_x - \varepsilon & \varepsilon_{yx} & \varepsilon_{zx} \\ \varepsilon_{xy} & \varepsilon_y - \varepsilon & \varepsilon_{zy} \\ \varepsilon_{xz} & \varepsilon_{yz} & \varepsilon_z - \varepsilon \end{vmatrix} = 0$$

得 ε 的三次方程

$$\varepsilon^3 - J_1 \varepsilon^2 - J_2 \varepsilon - J_3 = 0 \tag{1–82}$$

式中应变张量不变量为

$$J_1 = \varepsilon_x + \varepsilon_y + \varepsilon_z$$

$$J_2 = -(\varepsilon_x \varepsilon_y + \varepsilon_y \varepsilon_z + \varepsilon_z \varepsilon_x) + \varepsilon_{xy}^2 + \varepsilon_{yz}^2 + \varepsilon_{zx}^2$$

$$J_3 = \varepsilon_x \varepsilon_y \varepsilon_z + 2\varepsilon_{xy} \varepsilon_{yz} \varepsilon_{zx} - (\varepsilon_x \varepsilon_{yz}^2 + \varepsilon_y \varepsilon_{zx}^2 + \varepsilon_z \varepsilon_{xy}^2)$$

方程式 1–82 有 3 个实根（主应变）ε_1、ε_2、ε_3，其相应的方向余弦可利用式 1–81 中的任意两式与 $l^2 + m^2 + n^2 = 1$ 联立求得。如果应力状态的情况一样，也可以证明 3 个应变主轴是相互垂直的，即在变形体内一点附近，也存在 3 个主应变方向。在这些方向中，只有正应变而无剪应变。

式 1–82 中的 J_1、J_2、J_3 是应变张量的 3 个不变量。

主应变用 ε_1、ε_2、ε_3 表示，并且也存在 $\varepsilon_1 > \varepsilon_2 > \varepsilon_3$。

很明显，如果材料是各向同性的，则主应力与主应变的方向应相同。因此，主应变张量可表示为：

$$\varepsilon_{ij} = \begin{pmatrix} \varepsilon_1 & 0 & 0 \\ 0 & \varepsilon_2 & 0 \\ 0 & 0 & \varepsilon_3 \end{pmatrix}$$

在主应变条件下应变张量不变量为

$$J_1 = \varepsilon_1 + \varepsilon_2 + \varepsilon_3$$

$$J_2 = -(\varepsilon_1 \varepsilon_2 + \varepsilon_2 \varepsilon_3 + \varepsilon_3 \varepsilon_1)$$

$$J_3 = \varepsilon_1 \varepsilon_2 \varepsilon_3$$

采用主坐标系，根据主应变方向与主应力方向相同的结论及应力状态与应变状态的相似性，利用式 1–80 也得出正八面体面上的线应变

$$\varepsilon_8 = \varepsilon_m = \frac{\varepsilon_1 + \varepsilon_2 + \varepsilon_3}{3}$$

在塑性变形时，假定体积是不变的，于是

$$\varepsilon_8 = \varepsilon_m = 0$$

1.3.5　应变张量的分解

同应力张量相似，表示一点应变状态的应变张量也可分解为两个张量

$$\begin{pmatrix} \varepsilon_x & \varepsilon_{yx} & \varepsilon_{zx} \\ \varepsilon_{xy} & \varepsilon_y & \varepsilon_{zy} \\ \varepsilon_{xz} & \varepsilon_{yz} & \varepsilon_z \end{pmatrix} = \begin{pmatrix} \varepsilon_x' & \varepsilon_{yx} & \varepsilon_{zx} \\ \varepsilon_{xy} & \varepsilon_y' & \varepsilon_{zy} \\ \varepsilon_{xz} & \varepsilon_{yz} & \varepsilon_z' \end{pmatrix} + \begin{pmatrix} \varepsilon_m & 0 & 0 \\ 0 & \varepsilon_m & 0 \\ 0 & 0 & \varepsilon_m \end{pmatrix} \tag{1–83}$$

如坐标轴为主轴，则

$$\begin{pmatrix} \varepsilon_1 & 0 & 0 \\ 0 & \varepsilon_2 & 0 \\ 0 & 0 & \varepsilon_3 \end{pmatrix} = \begin{pmatrix} \varepsilon_1' & 0 & 0 \\ 0 & \varepsilon_2' & 0 \\ 0 & 0 & \varepsilon_3' \end{pmatrix} + \begin{pmatrix} \varepsilon_m & 0 & 0 \\ 0 & \varepsilon_m & 0 \\ 0 & 0 & \varepsilon_m \end{pmatrix}$$

其中

$$\varepsilon_x' = \varepsilon_x - \varepsilon_m \qquad \varepsilon_1' = \varepsilon_1 - \varepsilon_m$$

$$\varepsilon_y' = \varepsilon_y - \varepsilon_m \qquad \varepsilon_2' = \varepsilon_2 - \varepsilon_m$$

$$\varepsilon_z' = \varepsilon_z - \varepsilon_m \qquad \varepsilon_3' = \varepsilon_3 - \varepsilon_m$$

$$\varepsilon_m = \frac{1}{3}(\varepsilon_x + \varepsilon_y + \varepsilon_z) = \frac{1}{3}(\varepsilon_1 + \varepsilon_2 + \varepsilon_3)$$

ε_m 是给定点的平均线应变分量。

式 1 – 83 中的第二个张量，表示在给定点的元素各个方向的正应变相同，它仅改变其体积而不改变其形状，此时这个张量与应力状态一样，变形曲面是圆球面，故称它为球形应变张量。

式 1 – 83 中的第一个张量表示在给定点的元素仅改变其形状而不改变其体积，因为在这样的应变状态中，体积应变等于零，即

$$\theta = (\varepsilon_x - \varepsilon_m) + (\varepsilon_y - \varepsilon_m) + (\varepsilon_z - \varepsilon_m)$$

$$= \varepsilon_x + \varepsilon_y + \varepsilon_z - 3\varepsilon_m = 0$$

因此称为偏差应变张量。式 1 – 83 表示的张量分解，反映了应变现象的物理性质。

下面考察偏差应变张量的不变量，这些不变量与应力张量及应变张量不变量是相似的。

$$J_1' = \varepsilon_x' + \varepsilon_y' + \varepsilon_z' = \varepsilon_1' + \varepsilon_2' + \varepsilon_3' = (\varepsilon_x - \varepsilon_m) + (\varepsilon_y - \varepsilon_m) + (\varepsilon_z - \varepsilon_m)$$

$$= \varepsilon_x + \varepsilon_y + \varepsilon_z - 3\varepsilon_m = 0$$

$$J_2' = \frac{1}{6}\left[(\varepsilon_x' - \varepsilon_y')^2 + (\varepsilon_y' - \varepsilon_z')^2 + (\varepsilon_z' - \varepsilon_x')^2 + 6(\varepsilon_{xy}^2 + \varepsilon_{yz}^2 + \varepsilon_{zx}^2)\right]$$

$$= \frac{1}{6}\left[(\varepsilon_1' - \varepsilon_2')^2 + (\varepsilon_2' - \varepsilon_3')^2 + (\varepsilon_3' - \varepsilon_1')^2\right]$$

$$J_3' = \varepsilon_x'\varepsilon_y'\varepsilon_z' + 2\varepsilon_{xy}\varepsilon_{yz}\varepsilon_{zx} - \varepsilon_x'\varepsilon_{yz}^2 - \varepsilon_y'\varepsilon_{zx}^2 - \varepsilon_z'\varepsilon_{xy}^2$$

$$= \varepsilon_1'\varepsilon_2'\varepsilon_3'$$

1.3.6 主应变图

主应变图示，简称应变图示。在材料成型中，为了说明整个变形区或变形区的一部分变形情况，常常采用所谓变形图示以表明 3 个塑性主变形是否存在及其正、负号。具体地说，就是在小立方体素上画上箭头，箭头方向指向变形方向，但不表明变形的大小。

由于塑性变形时，工件受体积不变条件的限制，可能的变形图示仅有如图 1 – 30 所示的 3 种。

（1）第一类变形图示，表明一向缩短两向伸长。轧制、自由锻等属于此类变形图示。

（2）第二类变形图示，表明一向缩短一向伸长。轧制板带（忽略宽展）时属于此类变形图示。

（3）第三类变形图示，表明两向缩短一向伸长。挤压、拉拔等属于此类变形图示。

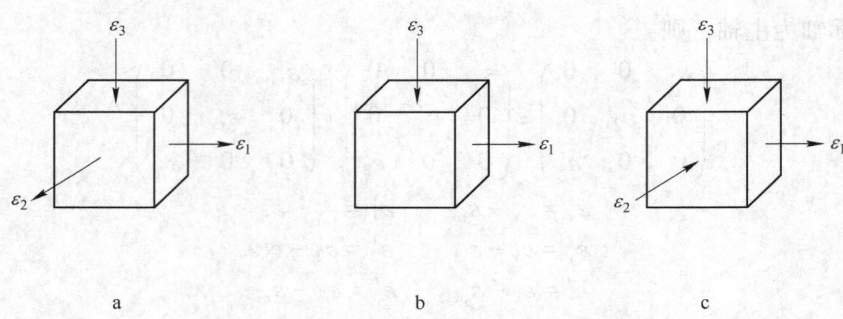

图 1-30　主变形图示

a—第一类变形图示；b—第二类变形图示；c—第三类变形图示

　　由图 1-22 和图 1-30 可见，主应力图有 9 种，而主变形图仅有 3 种。比较应力图示和变形图示时发现，有的两者符号一致，也有的是不一致的。其原因是，主应力图中各主应力中包括有引起弹性体积变化的主应力成分，即包括有 $\sigma_m = \frac{1}{3}(\sigma_1 + \sigma_2 + \sigma_3)$，如从主应力中扣除 σ_m，即 $\sigma_1 - \sigma_m$、$\sigma_2 - \sigma_m$、$\sigma_3 - \sigma_m$，则应力图示也仅有 3 种，这就是前述的主偏差应力图示，主偏差应力图与主变形图是完全一致的。

　　有时，用变形图还可以判断应力的特点。例如，轧制板带时 $\varepsilon_2 = 0$，与此对应的主偏差应力为

$$\sigma_2 - \sigma_m = 0$$

或

$$\sigma_2 - \frac{\sigma_1 + \sigma_2 + \sigma_3}{3} = 0$$

从而得

$$\sigma_2 = \frac{1}{2}(\sigma_1 + \sigma_3) \tag{1-84}$$

　　式 1-84 表明，平面变形时，在没有主变形的方向上有主应力存在，这是平面变形的应力特点。

1.3.7　应变速率

　　应变速率是应变对时间的变化率，有的书也称变形速度或应变速度。

　　在金属成型中，为了计算变形体内部的变形功率以及用实验方法研究应力的分布等都涉及变形体内的应变速率场。此外，应变速率对金属的性能也有较大的影响，为此，必须深入地分析有关应变速率的概念和建立有关公式。应变速率与位移速度有关，所以先研究位移速度。

1.3.7.1　位移速度

设物体变形时其质点的位移速度为

$$v = v_x i + v_y j + v_z k$$

其中

$$v_x = v_x(x, y, z, t)$$

$$v_y = v_y(x, y, z, t)$$

$$v_z = v_z(x, y, z, t)$$

而质点的位移分量为 u_x、u_y、u_z

$$u_x = u_x(x,y,z,t)$$
$$u_y = u_y(x,y,z,t)$$
$$u_z = u_z(x,y,z,t)$$

位移速度是位移对时间的全导数，在研究微小应变、微小位移的情况下，位移与速度的关系可以近似写成

$$v_x = \frac{\partial u_x}{\partial t} \quad v_y = \frac{\partial u_y}{\partial t} \quad v_z = \frac{\partial u_z}{\partial t}$$

1.3.7.2 应变速率

由式 1-80 知，线段的微小应变由下式确定，即

$$\varepsilon_r = \varepsilon_x l^2 + \varepsilon_y m^2 + \varepsilon_z n^2 + 2\varepsilon_{xy} lm + 2\varepsilon_{yz} mn + 2\varepsilon_{zx} nl$$

若所考虑的时间间隔很小，在其间线段承受一小应变，且式中的位移分量为 u_x、u_y、u_z，则

$$\dot{\varepsilon}_r = \frac{\mathrm{d}\varepsilon_r}{\mathrm{d}t}$$

因此

$$\dot{\varepsilon}_r = \frac{\partial}{\partial t}\left(\frac{\partial u_x}{\partial x}\right)l^2 + \frac{\partial}{\partial t}\left(\frac{\partial u_y}{\partial y}\right)m^2 + \frac{\partial}{\partial t}\left(\frac{\partial u_z}{\partial z}\right)n^2 + \frac{\partial}{\partial t}\left(\frac{\partial u_x}{\partial y} + \frac{\partial u_y}{\partial x}\right)lm +$$
$$\frac{\partial}{\partial t}\left(\frac{\partial u_y}{\partial z} + \frac{\partial u_z}{\partial y}\right)mn + \frac{\partial}{\partial t}\left(\frac{\partial u_z}{\partial x} + \frac{\partial u_x}{\partial z}\right)nl$$

或

$$\dot{\varepsilon}_r = \dot{\varepsilon}_x l^2 + \dot{\varepsilon}_y m^2 + \dot{\varepsilon}_z n^2 + 2\dot{\varepsilon}_{xy} lm + 2\dot{\varepsilon}_{yz} mn + 2\dot{\varepsilon}_{zx} nl$$

其中

$$\left. \begin{aligned} \dot{\varepsilon}_x &= \frac{\partial \varepsilon_x}{\partial t} = \frac{\partial v_x}{\partial x} \\ \dot{\varepsilon}_y &= \frac{\partial \varepsilon_y}{\partial t} = \frac{\partial v_y}{\partial y} \\ \dot{\varepsilon}_z &= \frac{\partial \varepsilon_z}{\partial t} = \frac{\partial v_z}{\partial z} \\ \dot{\varepsilon}_{xy} &= \frac{1}{2}\left(\frac{\partial v_x}{\partial y} + \frac{\partial v_y}{\partial x}\right) \\ \dot{\varepsilon}_{yz} &= \frac{1}{2}\left(\frac{\partial v_z}{\partial y} + \frac{\partial v_y}{\partial z}\right) \\ \dot{\varepsilon}_{zx} &= \frac{1}{2}\left(\frac{\partial v_x}{\partial z} + \frac{\partial v_z}{\partial x}\right) \end{aligned} \right\} \tag{1-85}$$

式 1-85 是应变速率与位移速度关系的几何方程，在以后章节中是有用的。

顺便指出，表示一点处无刚性转动的应变速率张量

$$\begin{pmatrix} \dot{\varepsilon}_x & \dot{\varepsilon}_{yx} & \dot{\varepsilon}_{zx} \\ \dot{\varepsilon}_{xy} & \dot{\varepsilon}_y & \dot{\varepsilon}_{zy} \\ \dot{\varepsilon}_{xz} & \dot{\varepsilon}_{yz} & \dot{\varepsilon}_z \end{pmatrix}$$

是二阶对称张量，同样，它也具有二阶对称张量的性质，如存在主应变速率张量和应变速率张量不变量。

思 考 题

1-1　通过一点处的三个主应力是否可以用向量加法来求和？

1-2　轧制宽板时，通常认为在沿宽度方向无变形，试分析在宽度方向是否有应力？为什么？

1-3　如图 1-31 所示，试判断能产生何种主变形图示？并说明主变形对产品质量有何影响。

1-4　如图 1-32 所示，上轧辊的表面速度为 v_1，下轧辊的表面速度为 v_2，且 $v_1 > v_2$。在 A 点 v_1 与轧件速度相同；在 B 点 v_2 与轧件速度相同，试绘出轧辊对轧件的接触面上摩擦力的方向？

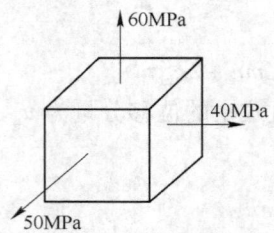

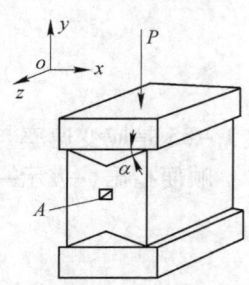

图 1-31　物体中一点处主应力图示　　　　　图 1-32　异步轧制图

1-5　叙述下列术语的定义或含义：硬化材料；理想弹塑性材料；理想刚塑性材料；弹塑性硬化材料；刚塑性硬化材料。

1-6　八面体面上的正应力和剪应力有何用途？

1-7　写出公称应变（或变形）的表达式，并指出其缺点。

1-8　试解释何为主应力状态？何为主剪应力状态？都有什么特点？

1-9　绘出拉拔、挤压和轧制过程的主应力图示。

1-10　正八面体面上的正应力和剪应力对物体的变形有何影响。

1-11　挤压时，变形程度 $\varepsilon = 80\%$，变形区的体积 $V = 4 \times 10\,\mathrm{mm}^3$，挤压缸推杆的速度 $v_b = 30\,\mathrm{mm/s}$，挤压缸横截面积为 $24 \times 10^3\,\mathrm{mm}^2$，试计算平均应变速率。

习 　 题

1-1　轧制时板材厚度的逐道次变化为 10mm→8mm→7mm→6.5mm→6.2mm→6.0mm，求逐道次和全轧制过程的总压下率。

1-2　试以主应力表示八面体上的应力分量，并证明它们是坐标变换时的不变量。

1-3　绘出拉拔、挤压和轧制过程的主应力图示。

1-4　试证明主应力的极值性质（即证明第一主应力是最大正应力，第三主应力是最小正应力）。

1-5　如图 1-33 所示，用凸锤头在滑动摩擦条件下进行平面变形压缩凹面矩形件（在 z 轴方向无变形），试绘出 $\alpha > \beta$、$\alpha < \beta$、$\alpha = \beta$（β 为摩擦角）时，A 点处的主应力图示，并定性判断一下 3 种情况下单位变形力的大小及其变形后的形状。

1-6　已知物体内某点的应力分量为 $\sigma_x = \sigma_y = 20\,\mathrm{MPa}$，$\tau_{xy} = 10\,\mathrm{MPa}$，其余应力分量为零，试求主应力大小和方向。

1-7　已知变形时一点应力状态如图 1-34 所示，单位为 MPa，试回答下列

图 1-33　凸锤头压缩
凹面矩形件

问题?

（1）注明主应力;

（2）分解该张量;

（3）给出主变形图;

（4）求出最大剪应力，绘出其作用面。

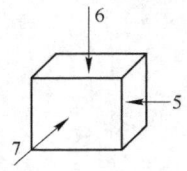

图 1 – 34　物体中一
点处主应力图示

1 – 8　已知物体内两点的应力张量为 a 点: $\sigma_1 = 40\text{MPa}$, $\sigma_2 = 20\text{MPa}$, $\sigma_3 = 0$; b 点: $\sigma_x = \sigma_y = 30\text{MPa}$, $\tau_{xy} = 10\text{MPa}$, 其余为零。试判断它们的应力状态是否相同。

1 – 9　物体内一点处的应变分量为 ε_x、ε_y、ε_{xy}，而其他应变分量为零。试求:

（1）应变张量不变量;

（2）主应变 ε_1 和 ε_3。

1 – 10　某材料进行单向拉伸试验，当进入塑性状态时的断面积 $F = 100\text{mm}^2$，载荷为 $P = 6000\text{N}$;

（1）求此瞬间的应力分量、偏差应力分量与球分量;

（2）画出应力状态分解图，写出应力张量;

（3）画出变形状态图。

1 – 11　试证明对数变形为可比变形，工程相对变形为不可比变形。

1 – 12　已知压缩前后工件厚度分别为 $H = 10\text{mm}$ 和 $h = 8\text{mm}$，压下速度为 900mm/s，试求压缩时的平均应变速率。

1 – 13　轧制宽板时，厚向总的对数变形为 $\ln \dfrac{H}{h} = 0.357$，总的压下率为 30%，共轧两道次，第一道次的对数变形为 0.223;第二道次的压下率为 0.2，试求第二道次的对数变形和第一道次的压下率。

1 – 14　轧板时某道轧制前后的轧件厚度分别为 $H = 10\text{mm}$，$h = 8\text{mm}$，轧辊圆周速度 $v = 2000\text{mm/s}$，轧辊半径 $R = 200$，试求该轧制时的平均应变速率。

1 – 15　已知应力状态的 6 个分量 $\sigma_x = -7\text{MPa}$，$\tau_{xy} = -4\text{MPa}$，$\sigma_y = 0$，$\tau_{yz} = 4\text{MPa}$，$\tau_{zx} = -8\text{MPa}$，$\sigma_z = -15\text{MPa}$，画出应力状态图，写出应力张量。

1 – 16　已知某点应力状态为纯剪应力状态，且纯剪应力为 -10MPa，求:

（1）特征方程;

（2）主应力;

（3）写出主状态下应力张量;

（4）写出主状态下不变量;

（5）求最大剪应力、八面体正应力、八面体剪应力，并在主应力状态图中绘出其作用面。

1 – 17　已知应力状态如图 1 – 35 所示:

（1）计算最大剪应力、八面体正应力、八面体剪应力，绘出其作用面;

（2）绘出主偏差应力状态图，并说明若变形，会发生何种形式的变形。

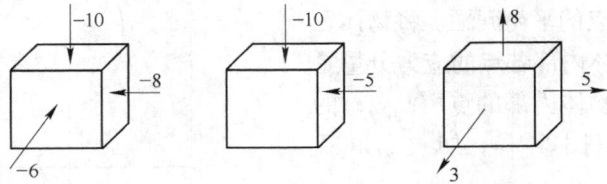

图 1 – 35　习题 1 – 17 图示

2 塑性力学方程

【本章概要】 为了进行力能参数和变形参数的工程计算，需要建立塑性成型力学的有关方程，如静力方程（包括静力平衡方程和应力边界条件）；几何方程（包括应变与位移的关系方程与协调方程）；物理方程（包括屈服准则及应力与应变的关系方程）等。本章着重研究这些方程的导出及其物理概念的阐述。

【关键词】 应力平衡微分方程；屈服准则；本构方程；等效应力

2.1 力平衡微分方程

要研究金属塑性成型时，变形体内各部分的变形情况，必须了解变形体内的应力分布情况。一般情况下，变形体在外力作用下，内部产生的应力状态各处是不一样的，也就是说，各点之间的应力状态是变化的，这种变化（应力分布）的规律是什么呢？力平衡微分方程就是描述这种规律的。

上一章介绍了应力状态的描述以及由已知坐标面上的应力分量求任意斜面上的应力的表达式。一般情况下，变形体内各点的应力状态是不相同的，不能用一个点的应力状态描述或表示整个变形体的受力情况。但是变形体内各点间的应力状态的变化又不是任意的，变形体内各点的应力分量必须满足静力平衡关系，即力平衡方程。也就是说，力平衡方程是研究和确定变形体内应力分布的重要依据。

不同的变形过程具有不同的几何特点，有的适用直角坐标系（如矩形件压缩），有的适用圆柱面坐标系或球面坐标系（如回转体的镦粗、挤压、拉拔等）。

在通常的材料成型中，体积力（惯性力和重力）远小于所需的变形力，所以在力平衡方程中将体积力忽略。但是对于高速材料成型来说，不应忽略惯性力。

2.1.1 直角坐标系的力平衡微分方程

首先研究相邻两点的平衡问题。将物体置于直角坐标系中，物体内部各点的应力分量是坐标的连续函数。过物体内部的点$P(x,y,z)$的正应力和剪应力已知（图2-1），如

$$\left.\begin{array}{l} \sigma_x = f_1(x,y,z) \\ \tau_{xy} = f_2(x,y,z) \\ \tau_{xz} = f_3(x,y,z) \end{array}\right\} \qquad (2-1)$$

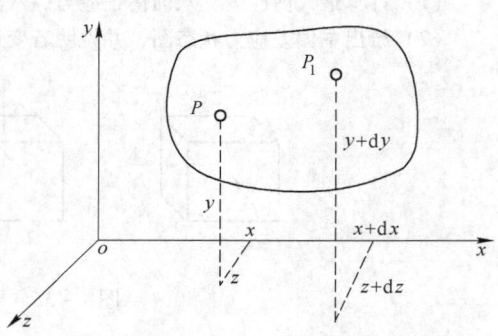

图2-1 直角坐标系相邻两点的位置图

在临近点 P 的点 $P_1(x+\mathrm{d}x, y+\mathrm{d}y, z+\mathrm{d}z)$ 处，该点的 σ_x 应力分量可写成

$$\sigma_x^1 = \sigma_x + \frac{\partial \sigma_x}{\partial x}\mathrm{d}x \qquad (2-2)$$

这里 σ_x^1 是过 P_1 点的沿 x 轴向的正应力。

同理

$$\left.\begin{aligned}
\sigma_y^1 &= \sigma_y + \frac{\partial \sigma_y}{\partial y}\mathrm{d}y \\[6pt]
\sigma_z^1 &= \sigma_z + \frac{\partial \sigma_z}{\partial z}\mathrm{d}z \\[6pt]
\tau_{xy}^1 &= \tau_{xy} + \frac{\partial \tau_{xy}}{\partial x}\mathrm{d}x \\[6pt]
\tau_{xz}^1 &= \tau_{xz} + \frac{\partial \tau_{xz}}{\partial x}\mathrm{d}x \\[6pt]
\tau_{yx}^1 &= \tau_{yx} + \frac{\partial \tau_{yx}}{\partial y}\mathrm{d}y \\[6pt]
\tau_{yz}^1 &= \tau_{yz} + \frac{\partial \tau_{yz}}{\partial y}\mathrm{d}y \\[6pt]
\tau_{zx}^1 &= \tau_{zx} + \frac{\partial \tau_{zx}}{\partial z}\mathrm{d}z \\[6pt]
\tau_{zy}^1 &= \tau_{zy} + \frac{\partial \tau_{zy}}{\partial z}\mathrm{d}z
\end{aligned}\right\} \qquad (2-3)$$

现在从变形体内部取出一平行六面体，其侧面平行于相应的坐标面。利用式 $2-3$ 可以写出微分体各侧面上的应力分量，如图 $2-2$ 所示。为清晰起见，只将平行于 x 轴的各应力分量在图 $2-3$ 中标出，而与 x 轴垂直的各应力分量没有标出。

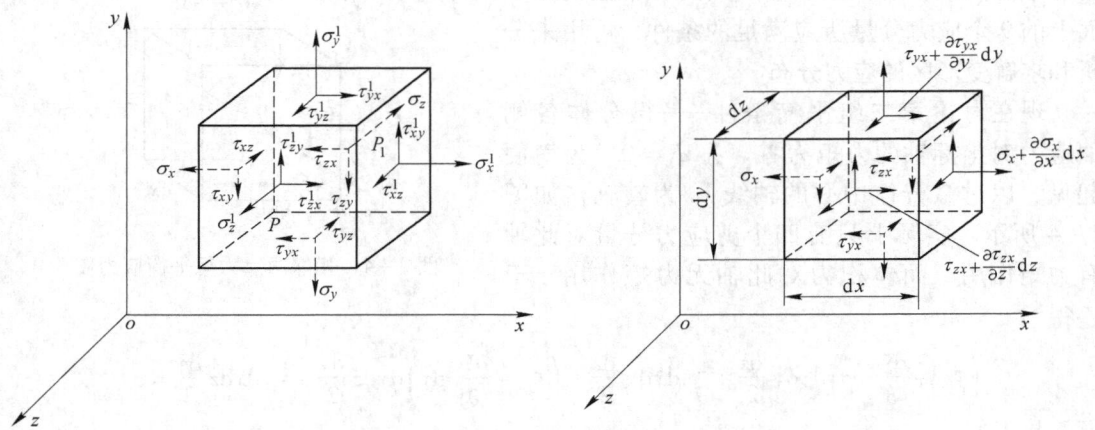

图 $2-2$ 直角坐标系相邻两点的应力状态图 　　图 $2-3$ 相邻两点 x 轴向静力平衡应力图

如果变形体处于平衡状态，则从中取出的微分体也处于平衡状态。微分体应满足 6 个静力平衡方程

$$\sum X = 0, \qquad \sum Y = 0, \qquad \sum Z = 0$$
$$\sum M_x = 0, \qquad \sum M_y = 0, \qquad \sum M_z = 0$$

先应用平衡条件 $\sum X = 0$，得

$$\left(\sigma_x + \frac{\partial \sigma_x}{\partial x}dx\right)dydz - \sigma_x dydz + \left(\tau_{yx} + \frac{\partial \tau_{yx}}{\partial y}dy\right)dxdz - \tau_{yx}dxdz$$

$$+ \left(\tau_{zx} + \frac{\partial \tau_{zx}}{\partial z}dz\right)dxdy - \tau_{zx}dxdy = 0$$

化简后得

同样，由 $\sum Y = 0$ 和 $\sum Z = 0$ 得

$$\left.\begin{aligned}\frac{\partial \sigma_x}{\partial x} + \frac{\partial \tau_{yx}}{\partial y} + \frac{\partial \tau_{zx}}{\partial z} &= 0\\[6pt]\frac{\partial \tau_{xy}}{\partial x} + \frac{\partial \sigma_y}{\partial y} + \frac{\partial \tau_{zy}}{\partial z} &= 0\\[6pt]\frac{\partial \tau_{xz}}{\partial x} + \frac{\partial \tau_{yz}}{\partial y} + \frac{\partial \sigma_z}{\partial z} &= 0\end{aligned}\right\} \tag{2-4}$$

式 2-4 用张量符号可以表示成如下的简化形式

$$\frac{\partial \sigma_{ij}}{\partial x_j} = 0 \tag{2-5}$$

当高速塑性加工时，应当考虑惯性力，此时的平衡方程为

$$\frac{\partial \sigma_{ij}}{\partial x_j} + f_i = 0 \tag{2-6}$$

式中　f_i——i 方向的单位体积的惯性力。

力平衡方程式 2-4、式 2-5、式 2-6 反映了变形体内正应力的变化与剪应力变化的内在联系和平衡关系，即反映了过一点的 3 个正交微分面上的 9 个应力分量所应满足的条件，可用来分析和求解变形区的应力分布。

现在讨论第二组平衡条件——微分体各侧面应力对坐标轴的力矩为零。$\sum M_x = 0$，为简便起见，以过微分体中心的轴线 x_0 为转轴，如图 2-4 所示。实际上只有四个剪应力分量对此轴有力矩作用，而体积力对此轴无力矩作用。于是得

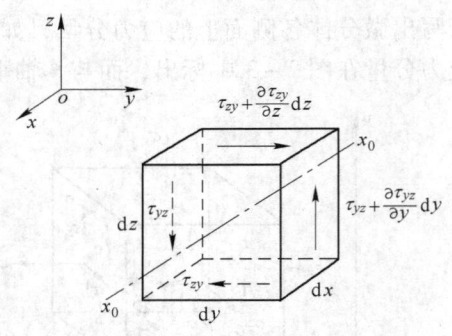

图 2-4　相邻两点力矩平衡应力图

$$\left(\tau_{zy} + \frac{\partial \tau_{zy}}{\partial z}dz\right)dxdy\frac{dz}{2} + \tau_{zy}dxdy\frac{dz}{2} - \left(\tau_{yz} + \frac{\partial \tau_{yz}}{\partial y}dy\right)dxdz\frac{dy}{2} - \tau_{yz}dxdz\frac{dy}{2} = 0$$

略去四阶无穷小量，约简后得 $\tau_{yz} = \tau_{zy}$。同理，取 $\sum M_y = 0$ 和 $\sum M_z = 0$ 可得其余两式。

$$\left.\begin{aligned}\tau_{xy} &= \tau_{yx}\\\tau_{yz} &= \tau_{zy}\\\tau_{zx} &= \tau_{xz}\end{aligned}\right\} \tag{2-7}$$

式 2-7 为剪应力互等定理，可表述如下：两个互相垂直的微平面上的剪应力，其垂直于该两平面交线的分量大小相等，而方向或均指向此交线，或均背离此交线。

2.1.2　极坐标系的力平衡微分方程

在平面问题里，当所考虑的物体是圆形、环形、扇形和楔形时，采用极坐标更为方便。此时，需将平面问题的力平衡方程用极坐标来表示。

在变形体内取一微小单元体 $abcd$，如图 2-5所示。该单元体是由两个圆柱面和两个径向平面截割而得的。它的中心角为 $d\theta$，内半径为 r，外半径为 $r+dr$，各边的长度是：$ab = cd = dr$，$bc = (r+dr)d\theta$，$ad = rd\theta$。

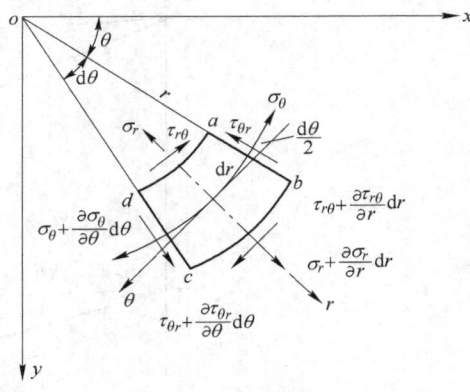

现研究单元体 $abcd$ 的平衡条件。把 a 点看成是所考察的一点，而 dr 和 $d\theta$ 则是 a 点的坐标增量，这样得到的 $abcd$ 是极坐标单元微分体，在它的 4 个侧面上标出的应力 σ 和 τ 可看出是某平均值。各应力下标是相对于过 $abcd$ 的中心的径向轴线 r 和切向轴线 θ 写出的，其

图 2-5　极坐标系下平衡时的应力图

意义和在直角坐标系中的 x 和 y 相当。注意 θ 轴的正向由对 $d\theta$ 规定的正向决定。根据剪应力互等定理，可得 $\tau_{r\theta} = \tau_{\theta r}$。图中表示的各应力分量都是正的。

将极单元体各侧面上的力分别投影到交线 r 和切向 θ 上，忽略体积力。由于 $d\theta$ 是微小量，故取 $\sin(d\theta/2) \approx d\theta/2$，$\cos(d\theta/2) \approx 1$，得到

$$\left(\sigma_r + \frac{\partial\sigma_r}{\partial r}dr\right)(r+dr)d\theta - \sigma_r rd\theta - \left(\sigma_\theta + \frac{\partial\sigma_\theta}{\partial\theta}d\theta\right)dr\frac{d\theta}{2} - \sigma_\theta dr\frac{d\theta}{2} +$$

$$\left(\tau_{\theta r} + \frac{\partial\tau_{\theta r}}{\partial\theta}d\theta\right)dr\cdot 1 - \tau_{\theta r}dr\cdot 1 = 0$$

$$\left(\sigma_\theta + \frac{\partial\sigma_\theta}{\partial\theta}d\theta\right)dr\cdot 1 - \sigma_\theta dr\cdot 1 + \left(\tau_{\theta r} + \frac{\partial\tau_{\theta r}}{\partial\theta}d\theta\right)dr\frac{d\theta}{2} + \tau_{\theta r}dr\frac{d\theta}{2} +$$

$$\left(\tau_{r\theta} + \frac{\partial\tau_{r\theta}}{\partial r}dr\right)(r+dr)d\theta - \tau_{r\theta}rd\theta = 0$$

将此两式简化，并略去高阶小量，得

$$\left.\begin{array}{c} \dfrac{\partial\sigma_r}{\partial r} + \dfrac{1}{r}\dfrac{\partial\tau_{\theta r}}{\partial\theta} + \dfrac{\sigma_r - \sigma_\theta}{r} = 0 \\[3mm] \dfrac{\partial\tau_{r\theta}}{\partial r} + \dfrac{1}{r}\dfrac{\partial\sigma_\theta}{\partial\theta} + \dfrac{2\tau_{r\theta}}{r} = 0 \end{array}\right\} \qquad (2-8)$$

式 2-8 是极坐标表示的平衡方程，该式的第三项反映极性的影响，当单元体接近原点时，第三项趋于无穷大，故式 2-8 在非常接近原点时是不适用的。

2.1.3　柱面坐标系下的力平衡微分方程

根据描述的对象不同，应选择不同的坐标系。如轴对称应力状态的变形体，其 θ 平面上的剪应力为零。如果仍按直角坐标系来描述应力状态的变化，就不能利用这个特点，而使问题复杂化。选用柱面坐标系则可大为简化。

图 2-6 是按圆柱面坐标系从变形体内取出的微分体。图中只标出了与 σ_r 有平衡关系的各应力分量。与直角坐标系微分体不同的是：两个 r 面是曲面，而且不相等；两个 θ 面不平行，因此 σ_r 与 σ_θ 不互相垂直；两个 z 平面为扇形。

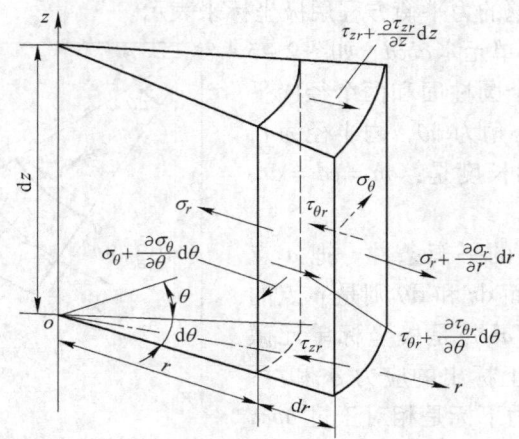

图 2-6 圆柱面坐标系相邻两点平衡时径向应力分量

与极坐标系同理，可得

$$\left.\begin{array}{l} \dfrac{\partial \sigma_r}{\partial r} + \dfrac{1}{r}\dfrac{\partial \tau_{\theta r}}{\partial \theta} + \dfrac{\partial \tau_{zr}}{\partial z} + \dfrac{\sigma_r - \sigma_\theta}{r} = 0 \\[2mm] \dfrac{\partial \tau_{r\theta}}{\partial r} + \dfrac{1}{r}\dfrac{\partial \sigma_\theta}{\partial \theta} + \dfrac{\partial \tau_{z\theta}}{\partial z} + \dfrac{2\tau_{r\theta}}{r} = 0 \\[2mm] \dfrac{\partial \tau_{rz}}{\partial r} + \dfrac{1}{r}\dfrac{\partial \tau_{\theta z}}{\partial \theta} + \dfrac{\partial \sigma_z}{\partial z} + \dfrac{\tau_{rz}}{r} = 0 \end{array}\right\} \qquad (2-9)$$

2.1.4 球面坐标系的力平衡微分方程

当研究和处理诸如棒材挤压和拉拔等某些变形过程时，采用球面坐标系将会更方便。

变形体中任意一点的位置，在球面坐标系中可由径向半径以及决定该半径在空间位置的两个极角 φ 和 θ 来表明（图 2-7）。极角 φ 是两个极射平面间的夹角，即两个极射平面与水平面的交线之夹角。θ 是指由 z 轴算起与任意 r 在极射平面上的夹角。

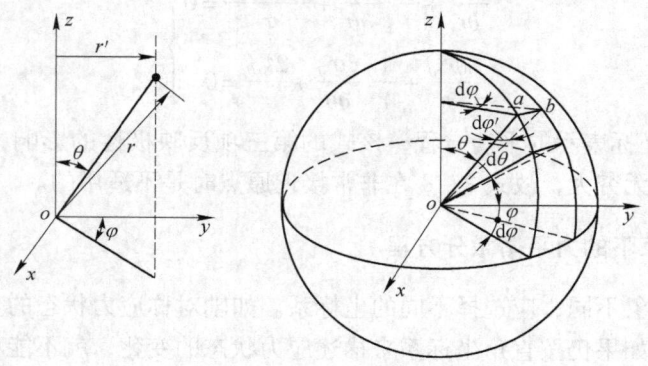

图 2-7 球面坐标系

图 2 – 7 中，因为 $\widehat{ab} = r'\mathrm{d}\varphi$，$r' = r\sin\theta$，故

$$\widehat{ab} = r\sin\theta\mathrm{d}\varphi \quad 或 \quad \widehat{ab} = r\mathrm{d}\varphi'$$

所以

$$\mathrm{d}\varphi' = \sin\theta\mathrm{d}\varphi$$

从球面坐标系中取出微分六面体，并将可见的 3 个面上的应力分量标出，如图 2 – 8 所示，微分体由两个部分球面和 4 个扇形面构成，其中 r 面、φ 面、θ 面互相不垂直，两个 φ 面的夹角为 $\mathrm{d}\varphi$，两个 θ 面的夹角为 $\mathrm{d}\theta$，两个 r 面的面积不相等。

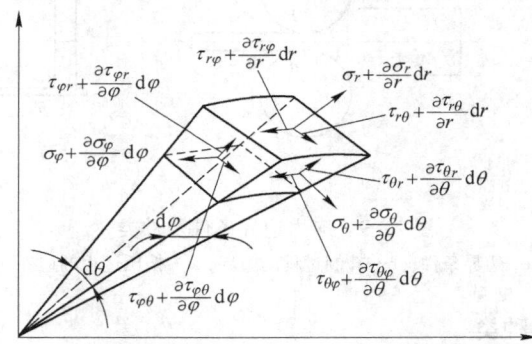

图 2 – 8 球面坐标系中微分体上的应力分量

按照力平衡关系进行投影，可以导出球面坐标系的力平衡方程如下：

$$\frac{\partial\sigma_r}{\partial r} + \frac{1}{r\sin\theta}\frac{\partial\tau_{\varphi r}}{\partial\varphi} + \frac{1}{r}\frac{\partial\tau_{\theta r}}{\partial\theta} + \frac{1}{r}[2\sigma_r - (\sigma_\varphi + \sigma_\theta) + \tau_{\theta r}\cot\theta] = 0$$

$$\frac{\partial\tau_{r\theta}}{\partial r} + \frac{1}{r}\frac{\partial\sigma_\theta}{\partial\theta} + \frac{1}{r\sin\theta}\frac{\partial\tau_{\varphi\theta}}{\partial\varphi} + \frac{1}{r}[3\tau_{r\theta} + (\sigma_\theta - \sigma_\varphi)\cot\theta] = 0$$

$$\frac{\partial\tau_{r\varphi}}{\partial r} + \frac{1}{r}\frac{\partial\tau_{\theta\varphi}}{\partial\theta} + \frac{1}{r\sin\theta}\frac{\partial\sigma_\varphi}{\partial\varphi} + \frac{1}{r}[3\tau_{r\varphi} + 2\tau_{\theta\varphi}\cot\theta] = 0$$

2.2 应力边界条件及接触摩擦

2.2.1 应力边界条件方程

式 1 – 37 表达了过一点任意斜面上的应力分量与已知坐标面上的应力分量间的关系。如果该四面体素的斜面恰为变形体外表面上的面素，并假定此表面面素上作用的单位面积上的力在各坐标轴方向上的分量分别为 p_x、p_y、p_z，参照式 1 – 37，则

$$\left.\begin{array}{l} p_x = \sigma_x l + \tau_{yx} m + \tau_{zx} n \\ p_y = \tau_{xy} l + \sigma_y m + \tau_{zy} n \\ p_z = \tau_{xz} l + \tau_{yz} m + \sigma_z n \end{array}\right\} \quad (2-10)$$

式 2 – 10 表达了过外表面上任意点，单位表面力与过该点的 3 个坐标面上的应力分量之间的关系。这就是应力边界条件方程。显然，如果外表面与坐标面之一平行（图 2 – 9a），式 2 – 10 仍为应力边界条件方程，只是由于 l、m、n 中有一个为 1，另两个为零，从而方程变为最简单而已，即

$$
\left.\begin{array}{l}
p_x = \tau_{zx} \\
p_y = \tau_{zy} \\
p_z = \sigma_z
\end{array}\right\} \tag{2-10a}
$$

还应指出，这个方程是由静力平衡为出发点导出的，所以对外力作用下处于平衡状态的变形体，不论弹性变形还是塑性变形，其应力分布都必须满足此边界条件。

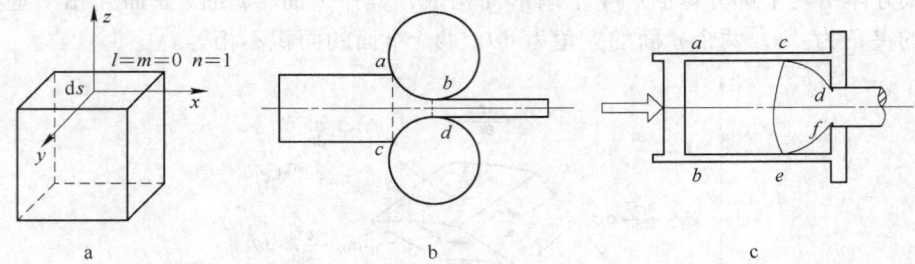

图 2-9 应力边界条件及种类

a—边界条件；b—轧制过程的边界；c—挤压过程的边界

2.2.2 应力边界条件的种类

塑性成型过程中经常出现的应力边界条件有三种情况，即自由表面、工具与工件的接触表面、变形区与非变形区的分界面。

（1）自由表面——一般情况下，在工件的自由表面上，既没有正应力，也没有剪应力作用。只是在某些特殊情况下，如液体静力挤压和镦粗时，工件的自由表面受到来自周围介质的强大的压缩正应力作用。

（2）工件与工具的接触表面——在此边界上，既有压缩正应力 σ_n 的作用，也存在摩擦剪应力 τ_f，有时 $\tau_f = f\sigma_n$ 或 $\tau_f = mk$，有时 $\tau_f = k$，例如图 2-9b 轧制过程的轧辊表面 ab 和 cd，图 2-9c 挤压过程的挤压垫片与坯料的接触表面 ab。

（3）变形区与非变形区的分界面——在此界面上作用的应力，可能来自两区本身的相互作用，如轧制过程前、后端（例如图 2-9b 中的 bd 和 ac），挤压时变形区与死区之间（如图 2-9c 中的 cd 和 ef），既有压缩正应力 σ_n，也有剪应力 τ_f，而且近似取 $\tau_f = k$。也可能来自特意加的外力作用，线材连续拉拔时的反拉力（作用在模子入口处的线材断面上）。

这些边界条件处理得好，与实际变形过程相近，则所得的变形力学计算值就可能符合实际。否则，将造成误差。

2.2.3 金属塑性成型中的接触摩擦

在金属塑性成型过程中，由于变形金属与工具之间存在正压力及相对滑动（或相对滑动趋势），这就在两者之间产生摩擦力作用。这种接触摩擦力，不仅是变形力学计算的主要参数或接触边界条件之一，而且有时甚至是能否成型的关键因素。关于摩擦力与正压力间的关系，目前多数仍采用库仑干摩擦定律

$$
T = fP \quad \text{或} \quad \tau_f = f\sigma_n \tag{2-11}
$$

式中 T——摩擦力，kN；

　　　 P——正压力，kN；

τ_f——摩擦剪应力（也叫单位摩擦力），MPa；

σ_n——压缩正应力，MPa；

f——摩擦系数。

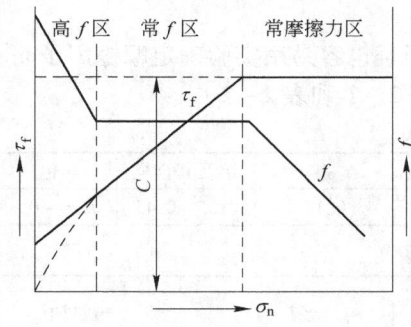

图 2-10　摩擦过程中 τ_f、f 与 σ_n 的关系

实验表明，当 σ_n 值在某一范围内时，f 近似为一常数，τ_f 随 σ_n 线性增加（图 2-10）；当 σ_n 值很小时，f 值随 σ_n 的降低而升高；当 σ_n 值很大时，此时 τ_f 已达到变形金属的抗剪强度极限，τ_f 不再随 σ_n 的增加而增加，而保持常数，因而 f 将随 σ_n 的升高而降低。对金属塑性成型来说，高摩擦系数区很少出现，而另两种情况则随变形条件不同，有时出现这种或那种，有时两种共存。

在常摩擦系数范围内，影响摩擦系数的因素有：

（1）工具与成型材料的性质及其表面状态——一般来说，相同材料间的摩擦系数比不同材料间的大；而彼此能形成合金或化合物的两种材料间的摩擦系数，比不形成合金或化合物的摩擦系数大。工具与工件表面越粗糙，则摩擦系数越大。

（2）工具与变形金属间的相对运动速度——静摩擦的摩擦系数大于动摩擦。相对滑动速度越大，摩擦系数越小。

（3）温度——一般来说，变形材料的温度越高，则摩擦系数越大。但例外的是铜在 800℃ 以上和钢在 900℃ 以上时，其摩擦系数反而随温度升高而降低。

（4）润滑——在工具与工件之间有润滑剂时，则摩擦系数变小。但在润滑条件下，工具与工件间的滑动速度对摩擦系数的影响如图 2-11 所示。当速度较低时，处于半干摩擦状态，摩擦系数随相对滑动速度的增加而减小，这是由于相对滑动速度增加，带入变形区的润滑剂增多（对于拉拔和轧制而言），摩擦状态由半干摩擦向湿摩擦转化。当达到湿摩擦状态（此时工具与工件间存在完整的润滑油膜）后，则摩擦系数随滑动速度的增加而增加。因为在湿摩擦条件下，摩擦应力与润滑油膜中的速度梯度成正比，即

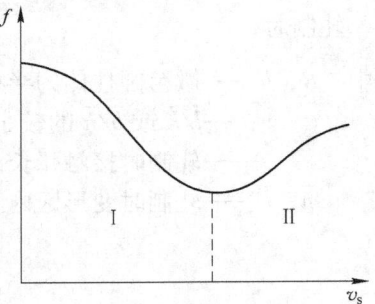

图 2-11　f 与 v_s 的关系

Ⅰ—半干摩擦区；Ⅱ—湿摩擦区

$$\tau_f = \eta \frac{\mathrm{d}v}{\mathrm{d}y}$$

式中　η——润滑剂的黏度，Pa·s；

v——相对滑动速度，m/s；

y——润滑油膜厚度方向上的坐标。

由上式可以看出，当压缩正应力增加时，由于油膜厚度减小，τ_f 上升。因此，在湿摩擦条件下，摩擦应力与压缩正应力间的关系比较复杂。

式 2-11 中的摩擦系数 f 受应力状态的影响，而且很难测准。为此，许多研究者建议采用如下的摩擦关系：

$$\tau_f = mk \tag{2-12}$$

式中 τ_f——摩擦剪应力，MPa；

      m——摩擦因子，$m = 0 \sim 1.0$；

      k——接触层金属的屈服剪应力，MPa。

采用这种摩擦关系，可使成型力学解相对简单，而且也容易用实验确定摩擦因子 m。几种金属热轧、冷轧时的摩擦系数 f 值分别列于表 2-1 和表 2-2 中。

表 2-1 热轧摩擦系数

金属	铜	黄铜	镍	铅	锡	铝及其合金	钢
f	0.35~0.50	0.30~0.45	0.30~0.40	0.40~0.50	0.18	0.35~0.45	0.26~0.38

表 2-2 冷轧摩擦系数

f 润滑条件 金属	不润滑	煤油	轻机油	植物油
铜	0.20~0.25	0.13~0.15	0.10~0.13	0.05~0.06
黄铜	0.12~0.15	0.06~0.07	0.05~0.06	
锌	0.25~0.30	0.12~0.15		
铝及其合金	0.16~0.24	0.08~0.12	0.06~0.07	
钢	0.06~0.08	0.05~0.07	0.05~0.07	0.04~0.06

已知摩擦系数 f，摩擦因子 m 可按 Й. Я. 塔尔诺夫斯基（Тарновский）的经验公式近似确定：

镦粗时 $$m = f + \frac{1}{8} \frac{R}{h}(1-f)\sqrt{f}$$

轧制时 $$m = f\left[1 + \frac{1}{4}n\,(1-f)\sqrt[4]{f}\right]$$

式中 R, h——镦粗圆柱体的半径和高度，mm；

      n——$l/\overline{h}$ 或 $\overline{b}/\overline{h}$ 的较小者；

      l——轧制时接触弧长的水平投影，mm；

      $\overline{h}, \overline{b}$——轧制时变形区内工件的平均厚度和平均宽度，mm。

2.3 变形协调方程

式 1-74 描述了应变分量与位移分量间的微分关系。根据变形体在变形过程中保持连续而不破坏的原则，式 1-74 中 6 个应变分量的函数不能是任意的。很容易证明，在它们之间存在下列关系：

（1）在同一平面内的应变分量间，存在

$$\left.\begin{aligned} \frac{\partial^2 \varepsilon_x}{\partial y^2} + \frac{\partial^2 \varepsilon_y}{\partial x^2} &= \frac{2\partial^2 \varepsilon_{xy}}{\partial x \partial y} \\[2mm] \frac{\partial^2 \varepsilon_y}{\partial z^2} + \frac{\partial^2 \varepsilon_z}{\partial y^2} &= \frac{2\partial^2 \varepsilon_{yz}}{\partial y \partial z} \\[2mm] \frac{\partial^2 \varepsilon_z}{\partial x^2} + \frac{\partial^2 \varepsilon_x}{\partial z^2} &= \frac{2\partial^2 \varepsilon_{zx}}{\partial z \partial x} \end{aligned}\right\} \tag{2-13}$$

如果已知线应变的两个方程，则角应变即被两个线应变所确定，如

$$\varepsilon_{xy} = \frac{1}{2} \iint \left(\frac{\partial^2 \varepsilon_x}{\partial y^2} + \frac{\partial^2 \varepsilon_y}{\partial x^2} \right) \mathrm{d}x\mathrm{d}y$$

（2）在不同平面内的应变分量间，存在

$$\left.\begin{array}{c} \dfrac{\partial}{\partial x}\left(\dfrac{\partial \varepsilon_{zx}}{\partial y} + \dfrac{\partial \varepsilon_{xy}}{\partial z} - \dfrac{\partial \varepsilon_{yz}}{\partial x} \right) = \dfrac{\partial^2 \varepsilon_x}{\partial y \partial z} \\[3mm] \dfrac{\partial}{\partial y}\left(\dfrac{\partial \varepsilon_{xy}}{\partial z} + \dfrac{\partial \varepsilon_{yz}}{\partial x} - \dfrac{\partial \varepsilon_{zx}}{\partial y} \right) = \dfrac{\partial^2 \varepsilon_y}{\partial x \partial z} \\[3mm] \dfrac{\partial}{\partial z}\left(\dfrac{\partial \varepsilon_{yz}}{\partial x} + \dfrac{\partial \varepsilon_{zx}}{\partial y} - \dfrac{\partial \varepsilon_{xy}}{\partial z} \right) = \dfrac{\partial^2 \varepsilon_z}{\partial x \partial y} \end{array}\right\} \qquad (2-14)$$

如果已知角应变，则线应变 ε_x、ε_y、ε_z 可由下式确定

$$\varepsilon_x = \iint \frac{\partial}{\partial x}\left(\frac{\partial \varepsilon_{zx}}{\partial y} + \frac{\partial \varepsilon_{xy}}{\partial z} - \frac{\partial \varepsilon_{yz}}{\partial x} \right) \mathrm{d}y\mathrm{d}z$$

上述两组方程式 2 – 13、式 2 – 14，称为变形协调方程或变形连续方程。其物理意义是，如果应变分量间符合上述方程的关系，则原来的连续体在变形后仍是连续的，否则就会出现裂纹或重叠。

2.4 屈 服 准 则

在外力作用下，变形体由弹性变形过渡到塑性变形（即发生屈服），主要取决于变形体的力学性能和所受的应力状态。变形体本身的力学性能是决定其屈服的内因；所受的应力状态乃是变形体屈服的外部条件。对同一金属，在相同的变形条件下（如变形温度、应变速率和预先加工硬化程度一定），可以认为材料屈服只取决于所受的应力状态。塑性理论的重要课题之一是找出变形体由弹性状态过渡到塑性状态的条件，就是要确定变形体受外力后产生的应力分量与材料的物理常数间的一定关系，这种关系标志着塑性状态的存在，称为屈服准则或塑性条件。在单向拉伸时这个条件就是 $\sigma = \sigma_s$，即拉应力 σ 达到 σ_s 时就发生屈服，σ_s 是材料的一个物理常数，它可以由拉伸实验得到。问题是在复杂的应力状态下这个条件是否存在并如何表达。

实验表明，对处于复杂应力状态的各向同性体，某向正应力可能远远超过屈服极限 σ_s，却并没有发生塑性变形。于是可以设想，塑性变形的发生不决定于某个应力分量，而决定于一点的各应力分量的某种组合。既然塑性变形是在一定的应力状态下发生，而任何应力状态最简便的是用 3 个主应力表示，故所寻求的条件如果存在，则这个条件应是 3 个正主应力的函数，即

$$f(\sigma_1, \sigma_2, \sigma_3) = C$$

式中，C 是材料的物理常数。塑性状态是一种物理状态，它不应与坐标轴的选择有关，因此，最好用应力张量的不变量来表示塑性条件，即

$$f(I_1, I_2, I_3) = C$$

如果注意到在很大的静水压力下各向同性的材料不至于屈服这一公认的事实，则可断

言，平均应力的大小与屈服无关，故上式应该用偏差应力张量的不变量来表示。因 $I_1' = 0$，故有

$$f(I_2', I_3') = C$$

2.4.1　屈雷斯卡屈服准则

在软钢等金属的变形实验中，观察到屈服时出现吕德斯带，吕德斯带与主应力方向约成 45° 角，于是推想塑性变形的开始与最大剪应力有关。所谓最大剪应力理论，就是假定对同一金属在同样的变形条件下，无论是简单应力状态还是复杂应力状态，只要最大剪应力达到极限值就发生屈服，即

$$\tau_{max} = \frac{\sigma_1 - \sigma_3}{2} = C \qquad (2-15)$$

式中的 C 由简单应力状态来确定。

2.4.1.1　单向拉伸

单向拉伸时的应力状态为一维受力，$\sigma_x \neq 0$ 其余为

$$\sigma_y = \sigma_z = \tau_{xy} = \tau_{yz} = \tau_{zx} = 0$$

主应力状态为：

$$\sigma_1 = \sigma_x$$

屈服时：

$$\sigma_1 = \sigma_x = \sigma_s$$

代入式 2-15，则单向拉伸屈服时的 $C = \sigma_s / 2$，再代回式 2-15，得

$$\sigma_1 - \sigma_3 = \sigma_s \qquad (2-16)$$

2.4.1.2　薄壁管纯扭转

薄壁管纯扭转时的应力状态为（图 2-12）

$$\tau_{xy} \neq 0$$

其余为

$$\sigma_x = \sigma_y = \sigma_z = \tau_{yz} = \tau_{zx} = 0$$

主应力状态为：

$$\sigma_1 = -\sigma_3 = \tau_{xy} = \tau_{yx}$$

屈服时：

$$\sigma_1 = -\sigma_3 = \tau_{xy} = k$$

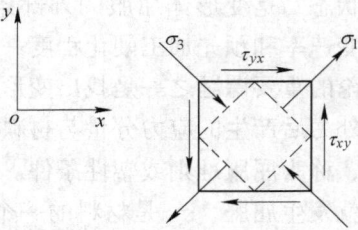

图 2-12　纯剪应力状态

代入式 2-15，则薄壁管纯扭转屈服时的

$$C = \frac{\sigma_1 - (-\sigma_1)}{2} = k$$

再代回式 2-15，得

$$\sigma_1 - \sigma_3 = 2k \qquad (2-17)$$

式 2-16 和式 2-17 均称为屈雷斯卡屈服准则。可见按最大剪应力理论

$$k = \frac{\sigma_s}{2}$$

应指出，屈雷斯卡屈服准则，由于计算比较简单，有时也比较符合实际，所以比较常

用。但是，由于该准则未反映出中间主应力 σ_2 的影响，故仍有不足之处。

2.4.2 密赛斯屈服准则

2.4.2.1 密赛斯屈服准则的数学表达式

可以理解，不管采用什么样的变形方式，在变形体内某点发生屈服的条件应当仅仅是该点处各应力分量的函数，即

$$f(\sigma_{ij}) = 0$$

此函数称为屈服函数。

因为金属屈服是物理现象，所以对各向同性材料这个函数不应随坐标的选择而变。前已述及，金属的屈服与对应形状改变的偏差应力有关，而与对应弹性体积变化的球应力无关。已知偏差应力的一次不变量为零，所以变形体的屈服可能与不随坐标选择而变的偏差应力二次不变量有关，因而此常量可能作为屈服的判据。也就是说，对同一金属在相同的变形温度、应变速率和预先加工硬化条件下，不管采用什么样的变形方式，也不管如何选择坐标系，只要偏差应力张量二次不变量 I_2' 达到某一值时，金属便由弹性变形过渡到塑性变形，即

$$f(\sigma_{ij}) = I_2' - C = 0$$

由式 1-67

$$I_2' = \frac{1}{6}\left[(\sigma_x - \sigma_y)^2 + (\sigma_y - \sigma_z)^2 + (\sigma_z - \sigma_x)^2 + 6(\tau_{xy}^2 + \tau_{yz}^2 + \tau_{zx}^2) \right] = C \quad (2-18)$$

如所取坐标轴为主轴，则

$$I_2' = \frac{1}{6}\left[(\sigma_1 - \sigma_2)^2 + (\sigma_2 - \sigma_3)^2 + (\sigma_3 - \sigma_1)^2 \right] = C \quad (2-19)$$

现按简单应力状态下的屈服条件来确定式 2-18 和式 2-19 中的常数 C。

单向拉伸或压缩时，σ_x 或 $\sigma_1 = \sigma_s$，其他应力分量为零，代入式 2-18 和式 2-19，确定常数 $C = \sigma_s^2/3$；薄壁管扭转时，$\tau_{xy} = k$，其他应力分量为零，或 $\sigma_1 = -\sigma_3 = \tau_{xy} = k$、$\sigma_2 = 0$，分别代入式 2-18 和式 2-19 中，则其常数 $C = k^2$，把 $C = \sigma_s^2/3 = k^2$ 代入式 2-18 和式 2-19，则得

$$(\sigma_x - \sigma_y)^2 + (\sigma_y - \sigma_z)^2 + (\sigma_z - \sigma_x)^2 + 6(\tau_{xy}^2 + \tau_{yz}^2 + \tau_{zx}^2) = 6k^2 = 2\sigma_s^2$$

或

$$f(\sigma_{ij}) = (\sigma_x - \sigma_y)^2 + (\sigma_y - \sigma_z)^2 + (\sigma_z - \sigma_x)^2 + 6(\tau_{xy}^2 + \tau_{yz}^2 + \tau_{zx}^2) - 2\sigma_s^2 = 0 \quad (2-20)$$

所取坐标轴为主轴时，则

$$(\sigma_1 - \sigma_2)^2 + (\sigma_2 - \sigma_3)^2 + (\sigma_3 - \sigma_1)^2 = 6k^2 = 2\sigma_s^2$$

或

$$f(\sigma_{ij}) = (\sigma_1 - \sigma_2)^2 + (\sigma_2 - \sigma_3)^2 + (\sigma_3 - \sigma_1)^2 - 2\sigma_s^2 = 0 \quad (2-21)$$

式 2-20 和式 2-21 称为密赛斯屈服准则。

由式 2-20 和式 2-21 可见，按密赛斯屈服准则

$$k = \frac{\sigma_s}{\sqrt{3}} = 0.577\sigma_s$$

这说明，按密赛斯屈服准则，在单向拉伸时（轴对称变形）屈服剪应力为 $\sigma_s/2$；在

纯剪切时（平面变形）屈服剪应力增大至 $\sigma_s/2$ 的 1.155 倍。这和屈雷斯卡屈服准则认为剪应力达到 $\sigma_s/2$ 为判断是否屈服的依据是不同的。

密赛斯当初认为，他的准则是近似的。由于这一准则只用一个式子表示，而且可以不必求出主应力，也不论是平面或空间问题，所以显得简便。后来大量事实证明，密赛斯屈服准则更符合实际，而且对这一准则提出了物理的和几何上的解释。

（1）一个解释是汉基（Hencky）于 1924 年提出的。汉基认为密赛斯屈服准则表示各向同性材料内部所积累的单位体积变形能达到一定值时发生屈服，而这个变形能只与材料性质有关，与应力状态无关。

在弹性变形时有下列广义虎克定律

$$\left.\begin{array}{l} \varepsilon_1 = \dfrac{1}{E}\big[\sigma_1 - v(\sigma_2 + \sigma_3)\big] \\[2mm] \varepsilon_2 = \dfrac{1}{E}\big[\sigma_2 - v(\sigma_1 + \sigma_3)\big] \\[2mm] \varepsilon_3 = \dfrac{1}{E}\big[\sigma_3 - v(\sigma_2 + \sigma_1)\big] \end{array}\right\}$$

单位体积的弹性变形能可借助于这个式子用应力表示为

$$W = \frac{1}{2}(\varepsilon_1 \sigma_1 + \varepsilon_2 \sigma_2 + \varepsilon_3 \sigma_3) = \frac{1}{2E}\big[\sigma_1^2 + \sigma_2^2 + \sigma_3^2 - 2v(\sigma_1 \sigma_2 + \sigma_2 \sigma_3 + \sigma_3 \sigma_1)\big]$$

其中与物体形状改变有关的部分 W_f，可借将此式中的应力分量代以偏差应力分量而求得

$$W_f = \frac{1}{2E}\big[(\sigma_1')^2 + (\sigma_2')^2 + (\sigma_3')^2 - 2v(\sigma_1'\sigma_2' + \sigma_2'\sigma_3' + \sigma_3'\sigma_1')\big]$$

$$= \frac{1+v}{6E}\big[(\sigma_1 - \sigma_2)^2 + (\sigma_2 - \sigma_3)^2 + (\sigma_3 - \sigma_1)^2\big] = \frac{1+v}{E}I_2'$$

于是，发生塑性变形时的单位体积形状变化能达到的极值是

$$W_f = \frac{1+v}{3E}\sigma_s^2$$

所以，密赛斯屈服准则也称为变形能定值理论。

（2）对密赛斯屈服准则的另一种解释是纳达依（Nadai）于 1937 年提出的，他认为屈服时不是最大剪应力为常数，而是正八面体面上的剪应力达到一定的极限值。因为八面体上的剪应力 τ_8 也是与坐标轴选择无关的常数，所以对同一种金属在同样的变形条件下，τ_8 达到一定值时便发生屈服，而与应力状态无关。

$$\tau_8 = \frac{1}{3}\sqrt{(\sigma_1 - \sigma_2)^2 + (\sigma_2 - \sigma_3)^2 + (\sigma_3 - \sigma_1)^2} = C$$

单向拉伸时，$\sigma_1 = \sigma_s$，其他应力分量为零，代入上式得

$$\tau_8 = \frac{\sqrt{2}}{3}\sigma_s$$

这与将密赛斯屈服准则带入八面体剪应力表达式得到的结果一致。

2.4.2.2　密赛斯屈服准则的简化形式

为了将密赛斯屈服准则简化成与屈雷斯卡屈服准则同样的形式并考虑中间主应力 σ_2

对屈服的影响，这里引入罗德（Lode）应力参数。

中间主应力 σ_2 的变化范围为 $\sigma_1 \sim \sigma_3$，取该变化范围的中间值 $\dfrac{\sigma_1 + \sigma_3}{2}$ 为参考值，则

σ_2 与参考值间的偏差为 $\sigma_2 - \dfrac{\sigma_1 + \sigma_3}{2}$，$\sigma_2$ 的相对偏差为

$$\mu_d = \frac{\sigma_2 - \dfrac{\sigma_1 + \sigma_3}{2}}{\dfrac{\sigma_1 - \sigma_3}{2}}$$

式中，μ_d 被称为罗德（Lode）参数。

因此，有

$$\sigma_2 = \frac{\sigma_1 + \sigma_3}{2} + \frac{\mu_d}{2}(\sigma_1 - \sigma_3)$$

将 σ_2 代入密赛斯屈服准则，得

$$\sigma_1 - \sigma_3 = \frac{2}{\sqrt{3 + \mu_d^2}}\sigma_s = \beta\sigma_s \qquad (2-22a)$$

$$\beta = \frac{2}{\sqrt{3 + \mu_d^2}} \qquad (2-22b)$$

式 2 – 22a 是密赛斯屈服准则的简化形式

$$\sigma_2 = \sigma_1,\ \mu_d = 1,\ \sigma_1 - \sigma_3 = \sigma_s\ (\text{轴对称应力状态})$$

$$\sigma_2 = \frac{\sigma_1 + \sigma_3}{2},\ \mu_d = 0,\ \sigma_1 - \sigma_3 = \frac{2}{\sqrt{3}}\sigma_s\ (\text{平面变形状态})$$

$$\sigma_2 = \sigma_3,\ \mu_d = -1,\ \sigma_1 - \sigma_3 = \sigma_s\ (\text{轴对称应力状态})$$

中间主应力与最大、最小主应力关系如图 2 – 13 所示。

2.4.2.3　屈服准则的图形表述

如果把式 2 – 21 中的主应力看成是主轴坐标系的 3 个自变量，则此式是一个无限长的圆柱面，其轴线通过原点，并与 3 个坐标轴 $o\sigma_1$、$o\sigma_2$、$o\sigma_3$ 成等倾角，如图 2 – 14 所示。

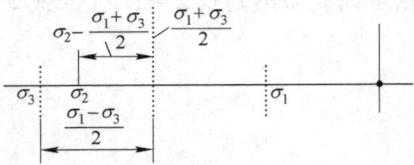

图 2 – 13　中间主应力与最大主应力和最小主应力的关系图

若变形体内一点的主应力为（σ_1，σ_2，σ_3），则此点的应力状态可用主应力坐标空间的一点 P 来表示（图 2 – 14），此点的坐标为 σ_1，σ_2，σ_3，而

$$\overline{oP}^2 = \overline{oP_1}^2 + \overline{P_1M}^2 + \overline{MP}^2 = \sigma_1^2 + \sigma_2^2 + \sigma_3^2$$

现通过原点 o 作一条与三个坐标轴成等倾角的直线 oH，oH 与各坐标轴夹角的方向余弦都等于 $1/\sqrt{3}$。所以 oP 在 oH 上的投影

$$\overline{oN} = \sigma_1 l + \sigma_2 m + \sigma_3 n = \frac{1}{\sqrt{3}}(\sigma_1 + \sigma_2 + \sigma_3)$$

或

$$\overline{oN}^2 = \frac{1}{3}(\sigma_1 + \sigma_2 + \sigma_3)^2 = 3\sigma_m^2 \qquad (2-23)$$

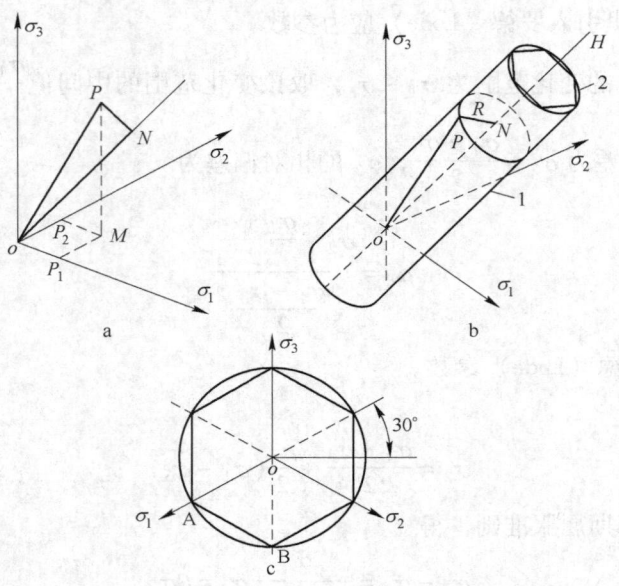

图 2 – 14 屈服准则的图形表述

a—主应力空间坐标；b—屈服柱面；c—π 平面

而

$$
\begin{aligned}
\overline{PN}^2 &= \overline{oP}^2 - \overline{oN}^2 = \sigma_1^2 + \sigma_2^2 + \sigma_3^2 - 3\sigma_m^2 \\
&= \sigma_1^2 + \sigma_2^2 + \sigma_3^2 - 6\sigma_m \frac{\sigma_1 + \sigma_2 + \sigma_3}{3} + 3\sigma_m^2 \\
&= (\sigma_1')^2 + (\sigma_2')^2 + (\sigma_3')^2
\end{aligned} \tag{2-24}
$$

将密赛斯屈服准则式 2 – 21 代入式 2 – 24，则有

$$
\overline{PN}^2 = \frac{2}{3}\sigma_s^2 = 2k^2
$$

或

$$
PN = \sqrt{\frac{2}{3}}\sigma_s = \sqrt{2}k
$$

这就是说，密赛斯屈服准则在主应力空间是一个无限长的圆柱面，其轴线与坐标轴成等倾角，其半径 $R = PN = \sqrt{2/3}\sigma_s$ 或 $\sqrt{2}k$。这个圆柱面称为屈服表面。可见，表示一点的应力状态 $(\sigma_1, \sigma_2, \sigma_3)$ 之 P 点，若位于此圆柱面以内，则该点处于弹性状态，若 P 位于圆柱面上，则处于塑性状态。由于加工硬化的结果，继续塑性变形时，圆柱的半径增大。从这个角度看，实际的应力状态不可能处于圆柱面以外。

此外，由式 2 – 23 和式 2 – 24 可见，oN 为球应力分量的矢量和，PN 为偏差应力分量的矢量和。

前已述及，球应力分量和静水应力对屈服无影响，仅偏差应力分量与屈服有关。因此，oN 的大小对屈服无影响，仅 PN 与屈服有关。既然 oN 对屈服无影响，那么可取 oN 等于零，或 $\sigma_1 + \sigma_2 + \sigma_3 = 0$，即通过原点与屈服圆柱面轴线垂直的平面（成型力学上称此平面为 π 平面）上的屈服轨迹（即塑性圆柱面与 π 平面的交线），便可解释屈服。

　　密赛斯屈服准则在 π 平面上的屈服轨迹为圆（图 2 – 14c）。不难证明，屈雷斯卡屈服准则在 π 平面上的屈服轨迹为这个圆的内接正六角形。由图 2 – 14c 可见，密赛斯屈服准则与屈雷斯卡屈服准则在 π 平面上的屈服轨迹差别最大之处 R 与 oM 之比为 $2/\sqrt{3} = 1.155$。

　　必须指出，上述讨论是在 σ_1、σ_2、σ_3 不受 $\sigma_1 > \sigma_2 > \sigma_3$ 的排列限制时得出的。如果 3 个主应力的标号按代数值的大小依次排列，则图 2 – 14 中的圆柱面或 π 平面上的屈服轨迹只存在六分之一，如图 2 – 14c 中的 $\overset{\frown}{AB}$ 段，其余都是虚构的。因为只有这部分曲线上的点才能满足 $\sigma_1 > \sigma_2 > \sigma_3$。

2.4.2.4　屈服准则的实验验证

　　G. I. 泰勒（Taylor）和 H. 奎奈（Quin-ney）在 1931 年用薄壁管在轴向拉伸和横向扭转联合作用下实验（图 2 – 15）。由于是薄壁管，所以可以认为拉应力 σ_x 和剪应力 τ_{xy} 在整个管壁上是常数，以避免应力不均匀分布的影响。其应力状态如图 2 – 15b 所示。此时 $\sigma_x \neq 0$，$\tau_{xy} \neq 0$，$\sigma_y = \sigma_z = \tau_{yz} = \tau_{zx} = 0$。其非主状态下的应力状态张量为

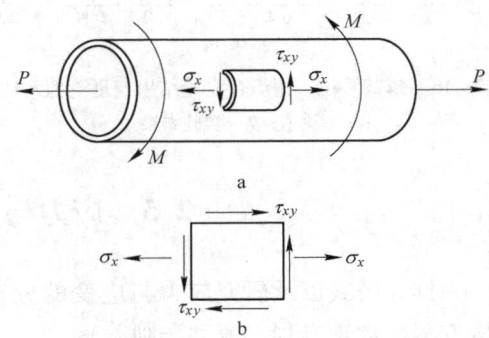

图 2 – 15　薄壁管拉扭组合作用下的应力状态

$$T_\sigma = \begin{pmatrix} \sigma_x & \tau_{yx} & 0 \\ \tau_{xy} & 0 & 0 \\ 0 & 0 & 0 \end{pmatrix}$$

主状态为

$$\left.\begin{aligned} \sigma_1 &= \frac{\sigma_x}{2} + \sqrt{\frac{\sigma_x^2}{4} + \tau_{xy}^2} \\ \sigma_2 &= 0 \\ \sigma_3 &= \frac{\sigma_x}{2} - \sqrt{\frac{\sigma_x^2}{4} + \tau_{xy}^2} \end{aligned}\right\} \tag{2-25}$$

把式 2 – 25 代入屈雷斯卡屈服准则式 2 – 17 中，整理得：

$$\left(\frac{\sigma_x}{\sigma_s}\right)^2 + 4\left(\frac{\tau_{xy}}{\sigma_s}\right)^2 = 1 \tag{2-26}$$

把式 2 – 25 代入密赛斯屈服准则式 2 – 21 中，整理得：

$$\left(\frac{\sigma_x}{\sigma_s}\right)^2 + 3\left(\frac{\tau_{xy}}{\sigma_s}\right)^2 = 1 \tag{2-27}$$

　　显然，令其他应力分量为零，将 σ_x 和 τ_{xy} 代入式 2 – 20，同样可得式 2 – 27。

　　图 2 – 16 是由式 2 – 26 和式 2 – 27 确定得两个椭圆和实验点。由图可见，密赛斯屈服准则与实验结果更接近。

　　顺便指出，1928 年 W. 罗德（Lode）曾在拉伸载荷和内压力联合作用下对用钢、铜和镍制作的薄壁管进行了实验。按式 2 – 22 绘制的理论曲线如图 2 – 17 所示，图中给出了罗德的实验数据。实验表明，密赛斯屈服准则更为符合实际。

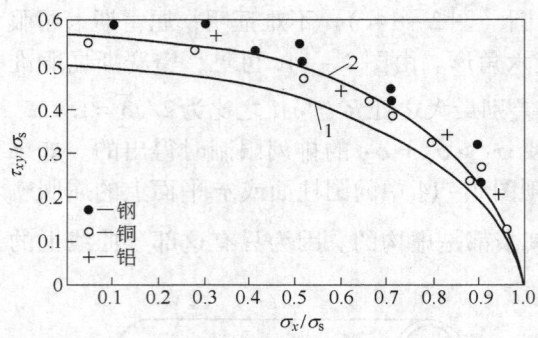

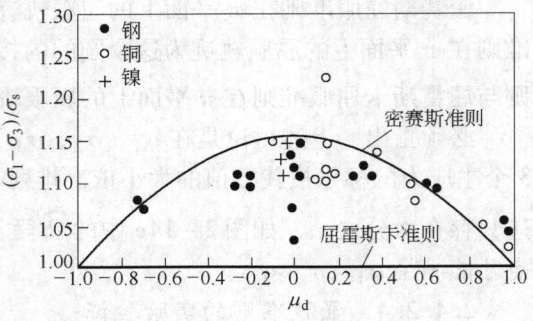

图 2 - 16　薄壁管拉、扭组合实验结果与理论值对比
1—理论值；2—实验结果

图 2 - 17　罗德实验结果与理论值对比

2.5　应力与应变的关系方程

为推导公式以及研究应力与应变的分布等，必须知道应力与应变的关系方程（也称本构方程、物理方程、流动法则等）。

2.5.1　弹性变形时的应力和应变关系

由工程力学已知，弹性变形时应力与应变的关系服从广义虎克定律：

$$
\left.\begin{aligned}
\varepsilon_x &= \frac{1}{E}\left[\sigma_x - \nu(\sigma_y + \sigma_z)\right] \\
\varepsilon_y &= \frac{1}{E}\left[\sigma_y - \nu(\sigma_x + \sigma_z)\right] \\
\varepsilon_z &= \frac{1}{E}\left[\sigma_z - \nu(\sigma_x + \sigma_y)\right] \\
\varepsilon_{xy} &= \frac{\tau_{xy}}{2G} \\
\varepsilon_{yz} &= \frac{\tau_{yz}}{2G} \\
\varepsilon_{zx} &= \frac{\tau_{zx}}{2G}
\end{aligned}\right\}
\tag{2-28}
$$

式中　E——弹性模量；

　　　ν——泊松比；

　　　G——剪切模量，$G = \dfrac{E}{2(1+\nu)}$。

把式 2 - 28 之前三式相加后除以 3，则得

$$
\varepsilon_m = \frac{1}{3}(\varepsilon_x + \varepsilon_y + \varepsilon_z) = \frac{1-2\nu}{3E}(\sigma_x + \sigma_y + \sigma_z) = \frac{1-2\nu}{E}\sigma_m
\tag{2-29}
$$

把式 2 - 28 的第一式减去式 2 - 29，则得

$$
\varepsilon_x' = \varepsilon_x - \varepsilon_m = \frac{1}{E}\left[\sigma_x - \nu(\sigma_y + \sigma_z)\right] - \frac{1-2\nu}{E}\sigma_m
$$

$$= \frac{1}{E}\left[\sigma_x - \nu(\sigma_y + \sigma_z)\right] + \frac{3\nu}{E}\sigma_m - \frac{1+\nu}{E}\sigma_m$$

$$= \frac{1}{E}\left[\sigma_x - \nu(\sigma_y + \sigma_z) + \nu(\sigma_x + \sigma_y + \sigma_z)\right] - \frac{1+\nu}{E}\sigma_m$$

$$= \frac{1+\nu}{E}(\sigma_x - \sigma_m) = \frac{1+\nu}{E}\sigma_x' = \frac{1}{2G}\sigma_x'$$

或

$$\varepsilon_x = \frac{1}{2G}\sigma_x' + \varepsilon_m = \frac{1}{2G}\sigma_x' + \frac{1-2\nu}{E}\sigma_m \qquad (2-30)$$

同理，可以把广义虎克定律式 2-28 改写成：

$$\left. \begin{aligned}
\varepsilon_x &= \frac{1}{2G}\sigma_x' + \varepsilon_m = \frac{1}{2G}\sigma_x' + \frac{1-2\nu}{E}\sigma_m \\
\varepsilon_y &= \frac{1}{2G}\sigma_y' + \varepsilon_m = \frac{1}{2G}\sigma_y' + \frac{1-2\nu}{E}\sigma_m \\
\varepsilon_z &= \frac{1}{2G}\sigma_z' + \varepsilon_m = \frac{1}{2G}\sigma_z' + \frac{1-2\nu}{E}\sigma_m \\
\varepsilon_{xy} &= \frac{\tau_{xy}}{2G} \\
\varepsilon_{yz} &= \frac{\tau_{yz}}{2G} \\
\varepsilon_{zx} &= \frac{\tau_{zx}}{2G}
\end{aligned} \right\} \qquad (2-31)$$

或写成张量形式

$$\varepsilon_{ij} = \varepsilon_{ij}' + \delta_{ij}\sigma_m = \frac{1}{2G}\sigma_{ij}' + \delta_{ij}\frac{1-2\nu}{E}\sigma_m$$

$$\begin{pmatrix} \varepsilon_x & \varepsilon_{yx} & \varepsilon_{zx} \\ \varepsilon_{xy} & \varepsilon_y & \varepsilon_{zy} \\ \varepsilon_{xz} & \varepsilon_{yz} & \varepsilon_z \end{pmatrix} = \frac{1}{2G}\begin{pmatrix} \sigma_x' & \tau_{yx} & \tau_{zx} \\ \tau_{xy} & \sigma_y' & \tau_{zy} \\ \tau_{xz} & \tau_{yz} & \sigma_z' \end{pmatrix} + \frac{1-2\nu}{E}\begin{pmatrix} \sigma_m & 0 & 0 \\ 0 & \sigma_m & 0 \\ 0 & 0 & \sigma_m \end{pmatrix} \qquad (2-32)$$

式中 δ_{ij}——L.克罗内克尔（Kronecher）记号，$i=j$ 时 $\delta_{ij}=1$，$i\neq j$ 时 $\delta_{ij}=0$。

可见，在弹性变形中包括改变体积的变形和改变形状的变形。前者与球应力分量成正比，即 $\varepsilon_m = (1-2\nu)\sigma_m/E$；后者与偏差应力分量成正比，即

$$\left. \begin{aligned}
\varepsilon_x' &= \varepsilon_x - \varepsilon_m = \frac{1}{2G}\sigma_x' \\
\varepsilon_y' &= \varepsilon_y - \varepsilon_m = \frac{1}{2G}\sigma_y' \\
\varepsilon_z' &= \varepsilon_z - \varepsilon_m = \frac{1}{2G}\sigma_z' \\
\varepsilon_{xy} &= \frac{\tau_{xy}}{2G} \\
\varepsilon_{yz} &= \frac{\tau_{yz}}{2G} \\
\varepsilon_{zx} &= \frac{\tau_{zx}}{2G}
\end{aligned} \right\} \qquad (2-33)$$

2.5.2　塑性变形时应力和应变的关系

前已述及，塑性理论较之弹性理论复杂之处在于物性方程（应力应变关系）不是线性的。对于理想弹塑性材料，因为只有 3 个平衡方程和 1 个塑性条件式（屈服准则），所以，为了求解 6 个应力分量，需要补充 1 组物性方程。只是对于像轴对称的平面问题那种简单情况，因为只有两个未知应力 σ_r 和 σ_θ，才可以由 1 个平衡方程式和 1 个塑性条件式求解。对于应变硬化材料，即使简单问题的求解也要涉及应力应变关系。

历史上出现过许多描述塑性应力应变关系的理论，它们可以分为两大类，即增量理论和全量理论。下面将要介绍的 M. 列维 – 密赛斯（Levy – Mises）理论和与其相近的 L. 普朗特耳 – A. 路斯（Prandtl – Reuss）理论属于增量理论，H. 汉基（Hencky）理论属于全量理论。

所谓增量理论所建立的是偏差应力分量与应变增量之间成正比的关系。所谓应变增量即每一瞬时各应力分量的无限小的变化量，记为 $d\varepsilon_x$、$d\varepsilon_y$、$d\varepsilon_z$、$d\varepsilon_{xy}$、$d\varepsilon_{yz}$、$d\varepsilon_{zx}$。应力主轴不是和应变主轴重合，而是和塑性应变增量的主轴重合。这种理论不需要以简单加载为前提，因此适用性广，特别是适用于诸如金属压力加工等大变形的场合，所以又叫塑性流动理论。

2.5.2.1　L. 普朗特耳 – A. 路斯理论

早在 1870 年，B. 圣维南（Saint – Venant）在解平面塑性变形问题时，提出应变增量主轴与应力主轴（或偏差应力主轴）重合的假设。1924 年 L. 普朗特耳首先对平面变形的特殊情况提出了理想弹 – 塑性体的应力 – 应变关系。1930 年 A. 路斯将其推广到一般情况下的应力 – 应变关系。

A. 路斯理论考虑了总应变增量中包括弹性应变增量和塑性应变增量两部分，并假定在加载过程任一瞬间，塑性应变增量的各分量（用上角标 p 表示塑性）与相应的偏差应力分量及剪应力分量成比例，即

$$\frac{d\varepsilon_x^p}{\sigma_x'} = \frac{d\varepsilon_y^p}{\sigma_y'} = \frac{d\varepsilon_z^p}{\sigma_z'} = \frac{d\varepsilon_{xy}^p}{\tau_{xy}} = \frac{d\varepsilon_{yz}^p}{\tau_{yz}} = \frac{d\varepsilon_{zx}^p}{\tau_{zx}} = d\lambda$$

或写成

$$d\varepsilon_{ij}^p = \sigma_{ij}'d\lambda \tag{2-34}$$

式中　$d\lambda$——瞬时的正值比例系数，在整个加载过程中可能是变量。

式 2 – 34 只给出塑性应变增量在 x，y，z 方向的比，尚不能确定各应变增量的具体数值。为确定塑性应变增量的具体数值，必须引进屈服准则。因为总应变增量是弹性应变增量（用上角标 e 表示弹性）和塑性应变增量之和，所以，由式 2 – 32 和式 2 – 34 得

$$d\varepsilon_{ij} = d\varepsilon_{ij}^p + d\varepsilon_{ij}^e$$

$$= \sigma_{ij}'d\lambda + \frac{d\sigma_{ij}'}{2G} + \frac{1-2\nu}{E}d\sigma_m\delta_{ij} \tag{2-35}$$

此时偏差应变增量为

$$d\varepsilon_x' = (d\varepsilon_x')^e + (d\varepsilon_x')^p = (d\varepsilon_x')^e + d\varepsilon_x^p - d\varepsilon_m^p$$

因为塑性变形时体积不变，即

$$d\varepsilon_x^p + d\varepsilon_y^p + d\varepsilon_z^p = 0$$

或

$$d\varepsilon_m^p = \frac{d\varepsilon_x^p + d\varepsilon_y^p + d\varepsilon_z^p}{3} = 0$$

所以

$$d\varepsilon_x' = (d\varepsilon_x')^e + d\varepsilon_x^p$$
$$d\varepsilon_{xy} = d\varepsilon_{xy}^e + d\varepsilon_{xy}^p$$

把式 2 – 33 和式 2 – 34 代入，则

$$d\varepsilon_x' = \frac{d\sigma_x'}{2G} + \sigma_x' d\lambda \qquad d\varepsilon_y' = \frac{d\sigma_y'}{2G} + \sigma_y' d\lambda$$

同理

$$\left.\begin{array}{ll} d\varepsilon_z' = \dfrac{d\sigma_z'}{2G} + \sigma_z' d\lambda & d\varepsilon_{xy} = \dfrac{d\tau_{xy}}{2G} + \tau_{xy} d\lambda \\[3mm] d\varepsilon_{yz} = \dfrac{d\tau_{yz}}{2G} + \tau_{yz} d\lambda & d\varepsilon_{zx} = \dfrac{d\tau_{zx}}{2G} + \tau_{zx} d\lambda \end{array}\right\} \qquad (2-36)$$

式 2 – 36 称为普朗特耳 – 路斯方程。

应当指出，靠近弹性区的塑性变形是很小的，不能忽视弹性应变，此时应采用普朗特耳 – 路斯方程。然而在解决塑性变形相当大的塑性加工问题时，常常可以忽略弹性应变。这种情况下的应力和应变关系是列维 – 密赛斯提出的。

2.5.2.2 列维 – 密赛斯理论

在普朗特耳和路斯以前，列维于 1871 年曾提出应变增量和偏差应力之间的关系式，密赛斯在 1913 年在不知道列维已经提出该理论的情况下，也得出了同样的关系式。所以，习惯上将这种理论称为列维 – 密赛斯理论。该理论假定塑性应变增量的各分量与相应的偏差应力分量及剪应力分量成比例，即

$$\frac{d\varepsilon_x}{\sigma_x'} = \frac{d\varepsilon_y}{\sigma_y'} = \frac{d\varepsilon_z}{\sigma_z'} = \frac{d\varepsilon_{xy}}{\tau_{xy}} = \frac{d\varepsilon_{yz}}{\tau_{yz}} = \frac{d\varepsilon_{zx}}{\tau_{zx}} = d\lambda \qquad (2-37)$$

该理论把总应变增量和塑性应变增量看成是相同的，所以把上角标 p 去掉。

式 2 – 37 也称为列维 – 密赛斯流动法则。塑性变形时体积不变，只改变形状，于是可以推想塑性应变与偏差应力的对应关系。因主轴时各剪应力分量等于零，所以 $d\varepsilon_{xy} = d\varepsilon_{yz} = d\varepsilon_{zx} = 0$，此时各应变增量就是主应变增量。因此对各向同性应变体，可以认为应变增量主轴和应力主轴（或偏差应力主轴）重合，所以塑性应变增量与偏差应力成比例是可以理解的。由式 2 – 37 可以看出

$$d\varepsilon_x + d\varepsilon_y + d\varepsilon_z = d\lambda(\sigma_x' + \sigma_y' + \sigma_z')$$

因为偏差应力的一次不变量等于零，即

$$\sigma_x' + \sigma_y' + \sigma_z' = 0$$

所以

$$d\varepsilon_x + d\varepsilon_y + d\varepsilon_z = 0$$

这符合体积不变条件。

把式 2 – 37 等号两边同时除以变形时间增量 dt，可得应变速率各分量与偏差应力分量及剪应力分量成比例，即

$$\frac{\dot{\varepsilon}_x}{\sigma_x'} = \frac{\dot{\varepsilon}_y}{\sigma_y'} = \frac{\dot{\varepsilon}_z}{\sigma_z'} = \frac{\dot{\varepsilon}_{xy}}{\tau_{xy}} = \frac{\dot{\varepsilon}_{yz}}{\tau_{yz}} = \frac{\dot{\varepsilon}_{zx}}{\tau_{zx}} = d\dot{\lambda} \qquad (2-38)$$

式 2 - 37 用一般应力分量表示，则有

$$d\varepsilon_x = d\lambda\sigma'_x = d\lambda(\sigma_x - \sigma_m)$$

把 $\sigma_m = \dfrac{1}{3}(\sigma_x + \sigma_y + \sigma_z)$ 代入上式，整理得

$$d\varepsilon_x = \frac{2}{3}d\lambda\left[\sigma_x - \frac{1}{2}(\sigma_y + \sigma_z)\right]$$

同理

$$d\varepsilon_y = \frac{2}{3}d\lambda\left[\sigma_y - \frac{1}{2}(\sigma_z + \sigma_x)\right]$$

$$d\varepsilon_z = \frac{2}{3}d\lambda\left[\sigma_z - \frac{1}{2}(\sigma_x + \sigma_y)\right]$$

$$d\varepsilon_{xy} = d\lambda\tau_{xy}, \quad d\varepsilon_{yz} = d\lambda\tau_{yz}, \quad d\varepsilon_{zx} = d\lambda\tau_{zx} \tag{2 - 39}$$

应当指出，增量理论无论对简单加载还是复杂加载都是适用的。

2.5.2.3　H. 汉基小塑性变形理论（全量理论）

全量理论又称变形理论，它所建立的是应力与应变全量之间的关系，这一点和弹性理论相似，但全量理论要求变形体是处于简单加载条件下才适用，即要求各应力分量在加载过程中按同一比例增加，因为只有在这种条件下变形体内各点应力主轴才不改变方向。这一要求显然限制了全量理论的应用范围。

全量理论有许多，下面主要介绍 H. 汉基小塑性变形理论。1924 年 H. 汉基提出了该理论，该理论假定偏差塑性应变分量与相应的偏差应力分量及剪应力分量成比例，即

$$\frac{(\varepsilon'_x)^{\mathrm{p}}}{\sigma'_x} = \frac{(\varepsilon'_y)^{\mathrm{p}}}{\sigma'_y} = \frac{(\varepsilon'_z)^{\mathrm{p}}}{\sigma'_z} = \frac{\varepsilon^{\mathrm{p}}_{xy}}{\tau_{xy}} = \frac{\varepsilon^{\mathrm{p}}_{yz}}{\tau_{yz}} = \frac{\varepsilon^{\mathrm{p}}_{zx}}{\tau_{zx}} = \lambda \tag{2 - 40}$$

式中　λ——瞬时的正值比例常数，在整个加载过程中可能是变量。

因为 $(\varepsilon'_x)^{\mathrm{p}} = \varepsilon^{\mathrm{p}}_x - \varepsilon_m = \varepsilon^{\mathrm{p}}_x$，所以，式 2 - 40 也可改写为

$$\frac{\varepsilon^{\mathrm{p}}_x}{\sigma'_x} = \frac{\varepsilon^{\mathrm{p}}_y}{\sigma'_y} = \frac{\varepsilon^{\mathrm{p}}_z}{\sigma'_z} = \frac{\varepsilon^{\mathrm{p}}_{xy}}{\tau_{xy}} = \frac{\varepsilon^{\mathrm{p}}_{yz}}{\tau_{yz}} = \frac{\varepsilon^{\mathrm{p}}_{zx}}{\tau_{zx}} = \lambda \tag{2 - 41}$$

H. 汉基小塑性变形理论主要适用于小塑性变形，对于大塑性变形，仅适用于简单加载条件，此时应力与应变主轴在加载过程中不变，并可用对数变形计算主应变。

坐标轴取主轴时，式 2 - 41 可写成

$$\varepsilon_1 = \lambda\sigma'_1, \quad \varepsilon_2 = \lambda\sigma'_2, \quad \varepsilon_3 = \lambda\sigma'_3 \tag{2 - 42}$$

由式 2 - 42 可得

$$\frac{\varepsilon_1}{\varepsilon_2} = \frac{\sigma'_1}{\sigma'_2}, \quad \frac{\varepsilon_1 - \varepsilon_2}{\varepsilon_2} = \frac{\sigma'_1 - \sigma'_2}{\sigma'_2}$$

或

$$\frac{\varepsilon_1 - \varepsilon_2}{\sigma'_1 - \sigma'_2} = \frac{\varepsilon_2}{\sigma'_2} = \lambda$$

$$\frac{\varepsilon_1 - \varepsilon_2}{(\sigma_1 - \sigma_m) - (\sigma_2 - \sigma_m)} = \frac{\varepsilon_1 - \varepsilon_2}{\sigma_1 - \sigma_2} = \lambda$$

同理

$$\frac{\varepsilon_1 - \varepsilon_2}{\sigma_1 - \sigma_2} = \frac{\varepsilon_2 - \varepsilon_3}{\sigma_2 - \sigma_3} = \frac{\varepsilon_3 - \varepsilon_1}{\sigma_3 - \sigma_1} = \lambda \qquad (2-43)$$

应指出，在计算小塑性变形时，弹性变形不能忽略，否则会产生大的误差。在解小弹－塑性问题时，微小的全应变和应变增量等同，此时完全可采用式 2-36，只要把其中的应变增量改为微小的全应变即可。如坐标轴取主轴，则由式 2-36 可得

$$\left.\begin{aligned} \varepsilon_1' &= \left(\frac{1}{2G} + \lambda\right)\sigma_1' \\ \varepsilon_2' &= \left(\frac{1}{2G} + \lambda\right)\sigma_2' \\ \varepsilon_3' &= \left(\frac{1}{2G} + \lambda\right)\sigma_3' \end{aligned}\right\} \qquad (2-44)$$

或由式 2-31、式 2-32、式 2-39、式 2-42 得

$$\begin{aligned} \varepsilon_1 &= \frac{\sigma_1'}{2G} + \frac{1-2\nu}{E}\sigma_{\mathrm{m}} + \lambda\sigma_1' \\ &= \frac{1}{E}\left[\sigma_1 - \nu(\sigma_2 + \sigma_3)\right] + \frac{2}{3}\lambda\left[\sigma_1 - \frac{1}{2}(\sigma_2 + \sigma_3)\right] \end{aligned}$$

同理

$$\left.\begin{aligned} \varepsilon_2 &= \frac{1}{E}\left[\sigma_2 - \nu(\sigma_3 + \sigma_1)\right] + \frac{2}{3}\lambda\left[\sigma_2 - \frac{1}{2}(\sigma_3 + \sigma_1)\right] \\ \varepsilon_3 &= \frac{1}{E} = \left[\sigma_3 - \nu(\sigma_1 + \sigma_2)\right] + \frac{2}{3}\lambda\left[\sigma_3 - \frac{1}{2}(\sigma_1 + \sigma_2)\right] \end{aligned}\right\} \qquad (2-45)$$

虽然全量理论只适用于微小变形和简单加载条件，但由于全量理论表示的是应力与全应变一一对应的关系，这在数学处理上比较方便，因此许多人用这个理论解某些问题。近年来的研究表明，全量理论的应用范围大大超过了原来的一些限制。然而该理论仍缺乏普遍性，一般认为，研究大塑性变形的一般问题，采用增量理论为宜。

2.6 等效应力和等效应变

如图 2-18 所示，拉伸变形到 C 点，然后卸载到 E 点，如果再在同方向上拉伸，便近似认为在原来开始卸载时所对应的应力附近（即 D 点处）发生屈服。这一次屈服应力比退火状态的初始屈服应力提高是由于金属加工硬化的结果。前已述及，对同一材料在该预先加工硬化程度下，屈服准则仅仅是屈服时各应力分量的函数，即 $f(\sigma_{ij}) = 0$。也就是说，在初始屈服后继续加载，由于加工硬化的结果，仅仅是 σ_{s} 或 k 的增大，对各向同性材料，仅仅相当于 π 平面上的屈服圆周半径 $R = \sqrt{2/3}\sigma_{\mathrm{s}}$ 增大（对各向异性材料，屈服轨迹不是圆），这时密赛斯屈服准则仍然成立。为了方便起见，本书规定在单向拉伸（或压缩）情况下，不论是初始屈服极限还是变形过程中的继续屈服极限都用 σ_{s} 表示。σ_{s} 称为金属的变形抗力，有的也叫单轴变形抗力、自然变形抗力或纯粹变形抗力等，也有的把变形过程中的继续屈服极限叫流动极限。既然 σ_{s} 是某一变形程度（或加工硬化程度）下的单向应力状态的变形抗力，那么在一般应力状态下，与此等效的应力和应变如何确定？这就是下面将要研究的问题。

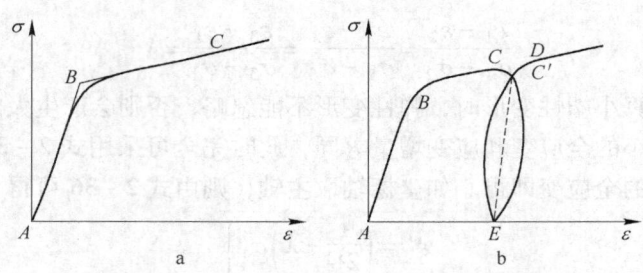

图 2 – 18　应力 – 应变曲线

a—确定屈服极限的方法；b—实际卸载和加载曲线

2.6.1　等效应力

金属塑性加工时，工件可能受各种应力状态作用。在一般应力状态下，其应力分量 σ_{ij} 与金属变形抗力 σ_s 之间的关系可用密赛斯屈服准则式 2 – 20、式 2 – 21 表示。把这两式等号两边开方，并用一个统一的应力 σ_e 的表达式来表示 σ_s，则得到

$$\sigma_e = \frac{1}{\sqrt{2}}\sqrt{(\sigma_x - \sigma_y)^2 + (\sigma_y - \sigma_z)^2 + (\sigma_z - \sigma_x)^2 + 6(\tau_{xy}^2 + \tau_{yz}^2 + \tau_{zx}^2)}$$

$$= \sigma_s = \sqrt{3}k \tag{2 – 46}$$

或

$$\sigma_e = \frac{1}{\sqrt{2}}\sqrt{(\sigma_1 - \sigma_2)^2 + (\sigma_2 - \sigma_3)^2 + (\sigma_3 - \sigma_1)^2}$$

$$= \sigma_s = \sqrt{3}k \tag{2 – 47}$$

这样，同一金属在相同的变形温度和应变速率条件下，对任何应力状态下，不论是初始屈服或是在塑性变形过程中的继续屈服，只要用上式等号右边表示的应力 σ_e 等于金属变形抗力 σ_s 或等于 $\sqrt{3}$ 倍屈服剪应力 k 时，便继续屈服。由于 σ_e 与单向应力状态的变形抗力 σ_s 等效，所以 σ_e 称为等效应力。有的书也叫统一应力、广义应力、比较应力和应力强度。

2.6.2　等效应变

对同一金属在相同的变形温度和应变速率条件下，变形抗力取决于变形程度。在简单应力状态下，等效应力 $\sigma_e = \sigma_s = \sqrt{3}k$ 与变形程度的关系可用单向拉伸（或压缩）和薄壁管扭转试验确定的应力 – 应变关系曲线来表示。那么在一般应力状态下用什么样的等效应变 ε_e 才能使等效应力 σ_e 与等效应变 ε_e 的关系曲线（即 σ_e – ε_e 曲线）与简单应力状态下的应力 – 应变关系曲线等效呢？

金属的加工硬化程度取决于金属内的变形潜能，一般应力状态和单向应力状态在加工硬化程度上等效，意味着两者的变形潜能相同。变形潜能取决于塑性变形功耗。可以认为，如果一般应力状态和简单应力状态的塑性功耗相等，则两者在加工硬化程度上等效。

假定取的坐标轴为主轴，并考虑到塑性应变与偏差应力有关，则产生微小的塑性应变增量时，单位体积内的塑性变形功增量为

$$dA_p = \sigma_1' d\varepsilon_1 + \sigma_2' d\varepsilon_2 + \sigma_3' d\varepsilon_3 \tag{2 – 48}$$

从矢量代数中已知，两矢量的数积（或点积）等于对应坐标分量乘积之和。因此，

式 2 − 48 可写成

$$\mathrm{d}A_\mathrm{p} = \boldsymbol{\sigma}' \cdot \mathrm{d}\boldsymbol{\varepsilon} = |\boldsymbol{\sigma}'| \cdot |\mathrm{d}\boldsymbol{\varepsilon}|\cos\theta$$

式中　θ——两个矢量的夹角。

　　如前所述，可假定塑性应变增量的主轴与偏差应力主轴重合，而按式 2 − 36 两者相应的分量成比例，则两矢量方向一致，则 $\theta = 0$，所以

$$\mathrm{d}A_\mathrm{p} = |\boldsymbol{\sigma}'| \cdot |\mathrm{d}\boldsymbol{\varepsilon}| \tag{2 − 49}$$

由图 2 − 14 和式 2 − 24 可知

$$|\boldsymbol{\sigma}'| = \sqrt{\frac{2}{3}}\sigma_\mathrm{s} = \sqrt{\frac{2}{3}}\sqrt{\frac{1}{2}\left[(\sigma_1 - \sigma_2)^2 + (\sigma_2 - \sigma_3)^2 + (\sigma_3 - \sigma_1)^2\right]}$$

$$= \frac{1}{\sqrt{3}}\sqrt{(\sigma_1 - \sigma_2)^2 + (\sigma_2 - \sigma_3)^2 + (\sigma_3 - \sigma_1)^2} \tag{2 − 50}$$

由应力应变的相似性，得应变矢量 $\mathrm{d}\boldsymbol{\varepsilon}$ 的模为

$$|\mathrm{d}\boldsymbol{\varepsilon}| = \frac{1}{\sqrt{3}}\sqrt{(\mathrm{d}\varepsilon_1 - \mathrm{d}\varepsilon_2)^2 + (\mathrm{d}\varepsilon_2 - \mathrm{d}\varepsilon_3)^2 + (\mathrm{d}\varepsilon_3 - \mathrm{d}\varepsilon_1)^2} \tag{2 − 51}$$

把式 2 − 50 和式 2 − 51 代入式 2 − 49，则

$$\mathrm{d}A_\mathrm{p} = \sqrt{\frac{2}{3}}\sigma_\mathrm{s}\frac{1}{\sqrt{3}}\sqrt{(\mathrm{d}\varepsilon_1 - \mathrm{d}\varepsilon_2)^2 + (\mathrm{d}\varepsilon_2 - \mathrm{d}\varepsilon_3)^2 + (\mathrm{d}\varepsilon_3 - \mathrm{d}\varepsilon_1)^2} \tag{2 − 52}$$

现令

$$\mathrm{d}A_\mathrm{p} = \sigma_\mathrm{e}\mathrm{d}\varepsilon_\mathrm{e} \tag{2 − 53}$$

由式 2 − 52 等于式 2 − 53，则得到

$$\mathrm{d}\varepsilon_\mathrm{e} = \sqrt{\frac{2}{9}\left[(\mathrm{d}\varepsilon_1 - \mathrm{d}\varepsilon_2)^2 + (\mathrm{d}\varepsilon_2 - \mathrm{d}\varepsilon_3)^2 + (\mathrm{d}\varepsilon_3 - \mathrm{d}\varepsilon_1)^2\right]} \tag{2 − 54}$$

此式表示的应变增量 $\mathrm{d}\varepsilon_\mathrm{e}$ 就是坐标轴取主轴时的等效应变增量。

　　当坐标轴为非主轴时，其

$$|\boldsymbol{\sigma}'| = \sqrt{\frac{2}{3}}\sigma_\mathrm{s} = \sqrt{\frac{2}{3}}\sqrt{\frac{1}{2}\left[(\sigma_x - \sigma_y)^2 + (\sigma_y - \sigma_z)^2 + (\sigma_z - \sigma_x)^2 + 6(\tau_{xy}^2 + \tau_{yz}^2 + \tau_{zx}^2)\right]}$$

$$\tag{2 − 55}$$

由应力应变的相似性，得非主状态下应变矢量 $\mathrm{d}\boldsymbol{\varepsilon}$ 的模。同样可以得到坐标轴非主轴时

$$\mathrm{d}\varepsilon_\mathrm{e} = \sqrt{\frac{2}{9}\left[(\mathrm{d}\varepsilon_x - \mathrm{d}\varepsilon_y)^2 + (\mathrm{d}\varepsilon_y - \mathrm{d}\varepsilon_z)^2 + (\mathrm{d}\varepsilon_z - \mathrm{d}\varepsilon_x)^2 + 6(\mathrm{d}\varepsilon_{xy}^2 + \mathrm{d}\varepsilon_{yz}^2 + \mathrm{d}\varepsilon_{zx}^2)\right]} \tag{2 − 56}$$

应指出，在比例加载或比例应变的条件下，即

$$\frac{\mathrm{d}\varepsilon_1}{\varepsilon_1} = \frac{\mathrm{d}\varepsilon_2}{\varepsilon_2} = \frac{\mathrm{d}\varepsilon_3}{\varepsilon_3} = \frac{\mathrm{d}\varepsilon_\mathrm{e}}{\varepsilon_\mathrm{e}}$$

则式 2 − 54 可写成

$$\varepsilon_\mathrm{e} = \sqrt{\frac{2}{9}\left[(\varepsilon_1 - \varepsilon_2)^2 + (\varepsilon_2 - \varepsilon_3)^2 + (\varepsilon_3 - \varepsilon_1)^2\right]}$$

$$= \sqrt{\frac{2}{3}(\varepsilon_1^2 + \varepsilon_2^2 + \varepsilon_3^2)} \tag{2 − 57}$$

式中　ε_e——等效应变。

2.6.3　等效应力与等效应变的关系

把列维－密赛斯流动法则代入式 2－54，则等效应变增量可写成

$$d\varepsilon_e = \sqrt{\frac{2}{9}d\lambda^2\left[(\sigma_1'-\sigma_2')^2+(\sigma_2'-\sigma_3')^2+(\sigma_3'-\sigma_1')^2\right]}$$

$$= \sqrt{\frac{2}{9}d\lambda^2\left[(\sigma_1-\sigma_2)^2+(\sigma_2-\sigma_3)^2+(\sigma_3-\sigma_1)^2\right]}$$

把式 2－47 代入此式，则得等效应变增量与等效应力的关系

$$d\varepsilon_e = \frac{2}{3}d\lambda\sigma_e$$

或

$$d\lambda = \frac{3}{2}\frac{d\varepsilon_e}{\sigma_e} \tag{2-58}$$

于是用式 2－37 表示的流动法则可写成

$$\left.\begin{aligned}
d\varepsilon_x &= \frac{3}{2}\frac{d\varepsilon_e}{\sigma_e}\sigma_x' \\[4pt]
d\varepsilon_y &= \frac{3}{2}\frac{d\varepsilon_e}{\sigma_e}\sigma_y' \\[4pt]
d\varepsilon_z &= \frac{3}{2}\frac{d\varepsilon_e}{\sigma_e}\sigma_z' \\[4pt]
d\varepsilon_{xy} &= \frac{3}{2}\frac{d\varepsilon_e}{\sigma_e}\tau_{xy} \\[4pt]
d\varepsilon_{yz} &= \frac{3}{2}\frac{d\varepsilon_e}{\sigma_e}\tau_{yz} \\[4pt]
d\varepsilon_{zx} &= \frac{3}{2}\frac{d\varepsilon_e}{\sigma_e}\tau_{zx}
\end{aligned}\right\} \tag{2-59}$$

或写成

$$d\varepsilon_{ij} = \frac{3}{2}\frac{d\varepsilon_e}{\sigma_e}\sigma_{ij}' \tag{2-60}$$

这样，由于引入等效应力 σ_e 和等效应变增量 $d\varepsilon_e$，则 2.5 节中所导出的塑性变形时应力与应变关系中之 $d\lambda$ 便可确定，从而也就可以求出应变增量的具体数值。

2.6.4　变形抗力曲线

如上所述，塑性变形时由式 2－46 确定的等效应力 σ_e，其大小等于单向应力状态的变形抗力，也就是金属的变形抗力 σ_s 或等于 $\sqrt{3}$ 倍屈服剪应力 k。所以不论简单应力状态或复杂应力状态做出的 σ_e－ε_e 曲线，此曲线也叫变形抗力曲线或加工硬化曲线，有的书也叫真应力曲线。目前常用以下 4 种简单应力状态的试验来做材料变形抗力曲线。

2.6.4.1　单向拉伸（图 2－19a）

此时 $\sigma_1 > 0, \sigma_2 = \sigma_3 = 0$；$-d\varepsilon_2 = -d\varepsilon_3 = d\varepsilon_1/2$ 代入式 2－47 和式 2－54，则

$$\sigma_e = \sigma_1 = \sigma_s$$

$$\varepsilon_e = \int d\varepsilon_e = \int d\varepsilon_1 = \int_{l_0}^{l_1} \frac{dl}{l} = \ln \frac{l_1}{l_0}$$

2.6.4.2 单向压缩圆柱体（图 2-19b）

此时 $\sigma_3 < 0$，$\sigma_2 = \sigma_1 = 0$（假设接触表面无摩擦）；
$d\varepsilon_1 = d\varepsilon_2 = -d\varepsilon_3/2$；代入式 2-47 和式 2-54，则

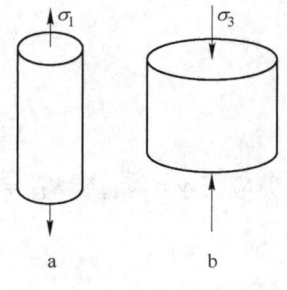

$$\sigma_e = \sigma_3 = \sigma_s$$

$$\varepsilon_e = \varepsilon_3 = \int_{h_0}^{h_1} d\varepsilon_3$$

图 2-19　单向应力状态试验
a—单向拉伸；b—单向压缩

$$\varepsilon_e = \int_{h_0}^{h_1} \frac{dh}{h} = -\ln \frac{h_0}{h_1}$$

可见，单向拉伸（或压缩）时等效应力等于金属变形
抗力 σ_s；等效应变等于绝对值最大主应变 ε_1（或 ε_3）。

2.6.4.3 平面变形压缩（图 2-20）

此时 $\sigma_3 < 0$，$\sigma_1 = 0$（因接触表面充分润滑，接触表面近似地看作无摩擦），$\sigma_2 = \sigma_3/2$；
代入式 2-47 和式 2-54，则

$$\sigma_e = \frac{\sqrt{3}}{2}\sigma_3 = \sigma_s$$

或

$$\sigma_3 = \frac{2}{\sqrt{3}}\sigma_s = 1.155\sigma_s$$

$$\varepsilon_e = \frac{2}{\sqrt{3}}\varepsilon_3 = -\frac{2}{\sqrt{3}}\ln \frac{h_0}{h_1} = -1.155\ln \frac{h_0}{h_1}$$

通常把平面压缩时压缩方向的应力 $\sigma_3 = 1.155\sigma_s$ 称为平面变形抗力，常用 K 表示，即

$$K = 1.155\sigma_s = 2k$$

2.6.4.4 薄壁管扭转（图 2-21）

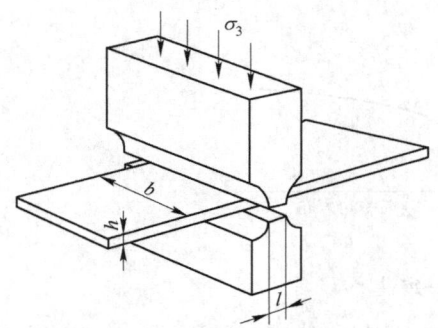

图 2-20　平面变形压缩试验

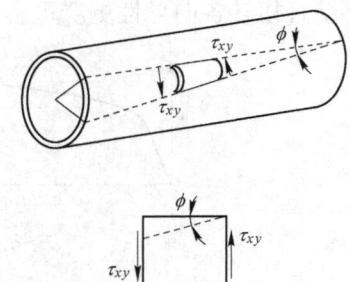

图 2-21　薄壁管扭转试验

此时，$\sigma_1 = -\sigma_3$，$\sigma_2 = 0$；$d\varepsilon_1 = -d\varepsilon_3$，$d\varepsilon_2 = 0$；代入式 2-47 和式 2-54，则

$$\sigma_e = \sqrt{3}\sigma_1 = \sigma_s = \sqrt{3}k$$

或

$$\sigma_1 = \frac{\sigma_s}{\sqrt{3}} = k$$

$$\varepsilon_e = \frac{2}{\sqrt{3}}\varepsilon_1$$

因为

$$d\varepsilon_{13} = \frac{d\varepsilon_1 - d\varepsilon_3}{2} = \frac{d\varepsilon_1 - (-d\varepsilon_1)}{2} = d\varepsilon_1$$

工程剪应变 $\gamma = 2\varepsilon_{13}$ 或 $\varepsilon_{13} = \gamma/2$，所以

$$d\varepsilon_{13} = \frac{1}{2}d\gamma = d\varepsilon_1$$

$$\varepsilon_{13} = \varepsilon_1 = \frac{1}{2}\int_0^\gamma d\gamma = \frac{1}{2}\gamma$$

代入式 2－57，则

$$\varepsilon_e = \frac{\gamma}{\sqrt{3}} = \frac{\tan\phi}{\sqrt{3}}$$

此外，对其他变形过程可大致按下法计算等效应变。

挤压拉拔轴对称体（如圆柱体等），其变形图示和单向拉伸相同，这时

$$\varepsilon_e = \varepsilon_1 = \ln\frac{l_1}{l_0} = \ln\frac{F_0}{F_1}$$

式中 F_0，F_1——变形前后工件的横断面面积。

平面变形的挤压和拉拔以及轧制板带材等，其变形图示和平面变形压缩相同，此时

$$\varepsilon_e = \frac{2}{\sqrt{3}}\varepsilon_3 = -\frac{2}{\sqrt{3}}\ln\frac{h_0}{h_1}$$

知道了等效应力 σ_e 和等效应变 ε_e，便可做出统一的 $\sigma_e - \varepsilon_e$ 曲线。由上述可知，这些曲线应当重合。例如，单向拉伸和薄壁管扭转的 $\sigma_e - \varepsilon_e$ 曲线，如图 2－22 所示。实验表明，当 $\varepsilon_e < 0.2$ 时，两者的 $\sigma_e - \varepsilon_e$ 曲线重合；当 $\varepsilon_e > 0.2$ 时，扭转时的 $\sigma_e - \varepsilon_e$ 曲线比拉伸时 $\sigma_e - \varepsilon_e$ 曲线低。两者的差别可能是由于变形程度大时，各向异性有所发生，而使拉伸比薄壁管扭转各向异性更严重。

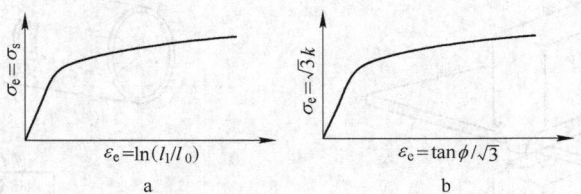

图 2－22 曲线的一致性

对变形区大小不随时间而变的定常变形过程，如轧制、挤压和拉拔等，变形区各点的变形程度是不同的，假如由变形区入口处为 ε_{e0}，逐渐到变形区出口处为 ε_{e1}。为了简化工程计算，常取平均变形抗力，即

$$\overline{\sigma}_e = \overline{\sigma}_s = \sqrt{3}\overline{k} = \frac{\int_{\varepsilon_{\sigma0}}^{\varepsilon_{\sigma1}}\sigma_e d\varepsilon_e}{\int_{\varepsilon_{\sigma0}}^{\varepsilon_{\sigma1}}d\varepsilon_e}, \overline{k} = \frac{\overline{\sigma}_s}{\sqrt{3}}$$

也就是把图 2 – 23 中的实线用虚线代替。

如果忽略弹性变形,则图 2 – 23 的虚线就变成图 2 – 24 所示的曲线。后者相当于刚 – 完全塑性体(简称刚 – 塑性体)的变形抗力曲线。

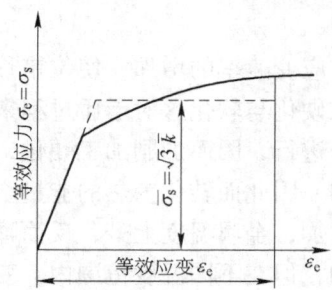

图 2 – 23 考虑加工硬化的平均变形抗力

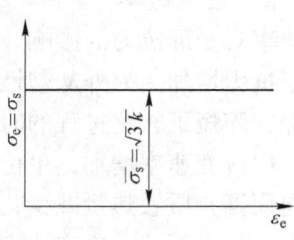

图 2 – 24 刚 – 塑性体的 σ_e – ε_e 曲线

对于变形区随时间而变的不定常变形过程,如镦粗过程等,这时应按压缩到某瞬间的等效应变 ε_e,由图 2 – 23 中的实线确定与 ε_e 对应的 σ_s。把后者作为该压缩瞬间的变形抗力。

查变形抗力曲线时,所用的变形程度应当用等效应变 ε_e,但有时为了方便,也常常把绝对值最大的主应变 ε_{max} 当作等效应变。如上所述,平面变形时两者差别最大,此时

$$\frac{\varepsilon_e}{\varepsilon_{max}} = \frac{2}{\sqrt{3}} = 1.155$$

2.7 变形抗力模型

2.7.1 变形抗力的概念及其影响因素

变形抗力是金属对使其发生塑性变形的外力的抵抗能力。它既是确定塑性加工性能参数的重要因素,又是金属构件的主要力学性能指标。前已述及,这里所谓的变形抗力,是指坯料在单向拉伸(或压缩)应力状态下的屈服极限。它与塑性成型时的工作应力(如锻造、轧制时的平均单位压力,挤压应力,拉拔应力等)不同,后者包含了应力状态的影响,即:

$$\bar{p} = n_\sigma \sigma_s \tag{2 – 61}$$

式中 $\bar{p}$——工作应力,MPa;

n_σ——应力状态影响系数;

σ_s——变形抗力,MPa。

变形抗力 σ_s 的数值,首先取决于变形金属的成分和组织,不同的合金牌号,其 σ_s 值不同。其次,变形条件对 σ_s 的影响也很大,其中主要是变形温度、应变速率和变形程度。

2.7.1.1 变形温度

由于温度的升高,降低了金属原子间的结合力,因此所有金属与合金的变形抗力都随变形温度的升高而降低,如图 2 – 25 所示。只有那些随温

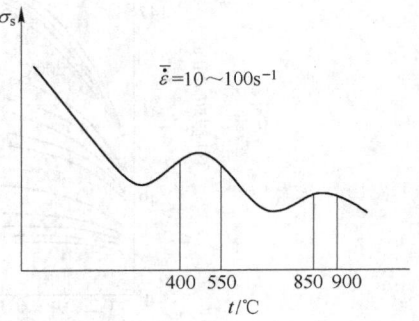

图 2 – 25 变形抗力与温度的
关系(碳钢)

度变化产生物理－化学变化或相变的金属或合金才有例外，如碳钢在蓝脆温度范围内（一般为 $300 \sim 400℃$，取决于应变速率）σ_s 随温度升高而增加。另外，一般随温度升高硬化强度减少，而且从一定的温度开始，硬化曲线几乎为一水平线。

2.7.1.2 应变速率

应变速率对变形抗力的影响，首先从金属学已知，应变速率的增加，使位错移动速率增加，变形抗力增加。另外从塑性变形过程中同时存在硬化与软化这对矛盾过程来说，应变速率增加，缩短了软化过程的时间，使其来不及充分进行，因而加剧加工硬化，使变形抗力提高；但应变速率增加，单位时间内的变形功增加，因此而转化为热的能量增加，而变形金属向周围介质散热量减少，从而使变形热效应增加，金属温度上升，反而降低金属的变形抗力。综上所述，应变速率增加，变形抗力增加，但在不同温度范围内，变形抗力的增加率不同。在冷变形的温度范围内，应变速率的影响小。在热变形温度范围内，应变速率的影响大。最明显的是由不完全热变形到热变形的过渡温度范围。产生上述情况的原因是，在常温条件下，金属原来的变形抗力就比较大，变形热效应也显著，因此应变速率提高所引起的变形抗力相对增加量要小；相反，在高温变形时，因为原来金属变形抗力较小，变形热效应作用相对变小，而且由于应变速率的提高，变形时间缩短，软化过程来不及充分进行，所以应变速率对变形抗力的影响比较明显；当变形温度更高时，软化速度将大大提高，以致应变速率的影响有所下降。

2.7.1.3 变形程度

无论在室温或较高温度条件下，只要回复再结晶过程来不及进行，则随着变形程度的增加，必然产生加工硬化，因而使变形抗力增加。通常变形程度在 30% 以下时，变形抗力增加得比较显著，当变形程度较高时，随着变形程度的增加，变形抗力的增加变得比较缓慢（图 2 - 26）。

前已述及，在同样应变速率下，随着变形温度的增加，变形抗力随变形程度增加而增加的程度变小。因此，加工硬化曲线——变形抗力与变形程度的关系曲线，对于冷变形来说，具有特殊重要意义。图 2 - 27 为几种金属的加工硬化曲线。而且由于应变速率的提

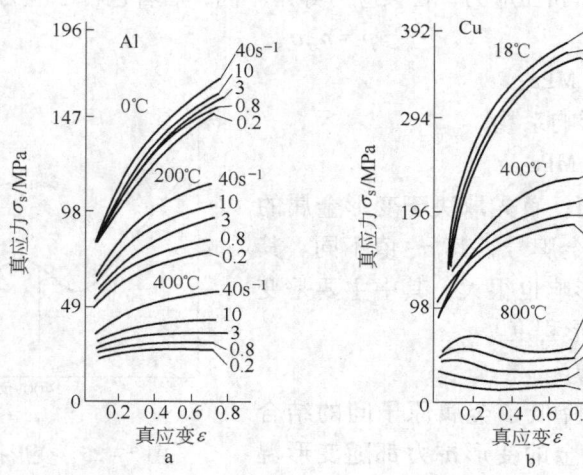

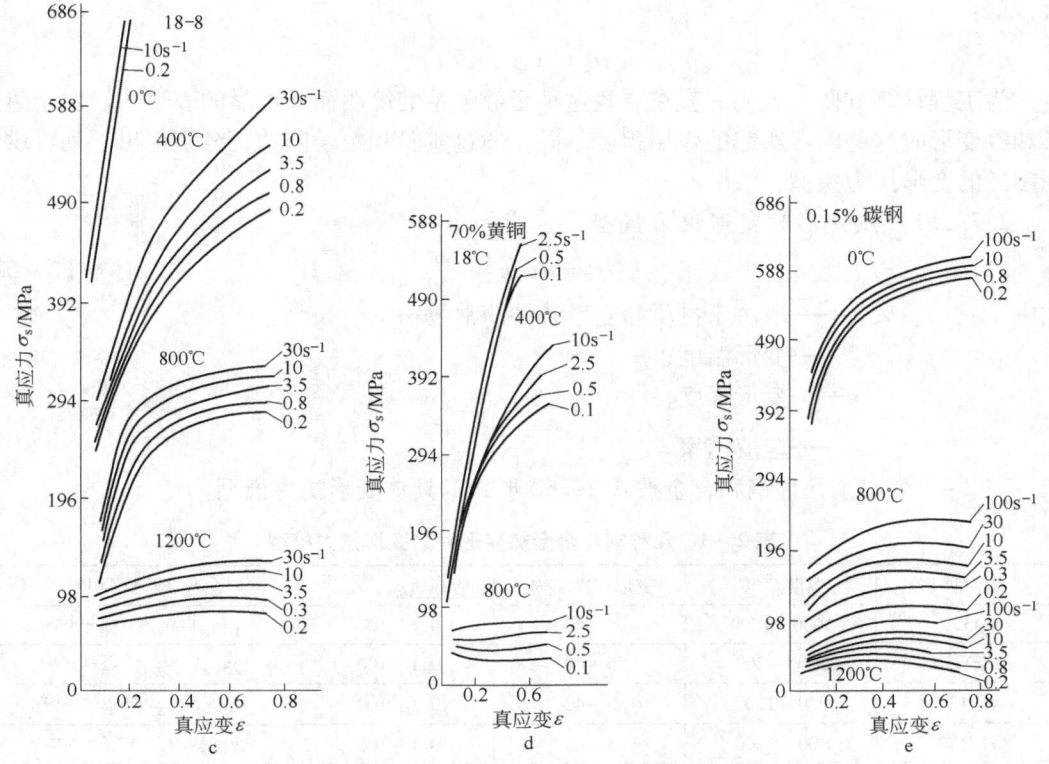

图 2 – 26　几种金属的变形抗力曲线

a—99.5% 铝退火材；b—99.99% 铜退火材；c—18 – 8 不锈钢退火材

d—70% 黄铜退火材；e—0.15% 碳钢退火材

高，使变形时间缩短，软化过程来不及充分进行，所以应变速率对变形抗力的影响比较明显；当变形温度更高时，软化速度将大大提高，以致应变速率的影响有所下降。这类曲线的横坐标有三种，即伸长率 δ ($\delta = \Delta l / l_0$)、断面收缩率 ψ ($\psi = (F_0 - F_1)/F_0 = \Delta l / l_1$) 和真应变 $\varepsilon = \ln(l_1 / l_0)$。

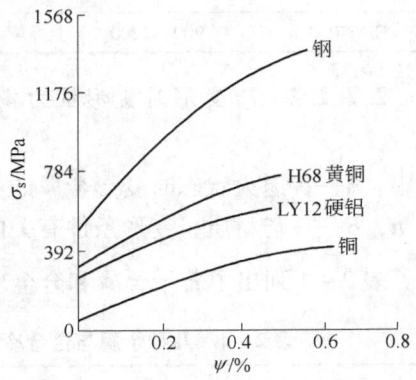

图 2 – 27　几种金属及合金的硬化曲线

按照 2.6 节等效应力与等效应变的概念，用真应变作为横坐标的硬化曲线最科学。而且不同变形方式的变形程度，应折算成等效应变，然后到单向拉伸试验所测定的硬化曲线上确定对应的变形抗力。但有时作为工程近似计算，常常用公称应变程度到第二种硬化曲线（以 ψ 为横坐标的硬化曲线）上确定变形抗力 σ_s。这种处理方法其所以是近似的原因应该是不言而喻的。

2.7.2　变形抗力模型

综上所述，对于一定的金属，其变形抗力 σ_s 是变形温度、应变速率和变形程度的函数，即：

$$\sigma_{\mathrm{s}} = f(\varepsilon, \dot{\varepsilon}, T)$$

为工程计算方便，人们一直在寻找这种函数关系的简明而又可靠的表达式。由于热变形和冷变形时这些因素所起的作用程度不同，通过实验和数学归纳，分别得出下列可供使用参考的变形抗力模型。

2.7.2.1 热变形时变形抗力模型

$$\sigma_{\mathrm{s}} = A\varepsilon^a \dot{\varepsilon}^b \mathrm{e}^{-cT} \tag{2-62}$$

式中 A, a, b, c——取决于材质和变形条件的常数；

T——变形温度；

ε——变形程度；

$\dot{\varepsilon}$——应变速率。

表 2 - 3 列出了几种钢和合金按式 2 - 62 形式的具体变形抗力模型。

表 2 - 3   几种钢与合金热变形时的变形抗力模型

钢 种	温度 $T/\mathrm{℃}$	变形程度 $\varepsilon/\%$	应变速率 $\dot{\varepsilon}/\mathrm{s}^{-1}$	$\sigma_{\mathrm{s}} \times 9.81/\mathrm{MPa}$
45	1000 ~ 1200	5 ~ 40	0.1 ~ 100	$133\varepsilon^{0.252}\dot{\varepsilon}^{0.143}\mathrm{e}^{-0.0025T}$
12CrNi3A	900 ~ 1200	5 ~ 40	0.1 ~ 100	$230\varepsilon^{0.252}\dot{\varepsilon}^{0.143}\mathrm{e}^{-0.0029T}$
4Cr13	900 ~ 1200	5 ~ 40	0.1 ~ 100	$430\varepsilon^{0.28}\dot{\varepsilon}^{0.087}\mathrm{e}^{-0.0033T}$
Cr17Ni2	900 ~ 1200	5 ~ 40	0.1 ~ 100	$705\varepsilon^{0.28}\dot{\varepsilon}^{0.087}\mathrm{e}^{-0.0037T}$
Cr18Ni9Ti	900 ~ 1200	5 ~ 40	0.1 ~ 100	$325\varepsilon^{0.28}\dot{\varepsilon}^{0.087}\mathrm{e}^{-0.0028T}$
CrNi75TiAl	900 ~ 1200	5 ~ 25	0.1 ~ 100	$890\varepsilon^{0.35}\dot{\varepsilon}^{0.098}\mathrm{e}^{-0.0032T}$
CrNi75MoNbTiAl	900 ~ 1200	5 ~ 25	0.1 ~ 100	$1100\varepsilon^{0.35}\dot{\varepsilon}^{0.018}\mathrm{e}^{-0.0032T}$
Cr25Ni65W15	900 ~ 1200	5 ~ 25	0.1 ~ 100	$775\varepsilon^{0.35}\dot{\varepsilon}^{0.098}\mathrm{e}^{-0.0028T}$
CrNi70Al	900 ~ 1200	5 ~ 25	0.12 ~ 100	$1330\varepsilon^{0.35}\dot{\varepsilon}^{0.0098}\mathrm{e}^{-0.0033T}$

2.7.2.2 冷变形时变形抗力模型

$$\sigma_{\mathrm{s}} = A + B\varepsilon^n \tag{2-63}$$

式中 A——退火状态时变形金属的变形抗力；

n, B——与材质、变形条件有关的系数。

表 2 - 4 列出了若干金属和合金冷变形时的变形抗力模型。

表 2 - 4   几种金属与合金冷变形时的变形抗力模型（$\sigma_{0.2}$, $\sigma_{\mathrm{B}} \times 9.81/\mathrm{MPa}$）

金属与合金	$\sigma_{0.2}$ 与 ε 的关系	σ_{B} 与 ε 的关系
L1	$\sigma_{0.2} = 1.8 + 0.28\varepsilon^{0.74}$	$\sigma_{\mathrm{B}} = 4.1 + 0.05\varepsilon^{1.08}$
L2	$\sigma_{0.2} = 6 + 0.64\varepsilon^{0.62}$	$\sigma_{\mathrm{B}} = 9.5 + 0.1\varepsilon$
LF21	$\sigma_{0.2} = 5 + 0.6\varepsilon^{0.7}$	$\sigma_{\mathrm{B}} = 11 + 0.03\varepsilon^{1.34}$
LF3	$\sigma_{0.2} = 7.5 + 6.4\varepsilon^{0.3}$	$\sigma_{\mathrm{B}} = 22 + 0.66\varepsilon^{0.63}$
LY11	$\sigma_{0.2} = 8.8 + 3.5\varepsilon^{0.4}$	$\sigma_{\mathrm{B}} = 18.3 + 0.56\varepsilon^{0.73}$

金属与合金	$\sigma_{0.2}$ 与 ε 的关系	σ_B 与 ε 的关系
LY12		$\sigma_B = 45 + 4\varepsilon^{0.31}$
M1		$\sigma_B = 25 + 1.5\varepsilon^{0.58}$
M4	$\sigma_{0.2} = 7.5 + 5.6\varepsilon^{0.41}$	$\sigma_B = 23 + 0.8\varepsilon^{0.72}$
H96		$\sigma_B = 27.5 + 1.4\varepsilon^{0.68}$
H90	$\sigma_{0.2} = 23 + 2.9\varepsilon^{0.52}$	$\sigma_B = 31 + 1.3\varepsilon^{0.65}$
H80	$\sigma_{0.2} = 10 + 3\varepsilon^{0.7}$	$\sigma_B = 29 + 1.3\varepsilon^{0.83}$
H70	$\sigma_{0.2} = 12 + 2\varepsilon^{0.78}$	$\sigma_B = 32.5 + 0.57\varepsilon^{0.98}$
H68	$\sigma_{0.2} = 12 + 3.6\varepsilon^{0.62}$	$\sigma_B = 32.5 + 1.1\varepsilon^{0.8}$
H62	$\sigma_{0.2} = 15 + 3.1\varepsilon^{0.65}$	$\sigma_B = 36 + 0.6\varepsilon^{0.94}$
HPb59 - 1	$\sigma_{0.2} = 17.5 + 2.9\varepsilon^{0.6}$	$\sigma_B = 36 + 1.8\varepsilon^{0.69}$
HAl77 - 2		$\sigma_B = 34 + 0.64\varepsilon$
HPb60 - 1	$\sigma_{0.2} = 15 + 5.6\varepsilon^{0.61}$	$\sigma_B = 36 + \varepsilon^{0.36}$
QAl9 - 2		$\sigma_B = 49.5 + 0.62\varepsilon$
QBe2	$\sigma_{0.2} = 40 + 3.1\varepsilon^{0.75}$	$\sigma_B = 58 + 2.5\varepsilon^{0.73}$
08F	$\sigma_{0.2} = 23 + 3.4\varepsilon^{0.6}$	$\sigma_B = 32.5 + 1.48\varepsilon^{0.54}$
工业纯铁	$\sigma_{0.2} = 25 + 5\varepsilon^{0.56}$	$\sigma_B = 37 + 3.3\varepsilon^{0.61}$
20	$\sigma_{0.2} = 37.5 + 3.16\varepsilon^{0.64}$	$\sigma_B = 51 + 0.58\varepsilon^{0.98}$
45	$\sigma_{0.2} = 35 + 8.66\varepsilon^{0.48}$	$\sigma_B = 58.5 + 1.44\varepsilon^{0.83}$
T10	$\sigma_{0.2} = 45 + 2.5\varepsilon^{0.79}$	$\sigma_B = 62 + 1.8\varepsilon^{0.83}$
30CrMnSi	$\sigma_{0.2} = 47.5 + 8.6\varepsilon^{0.45}$	$\sigma_B = 64 + 3.4\varepsilon^{0.61}$
0Cr13	$\sigma_{0.2} = 32.5 + 7.2\varepsilon^{0.45}$	$\sigma_B = 50 + 1.7\varepsilon^{0.71}$
1Cr18Ni9	$\sigma_{0.2} = 25 + 1.9\varepsilon$	$\sigma_B = 63 + 0.13\varepsilon^{1.6}$

2.8　平面变形和轴对称变形问题的塑性成型力学方程

　　塑性力学问题共 9 个未知数，即 6 个应力分量和 3 个位移分量。与此对应，则有 3 个力平衡方程式和 6 个应力与应变的关系式。虽然在原则上是可以求解的，但在解析上要求出能满足这些方程式和给定边界条件的严密解是困难的。然而对平面变形问题和轴对称问题就比较容易处理，尤其是当把变形材料看成是刚 - 塑性体（或采用平均化了的 $\sigma_e - \varepsilon_e$ 曲线）时，问题就更容易处理。以后将会看到，如果应力边界条件给定，对平面变形问题，静力学可以求出应力分布，这就是所谓静定问题。对轴对称问题，如引入适当的假设，也可以静定化，这样便可在避免求应变的情况下来确定应力场，进而计算塑性加工所需的力和能。塑性成型问题许多是平面变形问题和轴对称问题，也有许多问题可以分区简化成平面变形问题来处理。

本节的目的是归纳总结一下平面变形问题和轴对称问题的变形力学方程，给以后各章解各种塑性成型实际问题做准备。

2.8.1　平面变形问题

这里的平面变形是指平行于 xoy 面产生塑性流动（图 2-28），因此也称平面塑性流动。平面变形时

$$\mathrm{d}\varepsilon_z = \mathrm{d}\varepsilon_{yz} = \mathrm{d}\varepsilon_{xz} = 0 \qquad (2-64)$$

由于体积不变

$$\mathrm{d}\varepsilon_x = -\mathrm{d}\varepsilon_y$$

平面变形时，应变增量与位移增量、应变速率与位移速度的关系如下：

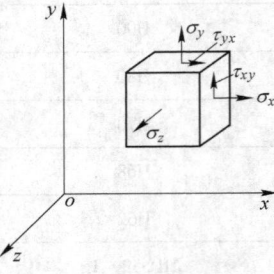

图 2-28　平面变形的
应力分量

$$\mathrm{d}\varepsilon_x = \frac{\partial \mathrm{d}u_x}{\partial x}; \mathrm{d}\varepsilon_y = \frac{\partial \mathrm{d}u_y}{\partial y}; \mathrm{d}\varepsilon_{xy} = \frac{1}{2}\left(\frac{\partial \mathrm{d}u_x}{\partial y} + \frac{\partial \mathrm{d}u_y}{\partial x}\right)$$

$$(2-65)$$

$$\dot{\varepsilon}_x = \frac{\partial v_x}{\partial x}; \dot{\varepsilon}_y = \frac{\partial v_y}{\partial y}; \dot{\varepsilon}_{xy} = \frac{1}{2}\left(\frac{\partial v_x}{\partial y} + \frac{\partial v_y}{\partial x}\right) \qquad (2-66)$$

平面变形时的应力特点为：

$$\tau_{yz} = \tau_{xz} = 0 \qquad (2-67)$$

$$\sigma_z' = \sigma_z - \sigma_\mathrm{m} = \sigma_z - \frac{1}{3}(\sigma_x + \sigma_y + \sigma_z) = 0$$

或

$$\sigma_z = \frac{1}{2}(\sigma_x + \sigma_y) \qquad (2-68)$$

而

$$\sigma_\mathrm{m} = -p = \frac{1}{3}(\sigma_x + \sigma_y + \sigma_z)$$

把式 2-68 代入此式，得

$$\sigma_\mathrm{m} = -p = \frac{1}{3}\left(\sigma_x + \sigma_y + \frac{\sigma_x}{2} + \frac{\sigma_y}{2}\right) = \frac{1}{2}(\sigma_x + \sigma_y)$$

同理，如取坐标为主轴，则

$$\sigma_2 = \frac{1}{2}(\sigma_1 + \sigma_3)$$

$$\sigma_\mathrm{m} = -p = \frac{1}{2}(\sigma_1 + \sigma_3)$$

所以，平面变形时

$$\sigma_z = \sigma_2 = \sigma_\mathrm{m} = -p = \frac{1}{2}(\sigma_x + \sigma_y) = \frac{1}{2}(\sigma_1 + \sigma_3)$$

可见，平面变形时，与塑性流动平面垂直的应力 σ_z 就是中间主应力 σ_2，并等于流动平面内正应力的平均值，也等于应力球分量 σ_m 或 $-p$。

应指出，中间主应力与 xoy 面垂直，所以 σ_z 或 σ_2 对于沿 xoy 面上任意方向的力平衡均不起作用。因此，在确定过变形体内任意点与 xoy 面垂直的任意斜面上的应力时，可以

不考虑 σ_z 或 σ_2。

平面变形时的流动法则为

$$\frac{\mathrm{d}\varepsilon_x}{\sigma_x'} = \frac{\mathrm{d}\varepsilon_y}{\sigma_y'} = \frac{\mathrm{d}\varepsilon_{xy}}{\tau_{xy}} = \mathrm{d}\lambda \qquad (2-69)$$

把式 2-67、式 2-68 代入式 2-37，则

$$\left. \begin{aligned} \mathrm{d}\varepsilon_x &= \frac{1}{2}\mathrm{d}\lambda(\sigma_x - \sigma_y) \\ \mathrm{d}\varepsilon_y &= \frac{1}{2}\mathrm{d}\lambda(\sigma_y - \sigma_x) \\ \mathrm{d}\varepsilon_{xy} &= \mathrm{d}\lambda\tau_{xy} \end{aligned} \right\} \qquad (2-70)$$

或写成应变速率分量与应力分量的关系

$$\left. \begin{aligned} \dot{\varepsilon}_x &= \frac{1}{2}\mathrm{d}\lambda'(\sigma_x - \sigma_y) \\ \dot{\varepsilon}_y &= \frac{1}{2}\mathrm{d}\lambda'(\sigma_y - \sigma_x) \\ \dot{\varepsilon}_{xy} &= \mathrm{d}\lambda'\tau_{xy} \end{aligned} \right\} \qquad (2-71)$$

由式 2-70 和式 2-71 可知，$\mathrm{d}\varepsilon_x = -\mathrm{d}\varepsilon_y$ 或 $\dot{\varepsilon}_x = -\dot{\varepsilon}_y$，这是符合体积不变条件的。把式 2-67 代入力平衡微分方程式 2-4，则

$$\left. \begin{aligned} \frac{\partial\sigma_x}{\partial x} + \frac{\partial\tau_{yx}}{\partial y} &= 0 \\ \frac{\partial\sigma_y}{\partial y} + \frac{\partial\tau_{xy}}{\partial x} &= 0 \\ \frac{\partial\sigma_z}{\partial z} &= 0 \end{aligned} \right\} \qquad (2-72)$$

其中第三式表示 σ_z 沿 z 方向不发生变化，即与 z 轴无关。由于 σ_z 可以从式 2-68 直接求出，所以第三式可以省略。

把式 2-67 和式 2-68 代入式 2-20，则密赛斯塑性条件可写成

$$(\sigma_x - \sigma_y)^2 + 4\tau_{xy}^2 = 4k^2 = \left(\frac{2}{\sqrt{3}}\sigma_s\right)^2 = (1.155\sigma_s)^2 = K^2 \qquad (2-73)$$

式中 k——屈服剪应力；

K——平面变形抗力。

如所取坐标轴为主轴，则

$$(\sigma_1 - \sigma_3)^2 = 4k^2 = (1.155\sigma_s)^2 = K^2$$

或

$$\sigma_1 - \sigma_3 = 2k = 1.155\sigma_s = K \qquad (2-74)$$

按屈雷斯卡塑性条件，则

$$\sigma_1 - \sigma_3 = 2k = \sigma_s \qquad (2-75)$$

平面变形时，从 $\sigma_1 - \sigma_3 = 2k$ 的形式上看，两个塑性条件是一致的。即最大剪应力

$$\frac{\sigma_1 - \sigma_3}{2} = k$$

但应注意 k 的数值不同，按密赛斯塑性条件 $k = (1/\sqrt{3})\sigma_s = 0.577\sigma_s$，而按屈雷斯卡塑性条件 $k = 0.5\sigma_s$。

由式 2 – 65 和式 2 – 66 可见，平面变形时应力未知数仅有 3 个，即 σ_x、σ_y、τ_{xy}。按式 2 – 72 和式 2 – 73，可列出 3 个方程式。对于 σ_s 或 k 一定的刚 – 塑性材料，如果给出应力边界条件是可以解出应力未知数的，也就是此问题是静定问题。

轧制板、带材，平面变形挤压和拉拔等都属于平面变形问题。

2.8.2 轴对称问题

所谓轴对称问题，就是其应力和应变的分布以 z 轴为对称。例如压缩、挤压和拉拔圆柱体等。这时最好采用圆柱坐标系。

由于应变的轴对称性，在 θ 方向无位移（假定绕 z 轴无转动），即 $u_\theta = 0$；$z - r$ 面（也称子午面）变形时不发生弯曲，即 $\mathrm{d}\varepsilon_{\theta z} = \mathrm{d}\varepsilon_{\theta r} = 0$（但应注意 $\mathrm{d}\varepsilon_\theta \neq 0$），按式 1 – 75，轴对称变形时的微小应变或应变增量为

$$\mathrm{d}\varepsilon_r = \frac{\partial(\mathrm{d}u_r)}{\partial r}$$

$$\mathrm{d}\varepsilon_z = \frac{\partial(\mathrm{d}u_z)}{\partial z}$$

$$\mathrm{d}\varepsilon_\theta = \frac{\mathrm{d}u_r}{r}$$

$$\mathrm{d}\varepsilon_{zr} = \frac{1}{2}\left[\frac{\partial(\mathrm{d}u_r)}{\partial z} + \frac{\partial(\mathrm{d}u_z)}{\partial r}\right] \qquad (2-76)$$

轴对称的应力分量，如图 2 – 29 所示。由于 $\mathrm{d}\varepsilon_{\theta z} = \mathrm{d}\varepsilon_{\theta r} = 0$，所以

$$\tau_{\theta z} = \tau_{\theta r} = 0 \qquad (2-77)$$

注意到 $\mathrm{d}\varepsilon_{\theta z} = \mathrm{d}\varepsilon_{\theta r} = 0$，并把流动法则中的 x、y、z 换成圆柱坐标的 r、θ、z，则

$$\frac{\mathrm{d}\varepsilon_r}{\sigma_r'} = \frac{\mathrm{d}\varepsilon_\theta}{\sigma_\theta'} = \frac{\mathrm{d}\varepsilon_z}{\sigma_z'} = \frac{\mathrm{d}\varepsilon_{zr}}{\tau_{zr}} = \mathrm{d}\lambda$$

且

$$\mathrm{d}\varepsilon_r + \mathrm{d}\varepsilon_\theta + \mathrm{d}\varepsilon_z = 0$$

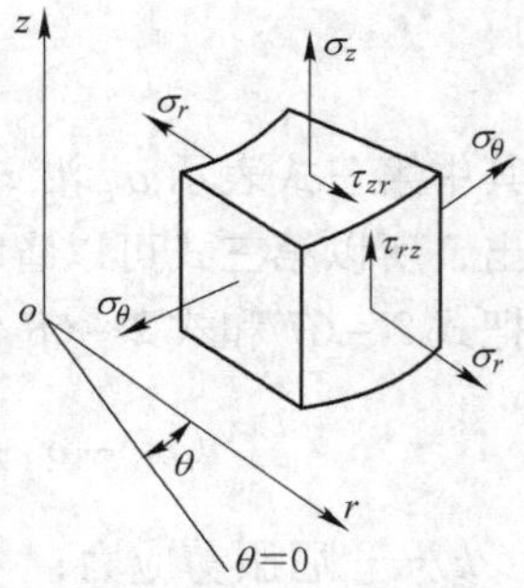

图 2 – 29 轴对称问题的应力分量

符合体积不变条件。

圆柱坐标系的力平衡微分方程式，轴对称变形时可写成

$$\left.\begin{aligned}
&\frac{\partial\sigma_r}{\partial r} + \frac{\partial\tau_{zr}}{\partial z} + \frac{\sigma_r - \sigma_\theta}{r} = 0 \\
&\frac{\partial\tau_{rz}}{\partial r} + \frac{\partial\sigma_z}{\partial z} + \frac{\tau_{rz}}{r} = 0 \\
&\frac{\partial\sigma_\theta}{\partial\theta} = 0
\end{aligned}\right\} \qquad (2-78)$$

把密赛斯塑性条件中的 x、y、z 换成 r、θ、z，并注意到式 2 – 77，则式 2 – 20 可写成

$$(\sigma_r - \sigma_\theta)^2 + (\sigma_\theta - \sigma_z)^2 + (\sigma_z - \sigma_r)^2 + 6\tau_{zr}^2 = 6k^2 = 2\sigma_s^2 \qquad (2-79)$$

由上可见，式 2-78 的力平衡微分方程式的前两式和式 2-79 的塑性条件，是轴对称问题的基本方程式。共有 4 个应力分量 σ_r、σ_θ、σ_z、τ_{zr}，可是仅含有应力分量间关系的式子只有 3 个，所以即使是采用 σ_s 或 k 为定值的刚 - 塑性材料，除非引入其他假设条件，通常不是静定问题。

在此必须指出，要注意轴对称问题与轴对称应力状态的区别。前者是指变形体内的应力、应变的分布对称于 z 轴；后者是指点应力状态中的 $\sigma_2 = \sigma_3$ 或 $\sigma_1 = \sigma_2$。

为简化工程计算，有时在解圆柱体镦粗、挤压、拉拔（属于轴对称问题）问题时，假设 $\sigma_r = \sigma_\theta$，从而使应力分量的未知数由 4 个减少为 3 个，而式 2-79 进一步简化为

$$(\sigma_z - \sigma_r)^2 + 3\tau_{zr}^2 = \sigma_s^2 \qquad (2-80)$$

使其变为静定问题。

思 考 题

2-1　为什么施加张力时的轧制力比不施加张力时的轧制力小？

2-2　什么样的应力条件才能构成平面变形的变形状态？

2-3　叙述下列术语的定义或含义：
　　　屈服准则，屈服表面，屈服轨迹

2-4　常用的屈服准则有哪两个？如何表述？分别写出其数学表达式。

2-5　密赛斯屈服准则的物理解释和几何解释，简要说明一下。

2-6　塑性变形时应力应变关系有何特点？为什么说塑性变形时应力和应变之间的关系与加载历史有关？

2-7　试解释何为平面变形状态？何为轴对称变形状态？其分别对应什么应力状态？

2-8　试画出无接触摩擦和有接触摩擦两种条件下矩形件压缩时（图 2-30）的质点流动方向（在水平面上的投影）图，并简述其理由。

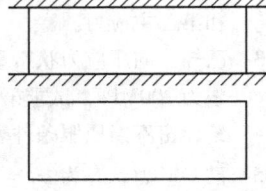

2-9　写出平面应变状态下，非主轴坐标下的密赛斯屈服条件表达式。

2-10　写出平面变形时列维 - 密赛斯流动法则的表达式。

2-11　写出直角坐标系下几何方程的增量形式。

图 2-30　矩形件压缩

习 题

2-1　证明直角坐标系下力平衡微分方程：$\dfrac{\partial \sigma_x}{\partial x} + \dfrac{\partial \tau_{yx}}{\partial y} + \dfrac{\partial \tau_{zx}}{\partial z} = 0$

2-2　某受力物体内应力场为：$\sigma_x = -6xy^2 + c_1 x^3$，$\sigma_y = -\dfrac{3}{2} c_2 xy^2$，$\tau_{xy} = -c_2 y^3 - c_3 x^2 y$，$\sigma_z = \tau_{yz} = \tau_{zx} = 0$，试求系数 c_1、c_2、c_3（提示：应力应满足力平衡微分方程）。

2-3　如图 2-31 所示，一矩形件在刚性槽内压缩，如果忽略锤头、槽底、侧壁与工件间的摩擦，试求工件尺寸为 $h \times b \times l$（垂直纸面方向为 l 方向）时的压力 P 和侧壁压力 N 的关系式。

2-4　某理想塑性材料在平面应力状态下的各应力分量为 $\sigma_x = 75\text{MPa}$，$\sigma_y = 15\text{MPa}$，$\sigma_z = 0$，$\tau_{xy} = 15\text{MPa}$，若该应力状态足以产生屈服，试问该材料的屈服应力是多少？

2-5　试判断下列应力状态使材料处于弹性状态还是处于塑性状态

$$\sigma = \begin{bmatrix} -4\sigma_s & 0 & 0 \\ 0 & -5\sigma_s & 0 \\ 0 & 0 & -5\sigma_s \end{bmatrix}; \sigma = \begin{bmatrix} -0.2\sigma_s & 0 & 0 \\ 0 & -0.8\sigma_s & 0 \\ 0 & 0 & -0.8\sigma_s \end{bmatrix}; \sigma = \begin{bmatrix} -0.5\sigma_s & 0 & 0 \\ 0 & -\sigma_s & 0 \\ 0 & 0 & -1.5\sigma_s \end{bmatrix}$$

2－6　如图 2－32 所示的薄壁圆管受拉力 P 和扭矩 M 的作用而屈服, 试写出此情况下的密赛斯屈服准则和屈雷斯卡屈服准则的表达式。

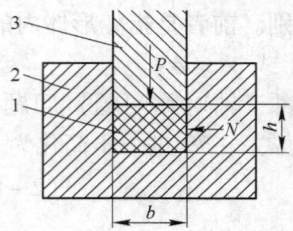

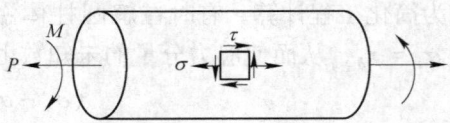

图 2－31　刚性槽内压缩矩形件　　　　　　　　　图 2－32　薄壁圆管受拉力 P 和
　　　　　1—工件; 2—刚性槽; 3—锤头　　　　　　　　　　扭矩 M 的作用示意图

2－7　已知下列三种应力状态的三个主应力为:(1)$\sigma_1 = 2\sigma$, $\sigma_2 = \sigma$, $\sigma_3 = 0$;(2)$\sigma_1 = 0$, $\sigma_2 = -\sigma$, $\sigma_3 = -\sigma$;(3)$\sigma_1 = \sigma$, $\sigma_2 = \sigma$, $\sigma_3 = 0$。分别求其塑性应变增量 $d\varepsilon_1^p$、$d\varepsilon_2^p$、$d\varepsilon_3^p$ 与等效应变增量 $d\bar{\varepsilon}^p$ 的关系表达式。

2－8　试写出屈雷斯卡塑性条件和密赛斯塑性条件的内容, 并说明各自的适用范围。

2－9　推导薄壁管扭转时等效应力和等效应变的表达式。

2－10　写出平面应变状态下应变与位移关系的几何方程。

2－11　写出主应力表示的塑性条件表达式。

2－12　已知两向压应力的平面应力状态下产生了平面变形, 如果材料的屈服极限为 200MPa, 试求第二和第三主应力。

2－13　已知三向压应力状态下产生了轴对称的变形状态, 且第一主应力为 -50MPa, 如果材料的屈服极限为 200MPa, 试求第二和第三主应力。

2－14　给出密赛斯屈服条件表达式的简化形式, 指出 β 参数的变化范围和 k 与屈服应力的关系。

2－15　已知应力状态为 $\sigma_1 = -50$MPa, $\sigma_2 = -80$MPa, $\sigma_3 = -120$MPa, $\sigma_s = 10\sqrt{79}$MPa 判断产生何变形, 绘出变形状态图, 并写出密赛斯屈服准则简化形式。

3 工 程 法

+·+

【本章概要】工程法是最早被广泛应用于工程上的计算变形力的一种方法。也称初等解析法、平均应力法、平截面法、主应力法等。其特点是有比较简单的直接计算变形力的公式，如果参数处理得当，则计算误差与实际之间的误差在工程允许的范围之内。本章从工程法简介入手，结合求解锻压、轧制、拉拔、挤压等变形力问题深入讲述工程法。

【关键词】变形力求解；平面变形；轴对称变形；轧制；挤压；拉拔

+·+

3.1 工程法简化条件

用理论法推导成型力算式，常常遇到数学上的困难，或者所得公式复杂。工程实践中，需要既简单又有足够精度的变形力算式，工程法或初等解析法，即适应这种需要而产生。

为使力平衡微分方程与塑性准则的联解得以简化，工程法主要采用以下基本假设。

3.1.1 屈服准则的简化

假设工具与坯料的接触表面为主平面，或者为最大剪应力平面，如图 3 - 1 所示，则摩擦剪应力 τ_f 或者视为零，或者取为最大值 k。这样一来，屈服准则中的剪应力分量消失并简化为

$$\sigma_x - \sigma_y = 2k$$

或

$$\sigma_x - \sigma_y = 0$$

即

$$d\sigma_x - d\sigma_y = 0 \qquad (3-1)$$

同理，圆柱体镦粗时屈服准则简化为

$$d\sigma_r - d\sigma_z = 0 \qquad (3-2)$$

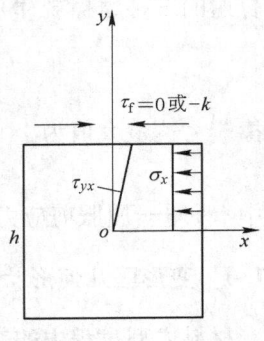

图 3 - 1 矩形件压缩

3.1.2 力平衡微分方程的简化

力平衡微分方程简化，将变形过程近似地视为平面问题或轴对称问题，并假设法向应力与一个坐标轴无关，因此微分平衡方程不仅因式减少，而且可将偏微分改为常微分。

以平面变形条件下的矩形件压缩为例。图 3 - 1 中，z 轴为不变形方向，适用于求该过程变形力的力平衡微分方程

$$\frac{\partial \sigma_x}{\partial x} + \frac{\partial \tau_{yx}}{\partial y} + \frac{\partial \tau_{zx}}{\partial z} = 0$$

由于 z 轴方向不变形，所以 $\tau_{zx} = 0$，故

$$\frac{\partial \tau_{zx}}{\partial z} = 0$$

如果假设剪应力τ_{yx}在y轴方向上呈线性分布，即

$$\tau_{yx} = \frac{2\tau_f}{h} y$$

则

$$\frac{\partial \tau_{yx}}{\partial y} = \frac{2\tau_f}{h}$$

并且设σ_x与y轴无关（即在坯料厚度上，σ_x是均匀分布的），则

$$\frac{\partial \sigma_x}{\partial x} = \frac{\mathrm{d}\sigma_x}{\mathrm{d}x}$$

这样，力平衡微分方程最后简化为

$$\frac{\mathrm{d}\sigma_x}{\mathrm{d}x} + \frac{2\tau_f}{h} = 0 \qquad\qquad (3-3)$$

同理，圆柱体镦粗时r方向力平衡微分方程，在$\sigma_r = \sigma_\theta$的前提下，简化为

$$\frac{\mathrm{d}\sigma_r}{\mathrm{d}r} + \frac{2\tau_f}{h} = 0 \qquad\qquad (3-4)$$

3.1.3　接触表面摩擦规律的简化

接触表面的摩擦是一个复杂的物理过程，接触表面的法向压应力与摩擦应力间的关系也很复杂，还没有确切地描述这种复杂关系的表达式。目前多采用简化的近似关系。运用最普遍的三种摩擦规律是，摩擦应力与法向压应力成正比。

$$\tau_f = f\sigma_z$$

$$\tau_f = mk \qquad （m 称为摩擦因子，取值 0 \sim 1）$$

摩擦应力达最大值为

$$\tau_f = k$$

式中　k——屈服剪应力。

3.1.4　变形区几何形状的简化

材料成型过程中的变形区，一般由工具与变形材料的接触表面和变形材料的自由表面或弹塑性分界面所围成。塑性变形区的几何形状一般是比较复杂的。为使计算公式简化，在推导变形力计算公式时，常根据所取定的坐标系以及变形特点，把变形区的几何形状作简化处理。如平锤下镦粗时，侧表面始终保持与接触表面垂直关系；平辊轧制时，以弦代弧（轧辊与坯料的接触弧）或以平锤下的压缩矩形件代替轧制过程；平模挤压时，变形区与死区的分界面以圆锥面代替实际分界面等（图3-2）。

3.1.5　其他简化

除上述外，还将变形材料看作匀质，各向同性，变形均匀，剪应力在坯料厚度或半径方向线性分布以及某些数学近似处理等。

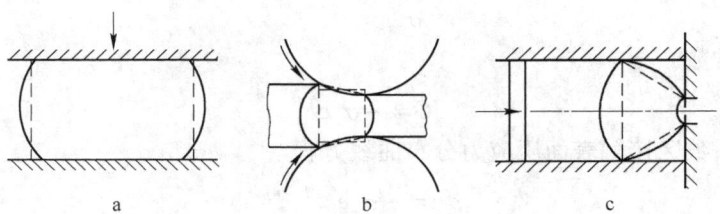

图 3 – 2 变形区几何形状的简化

a—镦粗；b—轧制；c—挤压

实线—实际变形区形状；虚线—简化后变形区形状

3.2 轴对称变形——镦粗

3.2.1 接触表面压应力曲线分布方程

3.2.1.1 光滑接触表面压应力曲线分布方程

如图 3 – 3 所示，将 $\tau_f = 0$ 代入力平衡微分方程式 3 – 4 得

$$\frac{\mathrm{d}\sigma_r}{\mathrm{d}r} = 0$$

再将屈服准则式 3 – 2 代入，得

$$\frac{\mathrm{d}\sigma_z}{\mathrm{d}r} = 0$$

积分上式，则

$$\sigma_z = C$$

由边界条件确定积分常数 C，在边界点 a 处，即 $r = R$ 时，$\sigma_{ra} = 0$，$\tau_{rza} = 0$；由剪应力互等，$\tau_{zra} = 0$。则由式 2 – 80，边界点 a 处

$$\sigma_{za} = -\sigma_s$$

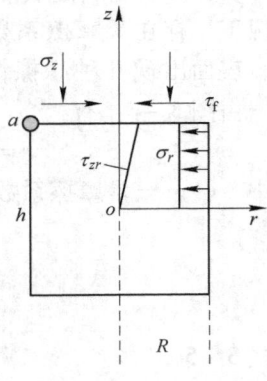

图 3 – 3 圆柱体镦粗

从而确定积分常数，则得到光滑接触表面压应力分布曲线方程

$$\sigma_z = -\sigma_s$$

3.2.1.2 常摩擦系数区接触表面压应力曲线分布方程

如图 3 – 3 所示，将 $\tau_f = f\sigma_z$ 代入力平衡微分方程式 3 – 4 得

$$\frac{\mathrm{d}\sigma_r}{\mathrm{d}r} + \frac{2f\sigma_z}{h} = 0$$

再将屈服准则式 3 – 2 代入，得

$$\frac{\mathrm{d}\sigma_z}{\mathrm{d}r} + \frac{2f\sigma_z}{h} = 0$$

积分上式，则

$$\sigma_z = Ce^{-\frac{2f}{h}r}$$

式中 h ——坯料厚度。

由边界条件确定积分常数 C，同 3.2.1.1 节。

$$\sigma_{za} = -\sigma_s$$

从而确定积分常数

$$C = -\sigma_s e^{\frac{2f}{h}R}$$

则得到常摩擦系数区接触表面压应力分布曲线方程

$$\sigma_z = -\sigma_s e^{\frac{2f}{h}(R-r)} \tag{3-5}$$

3.2.1.3 常摩擦应力区接触表面压应力曲线分布方程

将 $\tau_f = -k$ 及屈服准则式 3-2 代入微分平衡方程式 3-4 得

$$\frac{\mathrm{d}\sigma_z}{\mathrm{d}r} - \frac{2k}{h} = 0$$

同常摩擦系数区一样，积分上式并利用边界条件 $r = R$，$\sigma_{za} = -\sigma_s$
则

$$\sigma_z = -\sigma_s - \frac{2\sigma_s}{\sqrt{3}h}(R-r) \tag{3-6}$$

3.2.1.4 接触表面摩擦分区情况

实际变形材料的表面摩擦非常复杂，如图 3-4 所示，一般
情况下，存在常摩擦系数区、常摩擦应力区与摩擦应力递减
区，表面出现几种摩擦情况与变形材料的几何尺寸与摩擦有
关，由图 3-4，有

$$r = r_b \qquad f\sigma_{zb} = -k$$

式中　r_b ——常摩擦系数区与常摩擦应力区分界点。
则

$$\sigma_{zb} = -\frac{\sigma_s}{\sqrt{3}f} \tag{3-7}$$

由式 3-5

$$\sigma_{zb} = -\sigma_s e^{\frac{2f}{h}(R-r_b)} \tag{3-8}$$

由式 3-7 与式 3-8，得

$$\frac{r_b}{h} = \frac{d}{2h} - \eta(f) \tag{3-9}$$

其中

$$\eta(f) = -\frac{1}{2f}\ln f\sqrt{3}$$

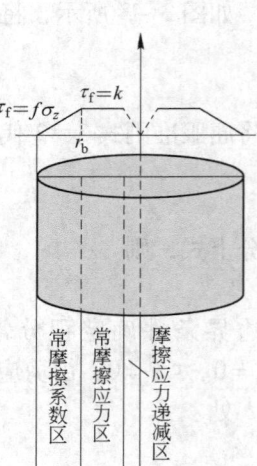

图 3-4　接触表面分区情况

函数 $\eta(f)$ 值列于表 3-1 中。

表 3-1　函数 $\eta(f)$ 值

f	0.05	0.10	0.15	0.20	0.25	0.30	0.35	0.40	0.45	0.50	0.58
$\eta(f)$	24.42	8.78	4.48	2.66	1.67	1.09	0.71	0.46	0.28	0.14	0.00

式 3-9 亦可写成

$$\frac{R-r_b}{h} = \eta(f)$$

考虑摩擦应力递减区的存在，接触表面分区情况有所不同。由于摩擦应力递减区 $r = h$，所以接触表面摩擦应力分区情况出现以下几种情况：

（1）当 $f < 0.58$，$r_b/h > 1$ 时，接触表面除有摩擦应力递减区和常摩擦系数区外，还有常摩擦应力区。将 $r_b/h > 1$ 代入式 3－9，可以将接触表面三区共存的条件写为：$f < 0.58$，$d/h > 2[\eta(f) + 1]$。

如果 $f \geqslant 0.58$，$d/h > 2[\eta(f) + 1]$，则常摩擦系数区消失，只剩下常摩擦应力区及摩擦应力递减两区。

（2）$f < 0.58$，$r_b/h \leqslant 1$ 时，接触表面常摩擦应力区消失，常摩擦系数区与摩擦应力递减区相连接，同理，这种情况出现的条件可写为：$f < 0.58$，$2[\eta(f) + 1] \geqslant d/h \geqslant 2$。

如果 $f \geqslant 0.58$，$d/h > 2$，则为常摩擦应力区与摩擦应力递减区共存。

（3）当 $d/h \leqslant 2$，f 为任何值，接触表面只有摩擦应力递减区。

3.2.1.5 摩擦应力递减区接触表面压应力曲线分布方程

摩擦应力递减区的存在已被实验所证实。但是考虑到关于这个区范围的确切资料还不充分，同时由于这个区的应力分布对整个变形力影响不大，所以我们可以近似地用常摩擦系数区（或常摩擦应力区）的 σ_z 分布曲线的延长线来代替。作这样处理还因为该区域的物理本质有待进一步研究。

3.2.1.6 混合分布区接触表面压应力曲线分布方程

由图 3－5，当接触表面是混合分布的一般情况时，在常摩擦系数区

$$\sigma_{zh} = -\sigma_s e^{\frac{2f}{h}(R-r)} \quad r \geqslant r_b \qquad (3-10)$$

在常摩擦应力区与摩擦应力递减区

$$\sigma_{zn} = -\sigma_s - \frac{2\sigma_s}{\sqrt{3}h}(R - r) \quad r \leqslant r_b$$

此时，其端点值 $-\sigma_s$ 与存在区域 R 需要修正

由式 3－7 得

$$\sigma_{zb} = -\frac{\sigma_s}{\sqrt{3}f}$$

且此时，

$$R = r_b$$

则得

$$\sigma_{zn} = -\frac{\sigma_s}{\sqrt{3}f} - \frac{2\sigma_s}{\sqrt{3}h}(r_b - r) \quad r \leqslant r_b \qquad (3-11)$$

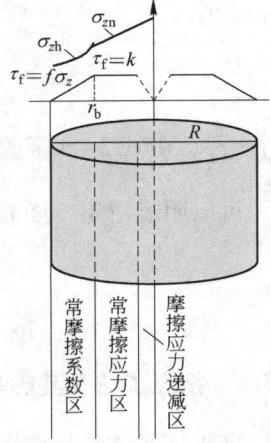

图 3－5 混合分布接触表面
压应力分布曲线方程

3.2.2 平均单位压力计算公式

镦粗力
$$P = \int_0^{\frac{d}{2}} \sigma_z \times 2\pi r dr$$

平均单位压力

$$\bar{p} = \frac{1}{\frac{\pi}{4}d^2}\int_0^{\frac{d}{2}} \sigma_z \times 2\pi r dr \tag{3-12}$$

式中 σ_z 根据不同情况，将式 3−5、式 3−6、式 3−10 与式 3−11 代入，即可求得不同摩擦条件下的平均单位压力计算公式。

由式 3−5

$$p = \int_R^0 \left(-\sigma_s e^{\frac{2f}{h}(R-r)}\right)2\pi r dr = \pi R^2 \sigma_s \left(1 + \frac{f}{3}\frac{d}{h}\right)$$

$$\bar{p} = \frac{p}{\pi R^2} = \sigma_s \left(1 + \frac{f}{3}\frac{d}{h}\right)$$

则

$$n_\sigma = \frac{\bar{p}}{\sigma_s} = 1 + \frac{f}{3}\frac{d}{h} \tag{3-12a}$$

式中 n_σ ——应力状态影响系数。

由式 3−6

$$p = \int_R^0 \left(-\sigma_s - \frac{2\sigma_s}{\sqrt{3}h}(R-r)\right)2\pi r dr = \pi R^2 \sigma_s \left(1 + \frac{\sqrt{3}}{9}\frac{d}{h}\right)$$

$$n_\sigma = \frac{\bar{p}}{\sigma_s} = 1 + \frac{\sqrt{3}}{9}\frac{d}{h} \tag{3-12b}$$

取 $f = \frac{1}{\sqrt{3}}$，由式 3−12a 直接写出式 3−12b。

可以明显看出，随着变形的进行和变形体表面粗糙度的增加，变形力增加。

3.3 轴对称变形——挤压

3.3.1 挤压工艺及其影响因素

挤压杆通过垫片作用在被挤压坯料上的力为挤压力（图 3−6）。实践表明挤压力随压杆的行程而变化。在挤压的第一阶段——填充阶段，坯料受到垫片和模壁的镦粗作用，其长度缩短，直径增加，直至充满整个挤压筒。在此阶段内，坯料变形所需的力和镦粗圆柱体一样，随挤压杆的向前移动，P 不断增加。

第二阶段为稳定挤压阶段。在此阶段内，正向挤压时，挤压力随挤压杆的推进不断下降；而反向挤压时则几乎保持不变。其原因在于挤压力由 3 部分组成：挤压模定径区（工作带）的摩擦力；变形区的阻力；挤压筒壁对坯料的摩擦力。正向挤压时，随挤压杆不断向前移动，未变形的坯料长度不断缩短，挤压筒壁与坯料间的摩擦面积不断减少，因此挤压力不断下降。而反向挤压时，由于坯料的未变形部分与挤压筒壁没有相对运动，所以它们之间没有摩擦力作用。这就使反向挤压的稳定挤压阶段的挤压力比正向挤压时小得多，而且基本保持不变。

在上述两个阶段中间，有一个过渡阶段。这个阶段的特点是，填充还没有完成，但是

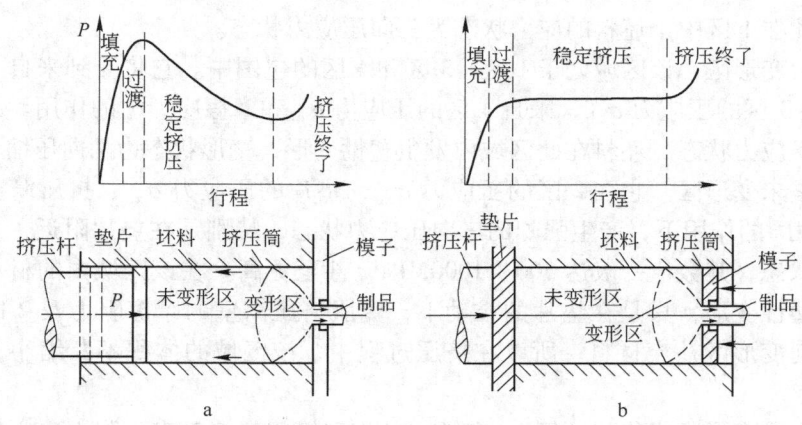

图 3-6 挤压力与行程关系
a—正向挤压；b—反向挤压

坯料已从模口向外流出，俗称"萝卜头"，所以挤压力还在继续上升，直到坯料完全充满挤压筒，进入稳定挤压阶段为止。

第三阶段为挤压终了阶段，这时挤压残料已经很薄，在这种情况下，坯料依靠垫片与模壁间的强大压力而产生横向流动，到达模口处再转而流出模口。和镦粗相仿，随着挤压残料的缩短，d/h 值增加，使垫片与模壁的摩擦力的影响（径向流动阻力）增强，所以挤压力出现回升。此阶段在正常生产中一般很少出现，因为这部分金属挤出的制品，大部分将产生粗晶环、缩尾等缺陷，而且浪费挤压机的台时，增加成品检验的工作量。

我们所要计算的挤压力，当然是指图 3-6 中挤压力曲线上的最大值。它是确定挤压机吨位和校核挤压机部件强度的依据。

影响挤压力的因素包括以下几方面：

首先是被挤压坯料的变形抗力 σ_s，和其他变形方式一样，它将决定于坯料的牌号、变形温度、变形速度和变形程度。其次是坯料和工具（挤压模及挤压筒等）的几何因素，如坯料的直径（挤压筒的直径）和长度，变形区的形状及变形程度（挤压时一般用挤压系数 λ 表示），模角及工作带长度，制品形状和尺寸等。最后是外摩擦，如挤压筒、压模的表面状态及润滑条件等。

下面将分别叙述各种条件下的挤压力计算。

3.3.2 棒材单孔挤压时的挤压力公式

在推导挤压力公式以前，先对坯料在挤压过程中不同部分的应力、应变特点作一初步分析。根据挤压时坯料的受力情况，可以将其分成 4 个区域（图 3-7）。

第一区为定径区，坯料在该区域内不再发生塑性变形，除受到挤压模工作带表面给予的压力和摩擦力作用外，在与 2 区的分界面上还将受到来自 2 区的压应力 σ_{xa}

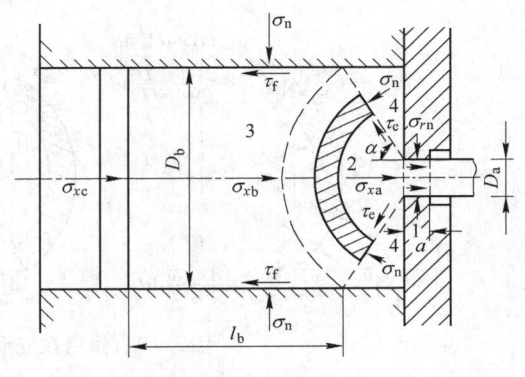

图 3-7 棒材单孔挤压

的作用。因此在 1 区中，坯料的应力状态为三向压应力状态。

第二区为变形区，该区域处于 1 区、3 区和 4 区的包围中。它将受到来自 1 区的压应力 σ_{xa}、来自 3 区的压应力 σ_{xb}，来自 4 区的压应力 σ_n 和摩擦应力 τ_e 的作用。因此其应力状态为三向压应力状态。坯料在此区域内发生塑性变形，变形状态为两向压缩一向延伸。

第三区是未变形区。它在 2 区的压应力 σ_{xb}，垫片的压应力 σ_{xc}、挤压筒壁的压应力 σ_n 和摩擦应力 τ_f 的作用下，产生强烈的三向压应力状态，特别是在垫片附近，几乎是三向等值压应力状态，其数值一般达 500 ~ 1000MPa，甚至更高。在该区域内的材料可近似地认为不发生塑性变形，只是在垫片的推动下，克服挤压筒壁的摩擦阻力及 2 区给予的阻力，不断地向变形区补充材料，所以在挤压过程中，该区域的体积不断缩小，直至全部消失。

第四区为难变形区或称"死区"，其应力状态和镦粗时接触表面附近中心部分的难变形区相似，也近乎三向等值压应力状态，坯料处于弹性变形状态。在挤压过程中，特别是后期，难变形区不断缩小范围，转入变形区。在锥模挤压时，如果模角及润滑条件合适，也可以出现无死区的情况。

下面从 1 区开始逐步推导挤压应力 σ_{xc} 的计算公式。

在定径区，坯料承受的模子工作带的压应力 σ_{rn}，是由于坯料在变形区内产生的弹性变形企图在定径区内恢复而产生的。由于 σ_{rn} 的存在，坯料又与模子工作带有相对运动，便产生了摩擦应力 τ_f（图 3 – 8）。

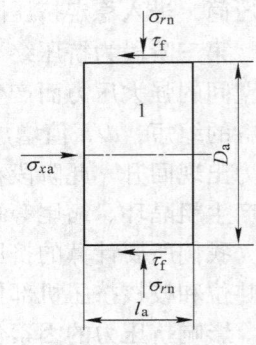

图 3 – 8　定径区受力情况

σ_{rn} 的数值略低于 σ_s，考虑到热挤压时的摩擦系数较大，所以摩擦应力

$$\tau_f = 0.5\sigma_s$$

根据静力平衡

$$\sigma_{xa}\frac{\pi}{4}D_a^2 = \tau_f\pi D_a l_a$$

将 τ_f 值代入上式，得

$$\sigma_{xa} = 2\sigma_s\frac{l_a}{D_a} \tag{3 – 13}$$

在变形区中的单元体上，所受的应力如图 3–9 所示。

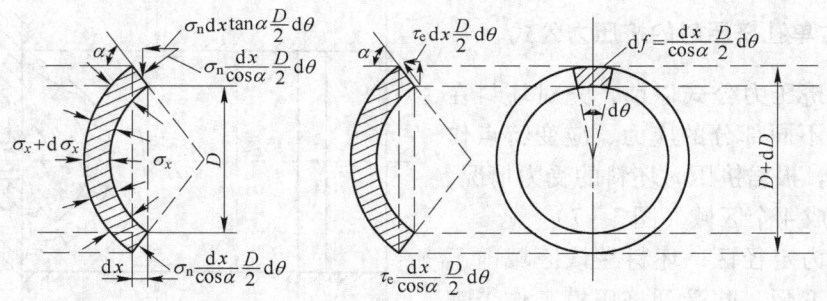

图 3 – 9　作用在变形区单元体上的应力

变形区与"死区"的分界面（即单元体的锥面），是在坯料内部由于塑性流动的不同

而被切开的，所以作用在该分界面上的剪应力，可以认为达到了极限值，即

$$\tau_e = \frac{1}{\sqrt{3}} \sigma_s = k$$

作用在单元体锥面的面积单元 df 上的切向力为

$$dT = \tau_e \frac{dx}{\cos\alpha} \frac{D}{2} d\theta$$

而它的水平投影则是

$$dT_x = \tau_e \frac{dx}{\cos\alpha} \frac{D}{2} d\theta \cos\alpha = \tau_e dx \frac{D}{2} d\theta$$

所以作用在微分锥面上的切向力的水平投影为

$$T_x = \int_0^{2\pi} \frac{1}{\sqrt{3}} \sigma_s dx \frac{D}{2} d\theta = \frac{1}{\sqrt{3}} \sigma_s \pi D dx$$

而

$$dx = \frac{dD}{2\tan\alpha}$$

式中的 α 为死区角度（死区与变形区分界线与挤压筒中心线夹角）。平模挤压时，取 $\alpha = 60°$，锥模挤压时，如无死区，则 α 即为模角。

将 dx 值代入上式得

$$T_x = \frac{\frac{1}{\sqrt{3}} \sigma_s \pi D}{2\tan\alpha} dD$$

作用在单元体锥面的面积单元 df 的法线压力为

$$dN = \sigma_n \frac{dx}{\cos\alpha} \frac{D}{2} d\theta$$

其水平投影为

$$dN_x = \sigma_n \frac{dx}{\cos\alpha} \frac{D}{2} d\theta \sin\alpha = \sigma_n dx \tan\alpha \frac{D}{2} d\theta$$

所以作用在微分体锥面上的法向压力的水平投影为

$$N_x = \int_0^{2\pi} \sigma_n dx \tan\alpha \frac{D}{2} d\theta = \sigma_n \pi D \tan\alpha dx = \frac{\pi}{2} \sigma_n D dD$$

根据以面投影代替力投影法则，作用在微分球面上法向压力在水平方向上的投影为

$$P_x = (\sigma_x + d\sigma_x) \frac{\pi}{4} (D + dD)^2 - \sigma_x \frac{\pi}{4} D^2$$

略去高阶无穷小，得

$$P_x = \frac{\pi}{4} D (D d\sigma_x + 2\sigma_x dD)$$

根据静力平衡

$$P_x - N_x - T_x = 0$$

即

$$\frac{\pi}{4} D (D d\sigma_x + 2\sigma_x dD) - \frac{\pi}{2} \sigma_n D dD - \frac{\pi}{2\sqrt{3}} \sigma_s \frac{D}{\tan\alpha} dD = 0$$

$$2\sigma_x dD + D d\sigma_x - 2\sigma_n dD - \frac{2}{\sqrt{3}}\sigma_s \frac{dD}{\tan\alpha} = 0$$

将近似屈服准则

$$\sigma_n - \sigma_x = \sigma_s$$

代入上式

$$D d\sigma_x - 2\sigma_s dD - \frac{2}{\sqrt{3}}\sigma_s \cot\alpha dD = 0$$

$$d\sigma_x = 2\sigma_s \left(1 + \frac{1}{\sqrt{3}}\cot\alpha\right)\frac{dD}{D}$$

上式两边积分，得

$$\sigma_x = 2\sigma_s(1 + \frac{1}{\sqrt{3}}\cot\alpha)\ln D + C \tag{3-14}$$

当 $D = D_a$，$\sigma_x = \sigma_{xa} = 2\sigma_s\frac{l_a}{D_a}$，代入式 3-14，得

$$C = 2\sigma_s\frac{l_a}{D_a} - 2\sigma_s\left(1 + \frac{1}{\sqrt{3}}\cot\alpha\right)\ln D_a$$

将上式代入式 3-14，得

$$\sigma_x = 2\sigma_s\left(1 + \frac{1}{\sqrt{3}}\cot\alpha\right)\ln\frac{D}{D_a} + 2\sigma_s\frac{l_a}{D_a}$$

$$\sigma_x = \sigma_s\left(1 + \frac{1}{\sqrt{3}}\cot\alpha\right)\ln\left(\frac{D}{D_a}\right)^2 + 2\sigma_s\frac{l_a}{D_a}$$

当 $D = D_b$，$\sigma_x = \sigma_{xb}$，则

$$\sigma_{xb} = \sigma_s\left(1 + \frac{1}{\sqrt{3}}\cot\alpha\right)\ln\left(\frac{D_b}{D_a}\right)^2 + 2\sigma_s\frac{l_a}{D_a}$$

或

$$\sigma_{xb} = \sigma_s\left(1 + \frac{1}{\sqrt{3}}\cot\alpha\right)\ln\lambda + 2\sigma_s\frac{l_a}{D_a}$$

式中　λ ——挤压比（系数）。

在未变形区，由于坯料与挤压筒间的压应力 σ_n 数值很大，所以其摩擦力 τ_f 也取最大值，即

$$\tau_f = \frac{1}{\sqrt{3}}\sigma_s = k$$

则垫片表面的挤压应力

$$\bar{p} = \sigma_{xc} = \sigma_{xb} + \frac{\sigma_s}{\sqrt{3}}\frac{\pi D_b l_b}{0.25\pi D_b^2}$$

$$\bar{p} = \sigma_{xb} + \frac{\sigma_s}{\sqrt{3}}\frac{4l_b}{D_b} \tag{3-15}$$

即

$$\bar{p} = \sigma_s\left(1 + \frac{1}{\sqrt{3}}\cot\alpha\right)\ln\lambda + 2\sigma_s\frac{l_a}{D_a} + \frac{\sigma_s}{\sqrt{3}}\frac{4l_b}{D_b}$$

$$\frac{\bar{p}}{\sigma_s} = \left(1 + \frac{1}{\sqrt{3}}\cot\alpha\right)\ln\lambda + \frac{2l_a}{D_a} + \frac{4}{\sqrt{3}}\frac{l_b}{D_b} \qquad (3-16)$$

挤压力

$$P = \frac{\bar{p}}{\sigma_s}\sigma_s\frac{\pi}{4}D_b^2$$

式中 α ——死区角度，平模时取为 $60°$；

$\quad\lambda$ ——挤压比（系数），即挤压筒断面积与制品断面积之比，$\lambda = \dfrac{F_b}{F_a}$；

$\quad l_a$ ——挤压模工作带长度；

$\quad D_a$ ——挤压模孔直径；

$\quad\sigma_s$ ——挤压坯料的变形抗力，其值决定于坯料的牌号、挤压温度、变形速度和变形程度，确定方法与热轧类似；

$\quad l_b$ ——未变形区长度，其值为镦粗后的坯料长度 l_b 减去变形区长度，即

$$l_b = l_{b'} - \frac{D_b - D_a}{2\tan\alpha} \qquad 且 \qquad l_{b'} = l_0\frac{D_0^2}{D_b^2}$$

$\quad l_0,\ D_0$ ——分别为铸锭的长度和直径；

$\quad D_b$ ——挤压筒直径。

例1 单孔挤压 T_1 紫铜棒，挤压筒直径为 $\phi185\text{mm}$，坯料尺寸为 $\phi180\text{mm} \times 545\text{mm}$，制品尺寸为 $\phi60\text{mm}$，定径带长度为 5mm，死区角度 $60°$，该挤压过程紫铜的平均变形抗力 $\sigma_s = 45\text{MPa}$，求挤压力。

解：由体积不变条件，得

$$l_{b'} = 516\text{mm}$$

$$\lambda = \frac{D_b^2}{D_a^2} = \frac{185^2}{60^2} = 9.5$$

挤压应力 $\qquad \bar{p} = \left[\left(1 + \frac{1}{\sqrt{3}}\cot\alpha\right)\ln\lambda + \frac{2l_a}{D_a} + \frac{4}{\sqrt{3}}\frac{l_b}{D_b}\right]\sigma_s$

$$= \left[\left(1 + \frac{1}{\sqrt{3}}\cot 60°\right)\ln 9.5 + \frac{2 \times 5}{60} + \frac{4}{\sqrt{3}} \times \frac{516 - \dfrac{185 - 60}{2 \times \tan 60°}}{185}\right] \times 45 = 412\text{MPa}$$

挤压力

$$P = \bar{p} \times F = 412 \times \frac{\pi}{4} \times 185^2 = 11070\text{kN}$$

3.3.3 多孔、型材挤压

对于棒材的多孔挤压和型材的单孔、多孔挤压，其挤压力计算没有独立的公式，一般都是在棒材单孔挤压力计算公式基础上加以修正。形式为

$$\frac{\bar{p}}{\sigma_s} = \left(1 + \frac{\sqrt[3]{a}}{\sqrt{3}}\cot\alpha\right)\ln\lambda + \frac{\sum l_s l_a}{2\sum f} + \frac{4}{\sqrt{3}}\frac{l_b}{D_b}$$

$$P = \frac{\overline{p}}{\sigma_s} \sigma_s \frac{\pi}{4} D_b^2$$

式中　a——经验系数，$a = \dfrac{\sum l_s}{1.13\pi\sqrt{\sum f}}$；

$\sum l_s$——制品周边长度总和；

$\sum f$——制品断面积总和。

从经验系数的组成看出，它考虑了制品断面的复杂性。在同一个挤压筒，同样的挤压系数 λ（也叫挤压比）条件下，孔数越多，a 值越大；或者制品形状越复杂、越薄，也使 a 值增加。a 值的增大，挤压力也随之增大。当然用 $\sqrt[3]{a}$ 来修正，是否与各种挤压条件相符合，还有待实践中进一步检验。

3.3.4　管材挤压力公式

管材挤压和棒材单孔挤压相比，又增加了穿孔针的摩擦阻力作用，所以使挤压力有所增加。管材挤压又分穿孔针不动和穿孔针与挤压杆一起运动两种情况。显然前者的挤压力比后者大，因为前者整个穿孔针接触表面都有阻碍材料向前流动的摩擦力；而后者只有变形区和定径区内的穿孔针表面与材料间存在摩擦阻力。

3.3.4.1　用固定穿孔针挤压管材

用固定穿孔针挤压管材的过程中，穿孔针不随挤压杆移动，而是相对固定不动。穿孔针的形状有分瓶式的（图 3 – 10）和圆柱形的两种。在这种情况下的挤压力计算公式（推导方法与棒材挤压类似，只需注意在平衡关系中增加了穿孔针的摩擦应力即可，具体推导过程从略）为

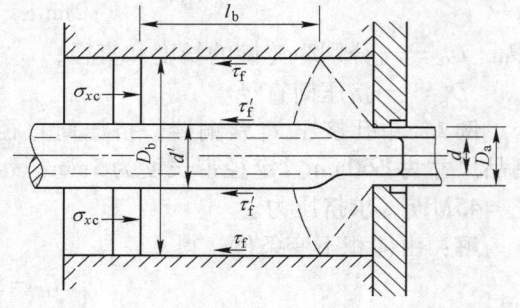

图 3 – 10　固定穿孔针挤压管材

$$\frac{\overline{p}}{\sigma_s} = \left(1 + \frac{1}{\sqrt{3}}\cot\alpha\,\frac{\overline{D} + d}{\overline{D}}\right)\ln\lambda + \frac{2l_a}{D_a - d} + \frac{4}{\sqrt{3}}\frac{l_b}{D_b - d'} \qquad (3-17)$$

$$P = \frac{\overline{p}}{\sigma_s}\sigma_s\frac{\pi}{4}(D_b^2 - d'^2) \qquad (3-18)$$

式中　$\overline{D}$——变形区坯料平均直径，$\overline{D} = \dfrac{1}{2}(D_b + D_a)$；

d——制品内径；

D_a——制品外径；

D_b——挤压筒直径；

d'——穿孔针针体直径；

l_a——挤压模定径区长度；

l_b——坯料未变形部分长度；

λ ——拉拔系数，$\lambda = \dfrac{D_\mathrm{b}^2 - d'^2}{D_\mathrm{a}^2 - d^2}$。

当穿孔针为圆柱形时，式 3–17 及式 3–18 中的穿孔针针体直径 d' 为 d，其他不变。

3.3.4.2　用可动穿孔针挤压管材

用随动穿孔针挤压管材时，穿孔针随挤压杆一起移动，坯料的未变形部分与穿孔针间没有相对运动，所以这部分没有摩擦力，而且此时的穿孔针只能是圆柱形（图 3–10 中的虚线）。其挤压力计算公式变为

$$\frac{\overline{p}}{\sigma_\mathrm{s}} = \left(1 + \frac{1}{\sqrt{3}}\cot\alpha\,\frac{\overline{D}+d}{\overline{D}}\right)\ln\lambda + \frac{2l_\mathrm{a}}{D_\mathrm{a}-d} + \frac{4}{\sqrt{3}}\frac{l_\mathrm{b}D_\mathrm{b}}{D_\mathrm{b}^2 - d^2} \tag{3-19}$$

$$P = \frac{\overline{p}}{\sigma_\mathrm{s}}\sigma_\mathrm{s}\frac{\pi}{4}(D_\mathrm{b}^2 - d^2) \tag{3-20}$$

3.3.5　穿孔力公式

由图 3–11 可见，穿孔力由两部分组成，即穿孔针头部受到坯料给予的法向压力以及穿孔针侧表面受到坯料给予的摩擦力。

穿孔时，穿孔针前面的坯料（A 区）承受三向压应力状态，并且满足屈服准则（将符号代入后）$\sigma_z - \sigma_r = \sigma_\mathrm{s}$，变形状态为一向压缩两向延伸（图 3–11）。穿孔针头部的压应力分布规律与镦粗时

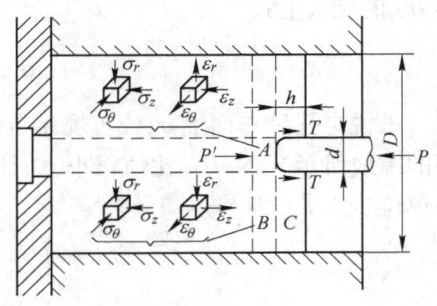

图 3–11　穿孔

接触表面的压应力分布规律类似，只是边缘上的 σ_{za} 不再等于 σ_s，而是 $\sigma_{za} = \sigma_{ra} + \sigma_\mathrm{s}$。

σ_{ra} 的数值决定于变形区 B 区的应力状态。该区域内的应力状态为三向压应力状态，并满足塑性条件

$$\sigma_{rb} - \sigma_{zb} = \sigma_\mathrm{s}$$

B 区的 σ_{zb} 是由于 C 区金属与穿孔针前进方向反向流动时，受到挤压筒壁及穿孔针表面的摩擦应力的阻碍而产生的。可见 σ_{zb} 的数值一方面与 τ_f 数值有关，另一方面还与 C 区坯料与挤压筒、穿孔针的接触面积有关。因此穿孔力 P 将随穿孔针穿入坯料的深度 h 值的增加而升高。但是实践表明，当穿孔针穿入坯料的深度达到穿孔针直径值时，穿孔力达到最大值，不再继续上升。这表明，虽说穿孔完了的管坯长度（h）在继续增加，但它们与挤压筒及穿孔针间的压应力很小，因此摩擦面积并没有增加。

由上分析可知，穿孔力 P 由两部分力组成，一部分是穿孔针端面上的压力 P'，另一部分是穿孔针侧表面的摩擦力 T。

考虑到热穿孔时摩擦系数较大，故可取 $\tau_\mathrm{f} = 0.5\sigma_\mathrm{s}$，因此在 C 区与 B 区的分界面上

$$\sigma_{zb} = \frac{\dfrac{1}{2}\sigma_\mathrm{s}\pi(D+d)h}{\dfrac{\pi}{4}(D^2 - d^2)} = 2\sigma_\mathrm{s}\frac{h}{D-d}$$

由于 $h \approx d$，故

$$\sigma_{zb} = 2\sigma_\mathrm{s}\frac{d}{D-d}$$

在 B 区内

$$\sigma_{rb} - \sigma_{zb} = \sigma_s$$

将 σ_{zb} 代入上式，得

$$\sigma_{rb} = \sigma_s \left(1 + \frac{2d}{D-d} \right)$$

在 A 区与 B 区的分界面上

$$\sigma_{rb} = \sigma_{ra}$$

故

$$\sigma_{ra} = \sigma_s \left(1 + \frac{2d}{D-d} \right)$$

在 A 区内 $\qquad\qquad\qquad \sigma_z - \sigma_r = \sigma_s$

在边缘 a 点 $\qquad\qquad\qquad \sigma_{za} - \sigma_{ra} = \sigma_s$

将 σ_{ra} 值代入上式

$$\sigma_{za} = 2\sigma_s \left(1 + \frac{d}{D-d} \right)$$

虽说穿孔针端面上 σ_z 分布规律与镦粗时类似，但由于穿孔针前面的金属柱（图 3 – 11 中的虚线所示）的 d/h 比值很小，所以 σ_z 的分布曲线斜率很小，可以近似地以 σ_{za} 代替平均单位压力 $\bar{p}$，即

$$\bar{p} \approx \sigma_{za}$$

因此

$$\bar{p} = 2\sigma_s \left(1 + \frac{d}{D-d} \right) \qquad\qquad (3-21)$$

$$P' = \bar{p}F = \bar{p}\,\frac{\pi}{4}d^2$$

$$P' = \frac{\pi}{2}\sigma_s \left(1 + \frac{d}{D-d} \right) d^2$$

作用在穿孔针侧表面的摩擦力

$$T = \tau_f \pi dh \approx \frac{\sigma_s}{2}\pi d^2$$

所以穿孔力

$$P = P' + T$$

$$P = \frac{\pi}{2}d^2 \left(2 + \frac{d}{D-d} \right) \sigma_s \qquad\qquad (3-22)$$

当用瓶式穿孔针时，式 3 – 22 中的 d，应该是穿孔针针体的大直径 d'，而不是头部的直径 d。这一点在计算时必须注意。

由式 3 – 22 可以看出，穿孔力的大小，除与坯料的 σ_s 值有关外，主要与穿孔针直径成正比，与挤压筒直径成反比，而与坯料长度无关。

有些书上介绍的穿孔力计算公式，按照穿孔针将其前面的全部金属柱与周围金属切开考虑，即穿插孔力为

$$P = \pi dH\,\frac{K}{2} \qquad\qquad (3-23)$$

式中 $\quad H$——填充后坯料长度；

　　K——坯料平面变形抗力。

　　这显然是不合适的。因为在实际生产中，被穿孔针顶出的金属"萝卜头"的长度远比坯料长度短。所以用式 3 – 23 计算的穿孔力，对比较长的坯料来说，其值偏高。

3.3.6 反向挤压力公式

　　前面推导的挤压力计算公式，都是按照正向挤压考虑的。反向挤压时，由于坯料与挤压筒之间没有摩擦力，所以挤压力的组成将减少一个成分。把挤压筒的摩擦力那部分减去后，上述挤压力计算公式变成如下形式：

棒材单孔挤压

$$\frac{\bar{p}}{\sigma_s} = \left(1 + \frac{1}{\sqrt{3}}\cot\alpha\right)\ln\lambda + \frac{2l_a}{D_a}$$

$$P = \frac{\bar{p}}{\sigma_s}\sigma_s\frac{\pi}{4}D_b^2$$

棒材多孔及型材挤压

$$\frac{\bar{p}}{\sigma_s} = \left(1 + \frac{\sqrt[3]{a}}{\sqrt{3}}\cot\alpha\right)\ln\lambda + \frac{\Sigma l_s \Sigma l_a}{2\Sigma f}$$

$$P = \frac{\bar{p}}{\sigma_s}\sigma_s\frac{\pi}{4}D_b^2$$

管材挤压

$$\frac{\bar{p}}{\sigma_s} = \left(1 + \frac{1}{\sqrt{3}}\cot\alpha\frac{\bar{D}+d}{\bar{D}}\right)\ln\lambda + \frac{2l_a}{D_a-d}$$

$$P = \frac{\bar{p}}{\sigma_s}\sigma_s\frac{\pi}{4}(D_b^2-d^2)$$

3.4 　轴对称变形——拉拔

　　拉拔时的变形状态为两向压缩一向延伸（管材空拉时也有两向延伸—向压缩变形状态出现），基本应力状态为两向压应力一向拉应力。轴向拉应力 σ_x、径向压应力 σ_r 及周向压应力 σ_θ 在变形区内的分布情况，如图 3 – 12 所示。根据塑性条件可知，拉伸时模壁对坯料的压力数值不超过 σ_x，即 $\sigma_r \leq \sigma_x$，而且拉拔过程一般多在冷状态下进行，润滑条件较好，$f \leq 0.1$，因此坯料与模子接触表面的摩擦应力 τ_f 远小于切应力的最大值 k。根据这一特点，下面处理拉拔力的计算问题时将按照接触表面全部为常摩擦系数区（即 $\tau_f = f\sigma_n$）处理。同时在塑性条件中，将切应力略去不计，即采用近似塑性条件。这样既可以使问题简化，又不会带来明显的误差。

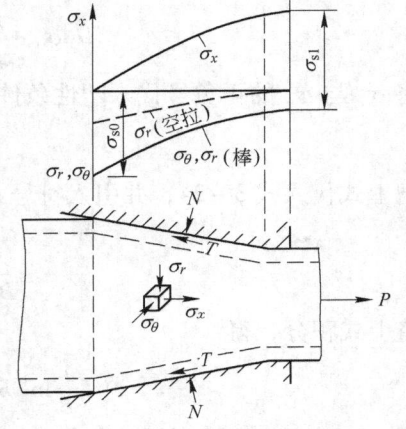

图 3 – 12　拉拔时的应力状态

3.4.1　棒、线材拉拔力计算公式

图 3-13 为棒、线材拉拔示意图。从变形区中取一厚度为 $\mathrm{d}x$ 的圆台分离体，并根据分离体上作用的应力分量推导微分平衡方程。

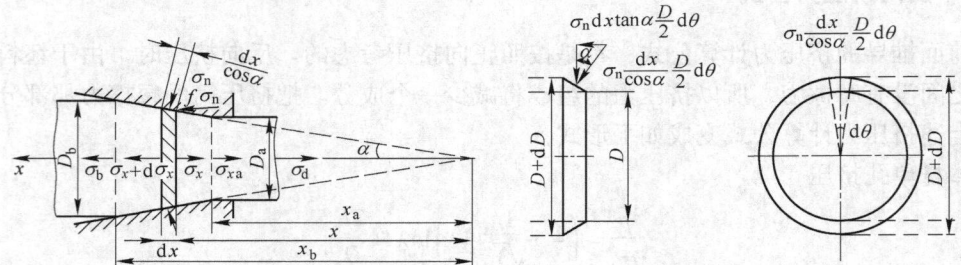

图 3-13　棒、线材拉拔建立微分单元体的平衡方程

与棒材挤压时同理，先将分离体上所有作用力在 x 轴向的投影值求出，然后按照静力平衡条件，找出各应力分量间的关系。

作用在分离体两个底面上作用力的合力为

$$P_x = \frac{\pi D}{4}(D\mathrm{d}\sigma_x + 2\sigma_x \mathrm{d}D)$$

作用在分离体锥面上的法向正压力在轴方向的投影为

$$N_x = \frac{\pi}{2}\sigma_\mathrm{n} D \mathrm{d}D$$

作用在分离体锥面上的剪力在轴方向的投影为

$$T_x = \frac{f}{2\tan\alpha}\pi\sigma_\mathrm{n} D \mathrm{d}D$$

根据静力平衡条件 $\sum X = 0$，得

$$\frac{\pi}{4}D(D\mathrm{d}\sigma_x + 2\sigma_x \mathrm{d}D) + \frac{\pi}{2}\sigma_\mathrm{n} D \mathrm{d}D + \frac{f}{2\tan\alpha}\pi\sigma_\mathrm{n} D \mathrm{d}D = 0$$

整理后得

$$D\mathrm{d}\sigma_x + 2\sigma_x \mathrm{d}D + 2\sigma_\mathrm{n}\left(1 + \frac{f}{\tan\alpha}\right)\mathrm{d}D = 0 \qquad (3-24)$$

将 σ_x 与 σ_n 的正负号代入塑性条件近似式，得

$$\sigma_x + \sigma_\mathrm{n} = \sigma_\mathrm{s}$$

把上式代入式 3-24，并引入符号 $B = \dfrac{f}{\tan\alpha}$，则式 3-24 可写成

$$\frac{\mathrm{d}\sigma_x}{B\sigma_x - (1+B)\sigma_\mathrm{s}} = 2\frac{\mathrm{d}D}{D} \qquad (3-25)$$

将上式积分，得

$$\frac{1}{B}\ln\left[B\sigma_x - (1+B)\sigma_\mathrm{s}\right] = 2\ln D + C$$

当 $D = D_\mathrm{b}$ 时，$\sigma_x = \sigma_\mathrm{b}$，代入上式得

$$C = \frac{1}{B}\ln\left[B\sigma_b - (1+B)\sigma_s \right] - 2\ln D_b$$

则

$$\frac{1}{B}\ln\frac{B\sigma_x - (1+B)\sigma_s}{B\sigma_b - (1+B)\sigma_s} = 2\ln\frac{D}{D_b}$$

$$\frac{B\sigma_x - (1+B)\sigma_s}{B\sigma_b - (1+B)\sigma_s} = \left(\frac{D}{D_b}\right)^{2B}$$

$$\frac{\sigma_x}{\sigma_s} = \frac{1+B}{B}\left[1 - \left(\frac{D}{D_b}\right)^{2B} \right] + \frac{\sigma_b}{\sigma_s}\left(\frac{D}{D_b}\right)^{2B}$$

当 $x = x_a$，$D = D_a$，$\sigma_x = \sigma_{xa}$，代入上式得

$$\frac{\sigma_{xa}}{\sigma_s} = \frac{1+B}{B}\left[1 - \left(\frac{D_a}{D_b}\right)^{2B} \right] + \frac{\sigma_b}{\sigma_s}\left(\frac{D_a}{D_b}\right)^{2B}$$

因为 $\lambda = \dfrac{D_b^2}{D_a^2}$，故

$$\frac{\sigma_{xa}}{\sigma_s} = \frac{1+B}{B}\left(1 - \frac{1}{\lambda^B} \right) + \frac{\sigma_b}{\sigma_s}\frac{1}{\lambda^B} \qquad (3-26)$$

式中　σ_b——反拉力，一般棒材拉伸无反拉力，而线材滑动式连续拉伸时有反拉力。

当无反拉力时，式 3－26 变成

$$\frac{\sigma_{xa}}{\sigma_s} = \frac{1+B}{B}\left(1 - \frac{1}{\lambda^B} \right)$$

如果 $B = 0$，即在理想条件下，$f = 0$ 时，式 3－25 变为

$$\frac{d\sigma_x}{-\sigma_s} = 2\frac{dD}{D}$$

积分上式得
$$\frac{\sigma_x}{\sigma_s} = -2\ln D + C$$

当 $D = D_b$，$\sigma_x = \sigma_b$，代入上式，得

$$C = \frac{\sigma_b}{\sigma_s} + 2\ln D_b$$

则
$$\frac{\sigma_x}{\sigma_s} = \frac{\sigma_b}{\sigma_s} + 2\ln\frac{D_b}{D}$$

当 $D = D_a$，$\sigma_x = \sigma_{xa}$，代入上式得

$$\frac{\sigma_{xa}}{\sigma_s} = \frac{\sigma_b}{\sigma_s} + \ln\left(\frac{D_b}{D_a}\right)^2 \qquad (3-27)$$

即

$$\frac{\sigma_{xa}}{\sigma_s} = \frac{\sigma_b}{\sigma_s} + \ln\lambda \qquad (3-28)$$

如果 $\sigma_b = 0$，则

$$\frac{\sigma_{xa}}{\sigma_s} = \ln\lambda \qquad (3-29)$$

上述式 3－26～式 3－29 等计算的 σ_{xa} 是变形区与定径区分界面上的拉应力。由于定

径区的摩擦力作用，将使模口处棒材断面上的拉应力要比 σ_{xa} 稍大一些。

图 3-14 是从定径区处取的分离体，取静力平衡

$$\mathrm{d}\sigma_x \frac{\pi}{4} D_a^2 = -f\sigma_n \pi D_a \mathrm{d}x$$

$$\frac{D_a}{4} \mathrm{d}\sigma_x = -f\sigma_n \mathrm{d}x$$

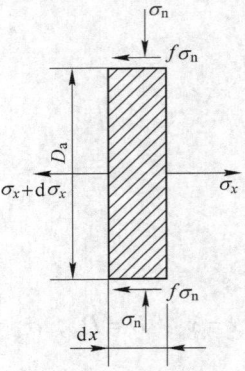

将已代入正负号的塑性条件近似式

$$\sigma_x + \sigma_n = \sigma_s$$

代入前式，得

$$\frac{D_a}{4} \mathrm{d}\sigma_x = -f(\sigma_s - \sigma_x) \mathrm{d}x$$

$$\frac{\mathrm{d}\sigma_x}{\sigma_s - \sigma_x} = -\frac{4f}{D_a} \mathrm{d}x$$

图 3-14 定径区
分离体上的应力

积分

$$\int_{\sigma_d}^{\sigma_{xa}} \frac{\mathrm{d}\sigma_x}{\sigma_s - \sigma_x} = -\frac{4f}{D_a} \int_0^{l_a} \mathrm{d}x$$

$$\ln \frac{\sigma_s - \sigma_{xa}}{\sigma_s - \sigma_d} = \frac{4f}{D_a} l_a$$

或

$$\frac{\sigma_d}{\sigma_s} = 1 - \frac{1 - \dfrac{\sigma_{xa}}{\sigma_s}}{e^{\frac{4fl_a}{D_a}}}$$

$$\frac{\sigma_d}{\sigma_s} = 1 - \frac{1 - \dfrac{\sigma_{xa}}{\sigma_s}}{e^C} \qquad (3-30)$$

式中　σ_d ——模口处棒材断面上的轴向拉应力；

　　　σ_{xa} ——变形区与定径区分界面上的拉应力；

　　　C ——系数，$C = 4fl_a/D_a$；

　　　f ——摩擦系数；

　　　l_a ——模子定径区长度；

　　　D_a ——模子定径区直径；

　　　σ_s ——被拉拔坯料的变形抗力，其值可按该道次拉伸前后的平均冷变形程度，查
　　　　　　该牌号的硬化曲线确定。

为便于计算，将式 3-27、式 3-29、式 3-30 制成计算曲线（图 3-15）。计算时，
根据工艺参数直接从曲线中查得 σ_d/σ_s 值，然后再代入下式计算拉拔力：

$$P = \frac{\sigma_d}{\sigma_s} \sigma_s \frac{\pi}{4} D_a^2 \qquad (3-31)$$

计算步骤如下：

（1）计算出该道次拉拔系数

$$\lambda = \frac{D_b^2}{D_a^2}$$

（2）据摩擦条件确定摩擦系数 f 值，确定模角 α 值，并计算出系数

$$B = \frac{f}{\tan\alpha}$$

（3）根据上述两项参数（λ 及 B），从图 3－15 的右半部查得 σ_{xa}/σ_s 值。具体方法是，先在横坐标上找到 λ 的位置，做垂线与 B 值曲线相交（如果图中没有找到此计算出的 B 值曲线，则用插入法确定交点），从交点作水平线，与纵坐标相交，其交点的纵坐标值即为 σ_{xa}/σ_s 值。

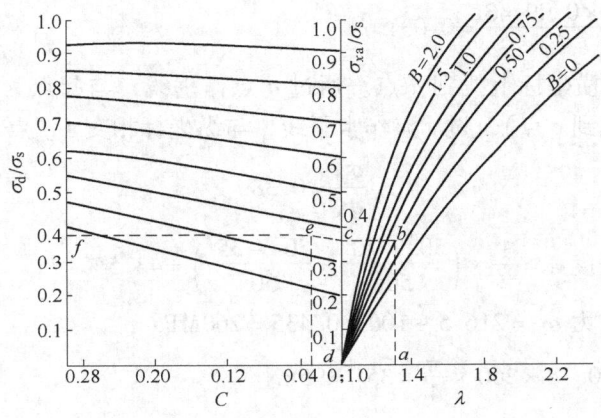

图 3－15　拉拔力计算曲线

（4）计算出系数

$$C = 4fl_a/D_a$$

并在图 3－15 左边横坐标上找到相应位置，过该点作垂线，与图中的以 σ_{xa}/σ_s 值为起点的曲线相交（同理，如图中没有上述计算的值的曲线，也可用插入法确定交点），其交点的纵坐标值即为 σ_d/σ_s 值。

（5）计算出该道次平均加工硬化程度

$$\bar{\varepsilon} = \frac{1}{2}(\varepsilon_b + \varepsilon_a) = \frac{1}{2}\left(\frac{D_0^2 - D_b^2}{D_0^2} + \frac{D_0^2 - D_a^2}{D_0^2}\right)$$

式中　D_0——坯料退火时直径；

　　　D_b——该道次拉伸前直径；

　　　D_a——该道次拉伸后直径。

（6）根据 $\bar{\varepsilon}$ 值查该牌号的硬化曲线得 σ_s 值。

（7）拉拔力

$$P = \frac{\sigma_d}{\sigma_s}\sigma_s \frac{\pi}{4}D_a^2$$

例2　拉拔 LY12 棒材，该坯料在 $\phi50\text{mm}$ 时退火，某道次拉拔前直径为 $\phi40\text{mm}$，拉拔后直径为 $\phi35\text{mm}$，模角 $\alpha = 12°$，定径区长度 $l_a = 3\text{mm}$，摩擦系数 $f = 0.09$，该材料的硬化曲线模型为 $\sigma_s = 216.5 + 100\varepsilon$（MPa），试计算拉拔力 P。

解：

（1）该道次拉拔的延伸系数

$$\lambda = \frac{D_b^2}{D_a^2} = \frac{40^2}{35^2} = 1.31$$

（2） $B = \frac{f}{\tan\alpha} = \frac{0.09}{\tan 12°} = 0.425$

（3）在图 3-15 右边横坐标上找到 $\lambda = 1.31$ 的 a 点，做垂线与 $B = 0.425$（在 $B = 0.5$ 与 0.25 之间，用插入法确定）交于 b 点，从 b 点作水平线与纵坐标交于 c 点，$\sigma_{xa}/\sigma_s = 0.36$（即 σ_{xa}/σ_s 值）。

（4） $C = \frac{4fl_a}{D_a} = \frac{4 \times 0.09 \times 3}{35} = 0.031$

在图 3-15 左边横坐标上找到 d 点。通过 d 点作垂线，与起点为 $\sigma_{xa}/\sigma_s = 0.36$ 的曲线相交（用插入法找到 e 点），过 e 点作水平线，与纵坐标相交于 f 点，得

$$\frac{\sigma_d}{\sigma_s} = 0.38$$

（5）平均变形程度 $\bar{\varepsilon} = \frac{1}{2} \times \left(\frac{50^2 - 40^2}{50^2} + \frac{50^2 - 35^2}{50^2} \right) = 43.5\%$

（6）平均变形抗力 $\bar{\sigma}_s = 216.5 + 100 \times 0.435 = 260\text{MPa}$

（7）拉拔力 $P = 0.38 \times 260 \times \frac{\pi}{4} \times 35^2 = 95\text{kN}$

3.4.2 管材空拉拉拔力计算公式

管材空拉时，其外作用力情况与棒、线材拉拔时完全类似（图 3-16），只是分离体的横截面不同，σ_x 作用的面积不再是圆面积，而是圆环面积。另外，空拉时管材壁厚有所变化，它对制品尺寸公差是有意义的，但对于拉拔力计算，可以忽略，这将使计算公式简化。

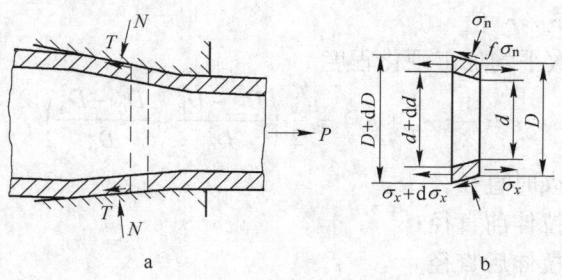

图 3-16 管材空拉时的受力情况

用棒材、线材拉拔同样的方法得以下微分平衡方程

$$(D^2 - d^2)\,\mathrm{d}\sigma_x + 2(D - d)\sigma_x\mathrm{d}D + 2\sigma_n D\mathrm{d}D + 2\sigma_n D \frac{f}{\tan\alpha}\mathrm{d}D = 0 \tag{3-32}$$

在引用塑性条件时，必须注意管材空拉时与棒、线材拉拔的区别。σ_1 为 σ_x 这是共同的，但是管材空拉时，σ_3 不再等于 σ_n，而是 σ_θ，即 $|\sigma_n| < |\sigma_\theta|$，所以屈服准则为

$$\sigma_x + \sigma_\theta = \sigma_s \tag{3-33}$$

由图 3-17 可以看出，σ_θ 乘其所作用的面积，应等于 σ_n 乘其作用面积后在 r 方向上

的投影值，即

$$2\sigma_\theta s \mathrm{d}x = \int_0^\pi \sigma_\mathrm{n} \frac{D}{2} \mathrm{d}\theta \mathrm{d}x \sin\theta$$

$$2\sigma_\theta s = \sigma_\mathrm{n} \frac{D}{2}\big[-\cos\theta\big]_0^\pi$$

$$2\sigma_\theta s = \sigma_\mathrm{n} D$$

或

$$\sigma_\theta = \frac{D}{D-d}\sigma_\mathrm{n}$$

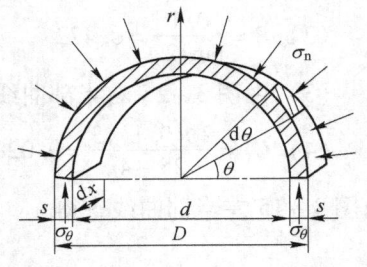

图 3 - 17 σ_θ 与 σ_n 的关系

将上面 σ_θ 计算式代入式 3 - 33 得

$$\sigma_x + \frac{D}{D-d}\sigma_\mathrm{n} = \sigma_\mathrm{s}$$

与棒材拉拔类似可得

$$\frac{\sigma_{xa}}{\sigma_\mathrm{s}} = \frac{1+B}{B}\Big(1 - \frac{1}{\lambda^B}\Big) \tag{3-34}$$

如果 $B = 0$，得

$$\frac{\sigma_{xa}}{\sigma_\mathrm{s}} = \ln\lambda \tag{3-35}$$

将式 3 - 26、式 3 - 29 与式 3 - 34、式 3 - 35 对比，可以看出管材空拉时的公式与棒、线材拉拔完全一样。本来棒材拉拔不过是管材拉的极限状态，所以上述结果是必然的。因此计算管材空拉时的拉拔力，也可以借用棒、线材拉拔力计算曲线（图 3 - 15），只是要注意拉拔系数的计算不一样。

当然定径区摩擦力的影响要有所不同，用棒、线材拉拔是同样方法，可以导出

$$\frac{\sigma_\mathrm{d}}{\sigma_\mathrm{s}} = 1 - \frac{1 - \dfrac{\sigma_{xa}}{\sigma_\mathrm{s}}}{e^{C_1}} \tag{3-36}$$

式中，$C_1 = \dfrac{2fl_\mathrm{a}}{D_\mathrm{a} - s}$；其他符号意义同前。

同理，拉拔力

$$P = \frac{\sigma_\mathrm{d}}{\sigma_\mathrm{s}}\sigma_\mathrm{s}\frac{\pi}{4}(D_\mathrm{a}^2 - d^2)$$

式中 D_a——该道次拉拔后管子外径；

       d——该道次拉拔后管子内径。

例 3   空拉 LF2 铝管，退火后第一道次，拉拔前坯料尺寸为 $\phi30 \times 4\mathrm{mm}$，拉拔后尺寸为 $\phi25 \times 4\mathrm{mm}$，模角 $\alpha = 12°$，定径区长 $l_\mathrm{a} = 3\mathrm{mm}$，$f = 0.1$，该材料的硬化曲线模型为 $\sigma_\mathrm{s} = 210.8 + 200\varepsilon$（MPa），求拉拔力 P。

解：(1) $\lambda = \dfrac{D_\mathrm{b}^2 - d_\mathrm{b}^2}{D_\mathrm{a}^2 - d_\mathrm{a}^2} = \dfrac{D_\mathrm{b}^2 - (D_\mathrm{b} - 2s)^2}{D_\mathrm{a}^2 - (D_\mathrm{a} - 2s)^2} = \dfrac{D_\mathrm{b} - s}{D_\mathrm{a} - s} = \dfrac{30 - 4}{25 - 4} = 1.24$

（2） $B = \dfrac{0.1}{\tan 12°} = 0.472$

（3） 由图 3-15 右半部曲线查得 $\sigma_{xa}/\sigma_s = 0.3$。

（4） $C_1 = \dfrac{2 \times 0.1 \times 3}{25 - 4} = 0.0286$

由图 3-15 左半部曲线查得

$$\frac{\sigma_d}{\sigma_s} = 0.32$$

（5） 平均变形程度 $\bar{\varepsilon} = \dfrac{1}{2}\left[0 + \dfrac{(D_b^2 - d_b^2) - (D_a^2 - d_a^2)}{D_b^2 - d_b^2}\right] = \dfrac{1}{2} \times \left[0 + \left(1 - \dfrac{1}{1.24}\right)\right] = 9.65\%$

（6） 平均变形抗力 $\bar{\sigma}_s = 210.8 + 200 \times 0.0965 = 230\text{MPa}$

（7） 拉拔力 $P = 0.32 \times 230 \times \dfrac{\pi}{4}(25^2 - 17^2) = 19.4\text{kN}$

3.4.3 * 管材有芯头拉拔力计算公式

用芯头拉拔管材时，与空拉相比，其内表面增加了芯头给予的法向压应力及摩擦应力。有芯头拉拔的管材内表面质量比空拉好，而且壁厚是可以控制的（由模孔及芯头直径决定）。

由于管坯的内径总比直径稍大一些，因此在用芯头拉拔时，其变形区内总先有一段空拉段（或称减径段），然后才是减壁段（图 3-18），在空拉段，其拉应力的计算公式 σ_{xc} 可借用管材空拉的 σ_{xa} 计算式，即式 3-34 与式 3-35，可使用图 3-15 右边部分的计算曲线。

在减壁段，由于受力情况变化，计算式必须另行推导。对于减壁段来说，空拉段完了时断面上的拉应力 σ_{xc} 相当于反拉力的作用。

3.4.3.1 短芯头拉拔

图 3-18a 中 c 断面上的拉应力 σ_{xc} 按式 3-34 或图 3-15 右边部分曲线计算。计算时，公式中（或曲线中）的拉拔系数 λ，在这里就是空拉段的延伸系数 λ_{bc}，而且在减壁

$$\lambda_{bc} = \frac{F_b}{F_c} = \frac{D_b - s_b}{D_c - s_c}$$

段（图 3-18 中的 ca 段），坯料变形的特点是内径保持不变（$d_c = d_a$），外径有所减少，因此在这段中，坯料的变形减壁是主要的，减径是次要的，即 $|\varepsilon_r| > |\varepsilon_\theta|$，所以 $|\varepsilon_n| >$

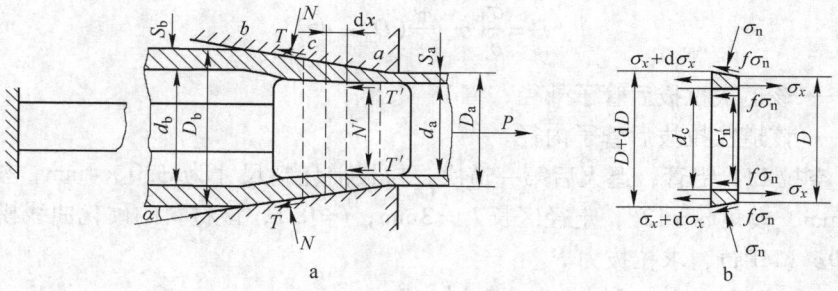

图 3-18 短芯头拉拔

$|\varepsilon_\theta|$。为了简化，设减壁段中，管坯内、外表面所受的法向压应力 σ_n 相等，摩擦系数也相同，即 $\sigma_n = \sigma'_n$，$f = f'$。现在按图 3–18 所示的分离体受力情况，建立微分平衡方程。与空拉同理

$$2\sigma_x DdD + (D^2 - d_a^2)d\sigma_x + 2\sigma_n DdD + \frac{2f}{\tan\alpha}\sigma_n(D + d_a)dD = 0$$

屈服准则

$$\sigma_x + \sigma_n = \sigma_s$$

代入上式，并经整理后得

$$(D^2 - d_a^2)d\sigma_x + 2D\left\{\sigma_s\left[1 + \left(1 + \frac{d_a}{D}\right)\frac{f}{\tan\alpha}\right] - \sigma_x\left(1 + \frac{d_a}{D}\right)\frac{f}{\tan\alpha}\right\}dD = 0 \qquad (3-37)$$

以 $\frac{d_a}{\overline{D}}$ 代替 $\frac{d_a}{D}$，$\overline{D} = \frac{1}{2}(D_c + D_a)$，并引入符号 $B = \frac{f}{\tan\alpha}$，$A = \left(1 + \frac{d_a}{\overline{D}}\right)B$，代入上式并积分得

$$\frac{\sigma_{xa}}{\sigma_s} = \frac{1+A}{A}\left[1 - \left(\frac{1}{\lambda_{ca}}\right)^A\right] + \frac{\sigma_{xc}}{\sigma_s}\left(\frac{1}{\lambda_{ca}}\right)^A \qquad (3-38)$$

用以下符号代表式 3–38 等号右边的两部分

$$\frac{\sigma'_{xa}}{\sigma_s} = \frac{1+A}{A}\left[1 - \left(\frac{1}{\lambda_{ca}}\right)^A\right] \qquad (3-39)$$

$$\frac{\sigma'_{xc}}{\sigma_s} = \frac{\sigma_{xc}}{\sigma_s}\left(\frac{1}{\lambda_{ca}}\right)^A \qquad (3-40)$$

这样一来，式 3–38 可写成

$$\frac{\sigma_{xa}}{\sigma_s} = \frac{\sigma'_{xa}}{\sigma_s} + \frac{\sigma'_{xc}}{\sigma_s} \qquad (3-41)$$

如果 $B = 0$，（因而 $A = 0$），代入式 3–37 得

$$\frac{\sigma_{xa}}{\sigma_s} = \ln\lambda_{ca} + \ln\lambda_{bc} = \ln\lambda_{ba} \qquad (3-42)$$

式中　λ_{ba}——该道次拉拔空拉段与减壁段的总拉拔系数。

将式 3–39 与式 3–26、式 3–34 相比，可以看出它们的形式完全一样，只是系数 B 变成 A。因此计算 σ'_{xa}/σ_s 完全可以使用图 3–15 右边的曲线，只要注意横坐标相当于 λ_{ca}，图中各曲线的 B 值相当于 A 值，则中间纵坐标即为 σ'_{xa}/σ_s 值。

关于 σ'_{xc}/σ_s 值的计算，可分为两部分：σ_{xc}/σ_s 值仍可用图 3–15 曲线，此时横坐标 λ 相当于 λ_{bc}；查得 σ_{xc}/σ_s 值后，再乘以 λ_{ca}^{-A}，为计算方便，将 λ^{-A} 与 λ 及 A 的关系，制成了曲线（图 3–19），可以在图中直接找到 λ_{ca}^{-A} 值。

在有固定短芯头的情况下，定径区摩擦力对 σ_d 的影响与空拉时不同（图 3–20），这时增加了内表面的摩擦应力。用棒材拉拔时的同样方法，可以得到

$$\frac{\sigma_d}{\sigma_s} = 1 - \frac{1 - \dfrac{\sigma_{xa}}{\sigma_s}}{e^{C_2}} \qquad (3-43)$$

其中

$$C_2 = \frac{4fl_a}{D_a - d_a} = \frac{2fl_a}{s_a}$$

式中　D_a——该道次拉拔模定径区直径；
　　　d_a——该道次拉拔芯头直径；
　　　s_a——该道次拉拔后制品壁厚。

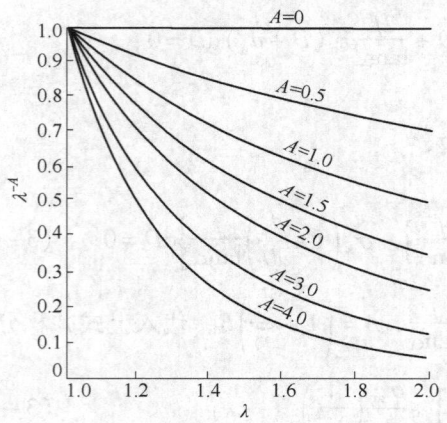

图 3-19　λ^{-A} 与 λ 及 A 的关系

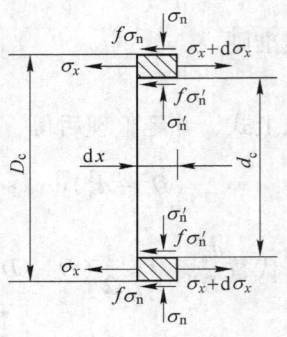

图 3-20　定径区分离体上的应力

显然式 3-43 与式 3-30、式 3-36 的形式完全相同。因此计算同样可以借用图 3-15 左边的曲线，只是横坐标是 C_2 值，图中各曲线的起点（在中间的纵坐标上）数值相当于 σ_{xa}/σ_s。

综上所述，固定短芯头拉拔时的拉拔力计算，要比空拉时稍许麻烦一点。下面通过例子，将计算步骤归纳一下。

例 4　拉拔 H70 黄铜管，坯料在 $\phi 40 \times 5$mm 时退火，其中某道次用短芯头拉拔，拉拔前尺寸为 $\phi 30 \times 4$mm，拉拔后为 $\phi 25 \times 3.5$mm，模角为 $\alpha = 10°$，$l_a = 4$mm，$f = 0.09$，黄铜的硬化曲线模型为 $\sigma_s = 453.9 + 300\varepsilon$（MPa），求拉拔力 P。

解：（1）由题已知

$D_b = 30$mm；　　　$d_b = 22$mm；　　　$s_b = 4$mm；
$D_a = 25$mm；　　　$d_a = 18$mm；　　　$s_a = 3.5$mm；
$D_c = d_a + 2s_b = 26$mm；　$d_c = d_a = 18$mm；　$s_b = s_c = 4$mm

（2）计算各阶段拉拔系数

$$\lambda_{bc} = \frac{D_b - s_b}{D_c - s_c} = \frac{30-4}{26-4} = 1.18$$

$$\lambda_{ca} = \frac{(D_c - s_c)s_c}{(D_a - s_a)s_a} = \frac{(26-4)\times 4}{(25-3.5)\times 3.5} = 1.17$$

（3）计算系数 B、A、C_2

$$B = \frac{f}{\tan\alpha} = \frac{0.09}{\tan 10°} = \frac{0.09}{0.176} = 0.51$$

$$A = \left(1 + \frac{d_a}{\bar{D}}\right)B = \left[1 + \frac{18}{\frac{1}{2}\times(26+25)}\right]\times 0.51 = 0.87$$

$$C_2 = \frac{2fl_a}{s_a} = \frac{2 \times 0.09 \times 4}{3.5} = 0.206$$

（4）根据 $\lambda_{ca} = 1.17$ 及 $A = 0.87$，从图 3-15 右边曲线查得

$$\sigma'_{xa}/\sigma_s = 0.27$$

（5）根据 $\lambda_{bc} = 1.18$ 及 $B = 0.51$，从图 3-15 右边曲线查得

$$\sigma_{xc}/\sigma_s = 0.24$$

根据 $\lambda_{ca} = 1.17$ 及 $A = 0.87$，从图 3-19 查得

$$\lambda_{ca}^{-A} = 0.87$$

所以

$$\frac{\sigma'_{xc}}{\sigma_s} = \frac{\sigma_{xc}}{\sigma_s}\lambda_{ca}^{-A} = 0.24 \times 0.87 = 0.209$$

（6）$\dfrac{\sigma_{xa}}{\sigma_s} = \dfrac{\sigma'_{xa}}{\sigma_s} + \dfrac{\sigma'_{xc}}{\sigma_s} = 0.27 + 0.209 = 0.479$

（7）根据 $\dfrac{\sigma_{xa}}{\sigma_s} = 0.479$ 及 $C_2 = 0.206$，在图 3-15 左边曲线查得

$$\frac{\sigma_d}{\sigma_s} = 0.58$$

（8）$\bar{\varepsilon} = \dfrac{1}{2} \times \left[\dfrac{(40-5) \times 5 - (30-4) \times 4}{(40-5) \times 5} + \dfrac{(40-5) \times 5 - (25-3.5) \times 3.5}{(40-5) \times 5} \right]$

$$= 0.5 \times (40.6\% + 56.7\%) = 48.7\%$$

则

$$\bar{\sigma}_s = 453.9 + 300\bar{\varepsilon} = 600\text{MPa}$$

（9）拉拔力

$$P = \frac{\sigma_d}{\sigma_s}\sigma_s\pi(D_a - s_a)s_a = 0.58 \times 600 \times \pi \times (25 - 3.5) \times 3.5 = 82.4\text{kN}$$

3.4.3.2　游动芯头拉拔

用游动芯头拉拔管材，其拉拔力比固定芯头小，更主要的是它可以用于长管材特别是用于绞盘式拉拔过程。

从图 3-21 可以看出，游动芯头拉拔时，其受力情况与固定芯头拉拔时的主要区别在

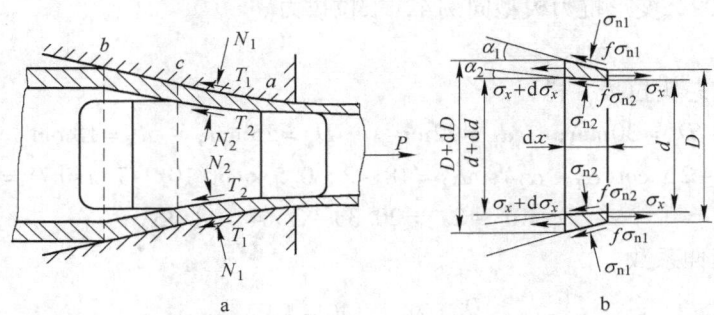

图 3-21　游动芯头拉拔

于，减壁段（ca 段）坯料外表面的法向正压力 N_1 与内表面的法向正压力 N_2 的水平分力方向相反。因此使管坯断面上的拉应力相应减少。在拉拔过程中，芯头将在一定范围内"游动"。现按照芯头的前极限位置来推导拉拔力计算公式。

对于空位段及定径段的拉应力公式，与固定短芯头完全一样。

对于减壁段，按照图 3-21b 所示分离体的受力情况（图中假设管坯内外壁的摩擦系数相等），可列出平衡方程

$$(D^2 - d^2)\mathrm{d}\sigma_x + 2\sigma_s\left[D + (D+d)B - d\frac{\tan\alpha_2}{\tan\alpha_1}\right]\mathrm{d}D - 2\sigma_x(D+d)B\mathrm{d}D = 0 \quad (3-44)$$

把式 3-44 与式 3-37 比较，可看出两式完全相似，区别在于式 3-44 中增加了 $\left(d\dfrac{\tan\alpha_2}{\tan\alpha_1}\right)$ 这一项，同时式 3-37 中的常量 d_a 在式 3-44 是变量 d，如果以减壁段的内径平均值 $\bar{d} = (d_c + d_a)/2$ 代替 d，用固定芯头相同的方法可以得到减壁段终了断面上的拉应力计算式

$$\frac{\sigma_{xa}}{\sigma_s} = \frac{1+A-C}{A}\left[1 - \left(\frac{1}{\lambda_{ca}}\right)^A\right] + \frac{\sigma_{xc}}{\sigma_s}\left(\frac{1}{\lambda_{ca}}\right)^A \quad (3-45)$$

式中，$A = (1 + \bar{d}/\bar{D})B$；$\bar{d} = (d_c + d_a)/2$；$\bar{D} = (D_c + D_a)/2$；$B = f/\tan\alpha_1$；$C = \dfrac{\bar{d}}{\bar{D}}\dfrac{\tan\alpha_2}{\tan\alpha_1}$；$\alpha_1$ 为模角；α_2 为芯头锥角。

式 3-45 只比式 3-38 增加了一项"C"，其他完全一样。因此将式 3-45 改写为

$$\begin{aligned}\frac{\sigma_{xa}}{\sigma_s} &= \frac{1+A}{A}\left[1 - \left(\frac{1}{\lambda_{ca}}\right)^A\right] + \frac{\sigma_{xc}}{\sigma_s}\left(\frac{1}{\lambda_{ca}}\right)^A - \frac{C}{A}\left[1 - \left(\frac{1}{\lambda_{ca}}\right)^A\right] \\ &= \frac{\sigma'_{xa}}{\sigma_s} + \frac{\sigma'_{xc}}{\sigma_s} - \frac{C}{A}\left[1 - \left(\frac{1}{\lambda_{ca}}\right)^A\right]\end{aligned} \quad (3-46)$$

而 σ_{xd}/σ_s 与 σ_{xa}/σ_s 的关系式仍用式 3-43。

式 3-46 的前两项的计算与固定芯头完全一样。可见游动芯头拉拔时，其 σ_{xa}/σ_s 值要比固定的短芯头拉拔时小，因为式 3-46 的第三项前是负号。

现在举例说明游动芯头拉拔的计算方法。

例 5 拉拔 H70 黄铜管，坯料在 $\phi 40 \times 5\mathrm{mm}$ 时退火，其中某道次用游动芯头拉拔，拉拔前尺寸为 $\phi 30 \times 4\mathrm{mm}$，拉拔后的尺寸为 $\phi 25 \times 3.5\mathrm{mm}$，模角 $\alpha_1 = 10°$，芯头锥角 $\alpha_2 = 7°$，$l_a = 4\mathrm{mm}$，$f = 0.09$，变形抗力模型同例 4，求拉拔力。

解：

（1）与固定芯头拉拔一样，

$$D_b = 30\mathrm{mm}; \quad d_b = 22\mathrm{mm}; \quad D_a = 25\mathrm{mm}; \quad d_a = 18\mathrm{mm}$$

$$d_c = d_a + 2\Delta s\cot(\alpha_1 - \alpha_2)\sin\alpha_2 = 18 + 2 \times 0.5 \times \cot(10° - 7°)\sin 7° = 20.33$$

$$D_c = d_c + 2s_c = 20.33 + 2 \times 4 = 28.33$$

（2）计算延伸系数

$$\lambda_{bc} = \frac{D_b - s_b}{D_c - s_c} = \frac{30 - 4}{28.33 - 4} = 1.07$$

$$\lambda_{ca} = \frac{(D_c - s_c)s_c}{(D_a - s_a)s_a} = \frac{(28.33 - 4) \times 4}{(25 - 3.5) \times 3.5} = 1.29$$

（3）计算系数 A、B、C_2

$$B = \frac{f}{\tan\alpha_1} = \frac{0.09}{\tan 10°} = 0.512$$

$$A = \left(1 + \frac{\overline{d}}{D}\right)B = \left(1 + \frac{19.17}{26.67}\right) \times 0.512 = 0.88$$

$$C_2 = \frac{2fl_a}{s_a} = \frac{2 \times 0.09 \times 4}{3.5} = 0.206$$

（4）根据 $\lambda_{ca} = 1.29$ 及 $A = 0.88$，查图 3-15 得

$$\frac{\sigma'_{xc}}{\sigma_s} = 0.43$$

（5）根据 $\lambda_{bc} = 1.07$ 及 $B = 0.512$ 查图 3-15 得

$$\frac{\sigma_{xc}}{\sigma_s} = 0.08$$

根据 $\lambda_{ca} = 1.29$ 及 $A = 0.88$，查图 3-19 得

$$\left(\frac{1}{\lambda_{ca}}\right)^A = 0.81$$

$$\frac{\sigma'_{xc}}{\sigma_s} = 0.08 \times 0.81 = 0.065$$

（6） $C = \frac{\overline{d}}{D}\frac{\tan\alpha_2}{\tan\alpha_1} = \frac{19.17}{26.67} \times \frac{\tan 7°}{\tan 10°} = 0.502$

$$\frac{C}{A}\left[1 - \left(\frac{1}{\lambda_{ca}}\right)^A\right] = \frac{0.502}{0.88} \times (1 - 0.81) = 0.108$$

（7） $\frac{\sigma_{xa}}{\sigma_s} = 0.43 + 0.065 - 0.108 = 0.387$

（8）根据 $\frac{\sigma_{xa}}{\sigma_s} = 0.387$ 及 $C_2 = 0.206$，在图 3-15 查得

$$\frac{\sigma_d}{\sigma_s} = 0.50$$

而固定短芯头时

$$\frac{\sigma_d}{\sigma_s} = 0.58$$

（9）拉拔力

$$P = 0.50 \times 600 \times \pi \times (25 - 3.5) \times 3.5 = 70.9 \text{kN}$$

用固定短芯头时为 $P = 82.4 \text{kN}$。

3.5 平面变形——矩形件压缩

在此研究的问题是平面变形问题，即矩形件在平砧间压缩时，有一个方向不变形。这里又可分为两种情况：一种是工件全部在平砧间，没有外端；另一种是工件的一部分在平砧间压缩，有外端。前者的平均单位压力计算公式的推导，与圆柱体镦粗类似，只是所引用的塑性条件和力平衡微分方程有所不同。后者的平均单位压力计算公式，根据变形区的几何因素（l/h）确定是否考虑外端的影响。当 $l/h \geqslant 1$ 时，不考虑外端的影响，当 $l/h < 1$ 时，考虑外端的影响。

3.5.1 无外端的矩形件压缩

3.5.1.1 常摩擦系数区接触表面压应力曲线分布方程

如图 3-22 所示，将 $\tau_f = f\sigma_y$ 代入力平衡微分方程式 3-3 得

$$\frac{d\sigma_x}{dx} + \frac{2f\sigma_y}{h} = 0$$

再将屈服准则式 3-1 代入上式得

$$\frac{d\sigma_y}{dx} + \frac{2f\sigma_y}{h} = 0$$

积分上式得

$$\sigma_y = Ce^{-\frac{2f}{h}x}$$

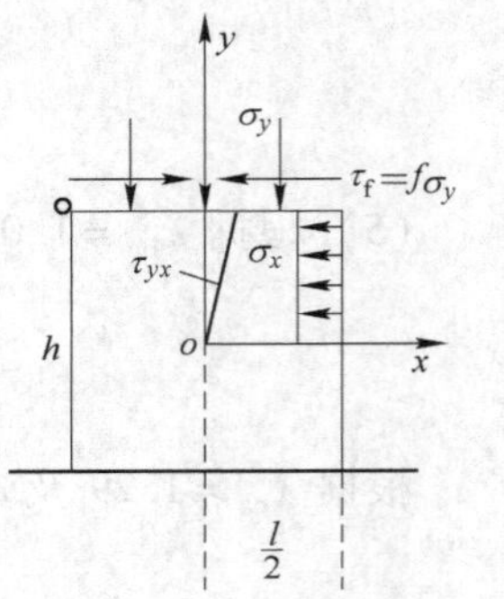

式中 x——坯料变形区半长度；

        h——坯料厚度。

图 3-22 矩形件压缩

由边界条件确定积分常数 C。在边界点 a 处，$\sigma_{xa} = 0$，$\tau_{xya} = 0$，由剪应力互等，$\tau_{yxa} = 0$，则由式 2-73，边界处

$$\sigma_{ya} = -K$$

常摩擦系数区接触表面压应力分布曲线方程

$$\sigma_y = -Ke^{\frac{2f}{h}\left(\frac{l}{2} - x\right)} \tag{3-47}$$

3.5.1.2 常摩擦应力区接触表面压应力曲线分布方程

同常摩擦系数区接触表面压应力分布曲线方程的推导过程类似，将 $\tau_f = -k = -K/2$ 及屈服准则式 3-1 代入平衡微分方程式 3-3 得

$$\frac{d\sigma_y}{dx} - \frac{K}{h} = 0$$

积分上式并利用边界条件

$$\sigma_y = -K$$

得

$$\sigma_y = -K - \frac{2\sigma_s}{\sqrt{3}h}\left(\frac{l}{2} - x\right) \tag{3-48}$$

3.5.1.3 平均单位压力计算公式

压缩力为

$$P = 2\int_0^{\frac{l}{2}} \sigma_y \mathrm{d}x$$

平均单位压力为

$$\bar{p} = \frac{2}{l}\int_0^{\frac{l}{2}} \sigma_y \mathrm{d}x \qquad (3-49)$$

式中，σ_y 根据不同情况，将式 3-47 及式 3-48 在接触面上积分，即可求得工程法平均单位压力计算公式（推导过程从略）。

整个接触面均为常摩擦系数区（全滑动）条件下

$$\frac{\bar{p}}{K} = \frac{e^x - 1}{x}, \qquad x = \frac{fl}{h} \qquad (3-50)$$

接触面均为常摩擦应力区（全黏着）条件下

$$\frac{\bar{p}}{K} = 1 + \frac{1}{4}\frac{l}{h} \qquad (3-51)$$

3.5.2 带外端的矩形件压缩

图 3-23 是不带外端和带外端的压缩情况。实验确定的不带外端和带外端压缩时的平均单位压力 $\bar{p}$ 和 $\bar{p}'$ 如图 3-24 所示。

由图 3-24 可见，不带外端压缩时的 $\bar{p}$ 随 l/h 的增加而增加；而带外端压缩时，在 $l/h < 1$ 的范围内 $\bar{p}'$ 随 l/h 的增加而减小，而在 $l/h > 1$ 时，$\bar{p}$ 与 $\bar{p}'$ 几乎一致。上述导出的压缩矩形件的平均单位压力计算公式，都是随 l/h 增加而增加。它们仅仅反映了外摩擦对 $\bar{p}$ 的影响。

显然，带外端压缩时，不仅在接触区产生变形，外端也要被牵连而变形。这样，在接触区与外端的分界面上，就要产生附加的剪变形，并引起附加的剪应力，因此和无外端压缩时相比，就要增加力和功。可见，l/h 越小，也就是工件越厚时，剪切面就越大，总的剪切力也就越大，这时必须加大外力才能使工件变形。当工件厚度一定时（即抗剪面一定时），接触长度 l 越小，平均单位压力越大。所以，在外端的影响下，随 l/h 减小平均单位压力 $\bar{p}'$ 增加。

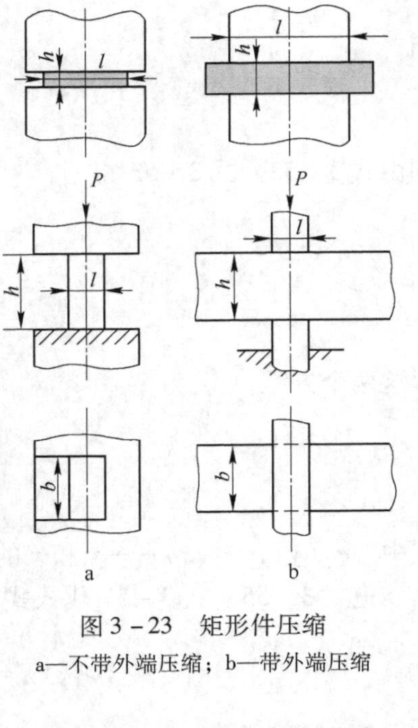

带外端压缩厚件的情况和坐标轴的位置如图 3-25 所示。假定接触表面无摩擦，即 $\tau_f = 0$，在接触区与外端的界面上的剪应力 $\tau_{xy} = \tau_e = K/2$，并沿 x 轴成线性分布，在垂直对称面处递减到零。τ_{xy} 与 y 无关，只与 x 有关。在平面变形状态下，平衡方程为

图 3-23 矩形件压缩
a—不带外端压缩；b—带外端压缩

$$\frac{\partial \sigma_x}{\partial x} + \frac{\partial \tau_{yx}}{\partial y} = 0 \qquad (3-52)$$

$$\frac{\partial \tau_{xy}}{\partial x} + \frac{\partial \sigma_y}{\partial y} = 0 \qquad (3-53)$$

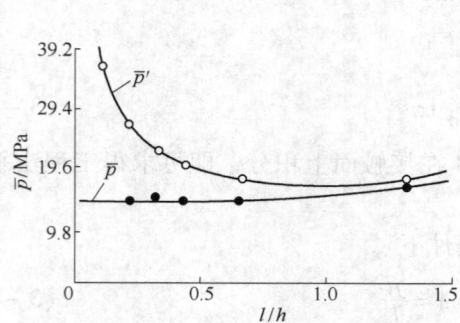

图 3 - 24   矩形压缩外端 ($\bar{p}'$) 和不带外端 ($\bar{p}$)
变形力与行程的关系曲线

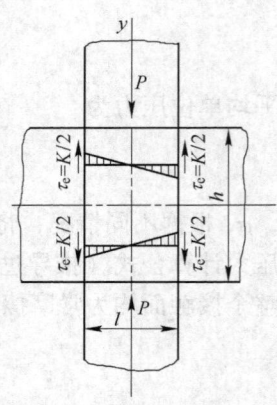

图 3 - 25   带外端压缩厚件

按式 2 - 73，屈服准则为

$$(\sigma_x - \sigma_y)^2 + 4\tau_{xy}^2 = 4k^2 = K^2 \tag{3 - 54}$$

由假设得

$$\tau_{xy} = \frac{K}{l}x \tag{3 - 55}$$

而

$$\frac{\partial \tau_{xy}}{\partial x} = \frac{K}{l} \tag{3 - 56}$$

则由式 3 - 52、式 3 - 53 得

$$\frac{\partial \sigma_x}{\partial x} = 0$$

$$\frac{\partial \sigma_y}{\partial y} + \frac{K}{l} = 0$$

解这两个方程，得

$$\left.\begin{array}{l} \sigma_x = \varphi_1(y) \\[2mm] \sigma_y = -\dfrac{K}{l}y + \varphi_2(x) \end{array}\right\} \tag{3 - 57}$$

式中 $\varphi_1(y)$，$\varphi_2(x)$——y 和 x 的任意函数。

把式 3 - 55、式 3 - 57 代入式 3 - 54，得

$$\varphi_1(y) + \frac{K}{l}y - \varphi_2(x) = \sqrt{K^2 - 4\left(\frac{K}{l}x\right)^2}$$

$$\varphi_1(y) + \frac{K}{l}y = \sqrt{K^2 - 4\left(\frac{K}{l}x\right)^2} + \varphi_2(x) = C$$

$$\varphi_1(y) = -\frac{K}{l}y + C$$

$$\varphi_2(x) = -\sqrt{K^2 - 4\left(\frac{K}{l}x\right)^2} + C$$

把这两个函数代入式 3−57 并由式 3−55 得

$$\left.\begin{array}{l} \sigma_x = -\dfrac{K}{l}y + C \\[4mm] \sigma_y = -\dfrac{K}{l}y - \sqrt{K^2 - 4\left(\dfrac{K}{l}x\right)^2} + C \\[4mm] \tau_{xy} = \dfrac{K}{l}x \end{array}\right\} \qquad (3-58)$$

同样，积分常数 C 可按接触区与外端界面上在水平方向作用的合力为零的条件来确定，即

$$2\int_0^{h/2} \sigma_x \mathrm{d}y = 0$$

把式 3−58 代入此式，则

$$2\int_0^{\frac{h}{2}}\left(-\frac{K}{l}y + C\right)\mathrm{d}y = 0$$

积分后得

$$C = \frac{Kh}{4l}$$

代入式 3−58 中，并以 $y = h/2$ 代入，得接触表面的压力表达式

$$\sigma_y = -K\left[\frac{h}{4l} + \sqrt{1 - \left(\frac{2x}{l}\right)^2}\right]$$

所以

$$\begin{aligned} n_\sigma &= \frac{\bar{p}}{K} \\[2mm] &= \frac{-2\int_0^{l/2}\sigma_y\mathrm{d}x}{Kl} = \frac{2\int_0^{l/2}K\left[\frac{h}{4l} + \sqrt{1 - \left(\frac{2x}{l}\right)^2}\right]\mathrm{d}x}{Kl} \\[2mm] &= \frac{\pi}{4} + \frac{1}{4}\frac{h}{l} = 0.785 + 0.25\frac{h}{l} \qquad (3-59) \end{aligned}$$

此式曾由斋藤导出，由式 3−59 作出的曲线如图 3−26 所示。

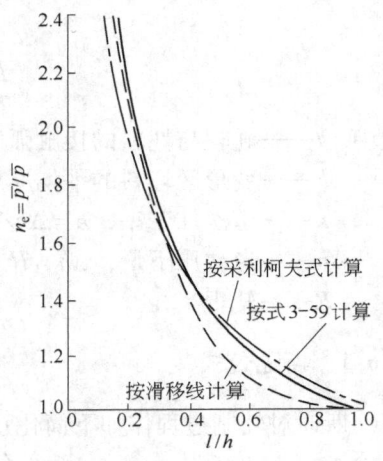

图 3−26　按不同公式计算的 n_σ 或 $\bar{p}/K$

3.6　平辊轧制单位压力的计算

平辊轧制过程实际是一个连续镦粗过程。材料在变形区内的应力−变形状态、材料流动情况以及接触表面的应力分布规律，与平面变形条件下的镦粗过程都有相似之处。不同的是变形区形状不再是矩形，而且中性面的位置向出口偏移，不再处于对称位置。这是由于工具为弧形形状所致。由图 3−27 可以看出，坯料在入辊缝处较厚，而出辊缝处较薄，这就是由于摩擦力引起的在轧制方向上的压应力 σ_x，从入辊处往里的增加速度要比从出辊处往里增加速度慢。根据屈服准则，自然 σ_n 由入辊处往里的增加速度要比从出辊处

往里的增加的速度慢。因此 σ_n 的最大值（即中性面）的位置必然向出口处偏移。

现有的轧制力计算公式很多，各公式的形式和计算结果区别也很大。这是由于推导这些公式时所采用的假设条件不同。关于变形几何形状的不同处理，虽使公式的形式有很大区别，但计算结果出入不大。各公式计算结果的区别主要是由接触表面摩擦规律的处理以及不同屈服准则所造成的。

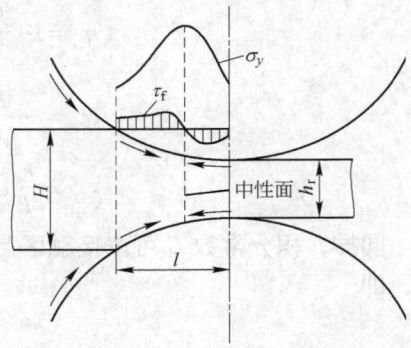

图 3 – 27　平辊轧制时接触面应力分布

接触表面的摩擦规律主要有以下几种不同处理。

（1）全滑动——整个接触表面摩擦应力与法向压应力成正比，即符合库仑摩擦定律：

$$\tau_f = f\sigma_n$$

（2）全黏着——整个接触表面摩擦应力均为最大值，即 $\tau_f = K/2$。

（3）混合摩擦——根据具体轧制条件（f 及 $l/\bar{h}$ 值），接触表面可能出现不同的摩擦情况。轧制力计算公式和镦粗力计算公式类似，一般取如下形式：

$$P = \frac{\bar{p}}{\sigma_s}\sigma_s F$$

而

$$\frac{\bar{p}}{\sigma_s} = f(f, l/\bar{h}) = \varphi(f, \varepsilon, R)$$

式中　l——轧辊与坯料的接触弧长度；

　　　$\bar{h}$——变形区坯料的平均厚度；

　　　ε——道次加工率，$\varepsilon = \Delta h/H$；

　　　Δh——道次压下量，$\Delta h = H - h$；

　　　R——轧辊半径。

3.6.1　斯通公式

斯通对轧制过程作如下简化：

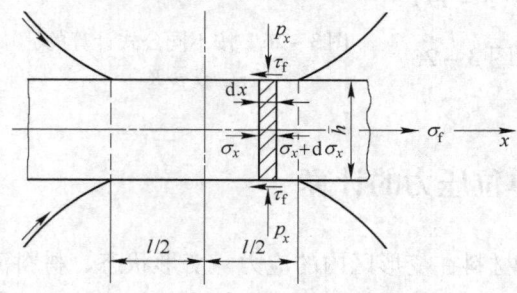

图 3 – 28　以平锤镦粗代替轧制

（1）将轧制过程近似看作平锤间镦粗（图 3 – 28）；

（2）忽略宽展，将轧制看作平面变形；

（3）假设整个接触表面都符合库仑摩擦定律；

（4）σ_x 沿轧件高向、宽向均匀分布。

在变形区中用两个距离为 dx 并且垂直于 x 轴的平面截取分离体（图 3 – 28），将其上作用的各应力分量取静力平衡。

在前滑区有

$$(\sigma_x + d\sigma_x)\bar{h} - \sigma_x\bar{h} + 2\tau_f dx = 0$$

在后滑区有

$$(\sigma_x + \mathrm{d}\sigma_x)\overline{h} - \sigma_x\overline{h} - 2\tau_f\mathrm{d}x = 0$$

将上述两式化简合并得

$$\frac{\mathrm{d}\sigma_x}{\mathrm{d}x} \pm \frac{2\tau_f}{\overline{h}} = 0$$

式中，"+"号为前滑区；"-"号为后滑区。

由上式得

$$\frac{\mathrm{d}\sigma_x}{\mathrm{d}x} = \mp \frac{2\tau_f}{\overline{h}}$$

应用库仑摩擦定律

$$\tau_f = fp_x$$

及塑性条件近似式

$$p_x - \sigma_x = K$$

即

$$\mathrm{d}p_x = \mathrm{d}\sigma_x$$

得出

$$\frac{\mathrm{d}p_x}{\mathrm{d}x} = \mp \frac{2fp_x}{\overline{h}}$$

式中，"-"号为前滑区；"+"号为后滑区。

在前滑区

$$\frac{\mathrm{d}p_x}{\mathrm{d}x} = -\frac{2fp_x}{\overline{h}}$$

$$\frac{\mathrm{d}p_x}{p_x} = -\frac{2f}{\overline{h}}\mathrm{d}x$$

将上式积分得

$$\ln p_x = -\frac{2f}{\overline{h}}x + C_1$$

将边界条件 $x = l/2$ 时，$p_x = K(1 - \sigma_f/K)$ 代入上式，得

$$C_1 = \ln\left(1 - \frac{\sigma_f}{K}\right)K + \frac{fl}{\overline{h}}$$

所以

$$\ln p_x = \ln\left(1 - \frac{\sigma_f}{K}\right)K - \frac{2fx}{\overline{h}} + \frac{fl}{\overline{h}}$$

$$\frac{p_x}{K - \sigma_f} = \mathrm{e}^{\frac{fl}{\overline{h}} - \frac{2fx}{\overline{h}}} \tag{3-60}$$

在后滑区

$$\frac{\mathrm{d}p_x}{\mathrm{d}x} = \frac{2fp_x}{\overline{h}}$$

$$\frac{\mathrm{d}p_x}{p_x} = \frac{2f}{h}\mathrm{d}x$$

上式积分，得

$$\ln p_x = \frac{2f}{h}x + C_2$$

将边界条件 $x = -l/2$ 时，$p_x = K(1 - \sigma_b/K)$ 代入上式，得

$$C_2 = \ln\left(1 - \frac{\sigma_b}{K}\right)K + \frac{fl}{h}$$

所以

$$\frac{p_x}{K - \sigma_b} = \mathrm{e}^{\frac{fl}{h} + \frac{2fx}{h}} \tag{3-61}$$

式 3-60 与式 3-61 在整个接触表面范围内积分，即得轧制力计算公式

$$P = \frac{B_1 + B_2}{2}\left[\int_0^{\frac{l}{2}}(K - \sigma_f)\mathrm{e}^{\frac{2f}{h}(\frac{l}{2}-x)}\mathrm{d}x + \int_{-\frac{l}{2}}^0 (K - \sigma_b)\mathrm{e}^{\frac{2f}{h}(\frac{l}{2}+x)}\mathrm{d}x\right]$$

$$= \frac{B_1 + B_2}{2}\frac{\bar{h}}{f}\left[\left(K - \frac{\sigma_f + \sigma_b}{2}\right)\mathrm{e}^{\frac{2fl}{h}} - \left(K - \frac{\sigma_f + \sigma_b}{2}\right)\right] \tag{3-62}$$

平均单位压力

$$\bar{p} = \frac{P}{\left(\frac{B_1+B_2}{2}\right)l} = \frac{\bar{h}}{fl}\left[\left(K - \frac{\sigma_f+\sigma_b}{2}\right)\mathrm{e}^{\frac{fl}{h}} - \left(K - \frac{\sigma_f+\sigma_b}{2}\right)\right]$$

令 $\frac{fl}{h} = x$，则上式变为

$$\bar{p} = \left(K - \frac{\sigma_f+\sigma_b}{2}\right)\frac{\mathrm{e}^x - 1}{x} \tag{3-63}$$

式中　σ_f，σ_b——前、后张力。

　　式 3-63 就是计算轧制平均单位压力的斯通公式。系数 x 表示了摩擦系数 f 及变形区几何因素 $l/\bar{h}$ 对平均单位压力的影响。

3.6.2　采利柯夫公式

3.6.2.1　卡尔曼（Karman）方程
卡尔曼做了如下假设：
（1）把轧制过程看成平面变形状态；
（2）σ_x 沿轧件高向、宽向均匀分布；
（3）接触表面摩擦系数 f 为常数，即 $\tau_f = fp_x$。
　　从变形区中截取单元体（图 3-29），将作用在此单元体上的力向 x 轴投影，并取静力平衡

$$(\sigma_x + \mathrm{d}\sigma_x)(h_x + \mathrm{d}h_x) - \sigma_x h_x - 2p_x r\mathrm{d}\alpha\sin\alpha \pm 2fp_x r\mathrm{d}\alpha\cos\alpha = 0$$

展开上式，并略去高阶无穷小，得

$$\sigma_x\mathrm{d}h_x + h_x\mathrm{d}\sigma_x - 2p_x r\mathrm{d}\alpha\sin\alpha \pm 2fp_x r\mathrm{d}\alpha\cos\alpha = 0$$

$$\frac{\mathrm{d}(\sigma_x h_x)}{\mathrm{d}\alpha} = 2p_x r(\sin\alpha \pm f\cos\alpha) \qquad (3-64)$$

式 3-64 为卡尔曼方程原形，式中"+"号适用于前滑区；"-"号适用于后滑区。后来史密斯假设图 3-29 中单元体的上、下界面为斜平面，则式 3-64 中的

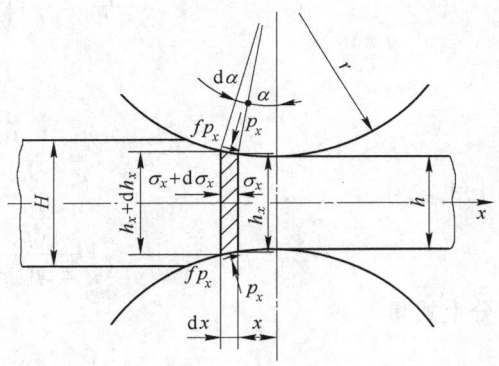

$$r\mathrm{d}\alpha = \frac{\mathrm{d}x}{\cos\alpha}$$

式 3-64 变为

$$\mathrm{d}(\sigma_x h_x) = 2p_x \frac{\mathrm{d}x}{\cos\alpha}(\sin\alpha \pm f\cos\alpha)$$

展开上式，得

$$h_x \mathrm{d}\sigma_x + \sigma_x \mathrm{d}h_x - 2p_x \tan\alpha \mathrm{d}x \mp 2fp_x \mathrm{d}x = 0$$

图 3-29 轧制时单元体上受力情况

$$\frac{\mathrm{d}\sigma_x}{\mathrm{d}x} + \frac{\sigma_x}{h_x}\frac{\mathrm{d}h_x}{\mathrm{d}x} - \frac{2p_x \tan\alpha}{h_x} \mp \frac{2fp_x}{h_x} = 0$$

将屈服准则的近似式

$$p_x - \sigma_x = K$$

和

$$\mathrm{d}p_x = \mathrm{d}\sigma_x$$

代入上式，得

$$\frac{\mathrm{d}p_x}{\mathrm{d}x} + \frac{p_x - K}{h_x}\frac{\mathrm{d}h_x}{\mathrm{d}x} - \frac{2p_x \tan\alpha}{h_x} \mp \frac{2fp_x}{h_x} = 0$$

由于 $\dfrac{\mathrm{d}h_x}{\mathrm{d}x} = 2\tan\alpha$，上式变为

$$\frac{\mathrm{d}p_x}{\mathrm{d}x} - \frac{K}{h_x}\frac{\mathrm{d}h_x}{\mathrm{d}x} \pm \frac{2fp_x}{h_x} = 0 \qquad (3-65)$$

式中，"+"号为后滑区；"-"号为前滑区。

式 3-65 为卡尔曼方程的另一种形式。

3.6.2.2 采利柯夫公式

采利柯夫假设，在接触角不大的情况下，接触弧 AB 可用弦 $\overline{AB}$ 来代替（图 3-30）。

显然 $\overline{AB}$ 的方程为

$$y = \frac{1}{2}h_x = \frac{1}{2}\left(h + \frac{\Delta h}{l}x\right)$$

微分上式得

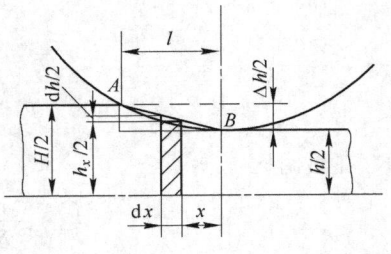

$$\frac{\mathrm{d}x}{\mathrm{d}h_x} = \frac{l}{\Delta h}$$

$$\mathrm{d}x = \frac{l\mathrm{d}h_x}{\Delta h}$$

图 3-30 以弦代弧

将式 3-65 改为

$$\mathrm{d}p_x - \frac{\mathrm{d}h_x}{h_x}K \pm \frac{2fp_x}{h_x}\mathrm{d}x = 0$$

将计算 dx 值的公式代入上式，得

$$\mathrm{d}p_x - \frac{\mathrm{d}h_x}{h_x}\left(K \mp \frac{2fl}{\Delta h}p_x \right) = 0$$

令

$$\delta = \frac{2fl}{\Delta h}$$

则上式变为

$$\frac{\mathrm{d}p_x}{\pm \delta p_x - K} = -\frac{\mathrm{d}h_x}{h_x}$$

积分上式得

$$\pm \frac{1}{\delta}\ln(\pm \delta p_x - K) = \ln \frac{1}{h_x} + C$$

式中，"+"号为后滑区；"−"号为前滑区。

在前滑区

$$-\frac{1}{\delta}\ln(-\delta p_x - K) = \ln \frac{1}{h_x} + C$$

根据边界条件，在出口处 $h_x = h$，$p_x = K\left(1 - \frac{\sigma_{\mathrm{f}}}{K} \right)$ 代入上式，得

$$C = -\frac{1}{\delta}\ln\left[-\delta\left(1 - \frac{\sigma_{\mathrm{f}}}{K} \right)K - K \right] - \ln \frac{1}{h}$$

则

$$\frac{1}{\delta}\ln\left[\frac{\delta p_x + K}{\delta\left(1 - \dfrac{\sigma_{\mathrm{f}}}{K} \right)K + K} \right] = \ln \frac{h_x}{h}$$

令 $\xi_1 = \left(1 - \dfrac{\sigma_{\mathrm{f}}}{K} \right)$，则上式变为

$$\frac{\delta p_x + K}{(\delta\xi_1 + 1)K} = \left(\frac{h_x}{h} \right)^{\delta}$$

$$p_x = \frac{K}{\delta}\left[(\delta\xi_1 + 1)\left(\frac{h_x}{h} \right)^{\delta} - 1 \right] \tag{3-66a}$$

在后滑区

$$\frac{1}{\delta}\ln(\delta p_x - K) = \ln \frac{1}{h_x} + C$$

根据边界条件，在入辊处，$h_x = H$，$p_x = K\left(1 - \dfrac{\sigma_{\mathrm{b}}}{K} \right)$，并令 $\xi_2 = 1 - \dfrac{\sigma_{\mathrm{b}}}{K}$，同理可得

$$p_x = \frac{K}{\delta}\left[(\delta\xi_2 - 1)\left(\frac{H}{h_x} \right)^{\delta} + 1 \right] \tag{3-66b}$$

无张力时，式 3−66a，式 3−66b 分别变为

前滑区 $$p_x = \frac{K}{\delta}\left[(\delta + 1)\left(\frac{h_x}{h} \right)^{\delta} - 1 \right] \tag{3-67}$$

后滑区

$$p_x = \frac{K}{\delta}\left[(\delta-1)\left(\frac{H}{h_x}\right)^\delta + 1\right] \qquad (3-68)$$

在前滑区与后滑区的分界处（中性面）$h_x = h_\gamma$，将此式代入式 3-67、式 3-68 中，并令两式的 p_x 相等，可得

$$\left(\frac{H}{h_\gamma}\right)^\delta = \frac{1}{\delta-1}\left[(\delta+1)\left(\frac{h_\gamma}{h}\right)^\delta - 2\right]$$

或

$$\frac{h_\gamma}{h} = \left[\frac{1+\sqrt{1+(\delta^2-1)\left(\frac{H}{h}\right)^\delta}}{\delta+1}\right]^{\frac{1}{\delta}} \qquad (3-69)$$

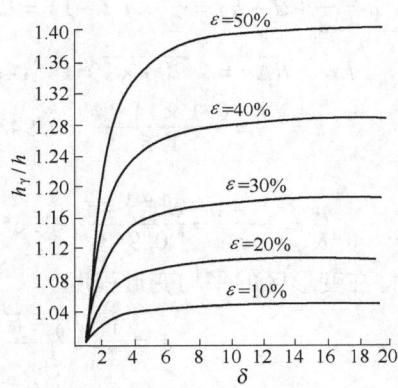

图 3-31 $\dfrac{h_\gamma}{h}$ 与 δ、ε 的关系

图 3-31 为式 3-69 的计算曲线。

将式 3-67、式 3-68 分别在前、后滑区内积分，得

$$P = \frac{B_1+B_2}{2}\frac{K}{\delta}\left\{\int_h^{h_\gamma}\left[(\delta+1)\left(\frac{h_x}{h}\right)^\delta - 1\right]dx + \int_{h_\gamma}^H\left[(\delta-1)\left(\frac{H}{h_x}\right)^\delta + 1\right]dx\right\}$$

将计算 dx 值的公式代入上式

$$P = \frac{B_1+B_2}{2}\frac{K}{\delta}\frac{l}{\Delta h}\left\{\int_h^{h_\gamma}\left[(\delta+1)\left(\frac{h_x}{h}\right)^\delta - 1\right]dh_x + \int_{h_\gamma}^H\left[(\delta-1)\left(\frac{H}{h_x}\right)^\delta + 1\right]dh_x\right\}$$

积分并整理后得

$$P = \frac{B_1+B_2}{2}\frac{K}{\delta}\frac{1}{\Delta h}h_\gamma\left[\left(\frac{H}{h_\gamma}\right)^\delta + \left(\frac{h_\gamma}{h}\right)^\delta - 2\right] \qquad (3-70)$$

平均单位压力

$$\bar{p} = \frac{P}{\left(\frac{B_1+B_2}{2}\right)l} = K\frac{h_\gamma}{\Delta h \delta}\left[\left(\frac{H}{h_\gamma}\right)^\delta + \left(\frac{h_\gamma}{h}\right)^\delta - 2\right] \qquad (3-71)$$

将式 3-69 代入式 3-71 得

$$n_\sigma = \frac{\bar{p}}{K} = \frac{2h}{\Delta h(\delta-1)}\left(\frac{h_\gamma}{h}\right)\left[\left(\frac{h_\gamma}{h}\right)^\delta - 1\right]$$

令 $\varepsilon = \dfrac{\Delta h}{H}$，则 $\dfrac{h}{\Delta h} = \dfrac{1-\varepsilon}{\varepsilon}$。

上式变为

$$\frac{\bar{p}}{K} = \frac{2(1-\varepsilon)}{\varepsilon(\delta-1)}\left(\frac{h_\gamma}{h}\right)\left[\left(\frac{h_\gamma}{h}\right)^\delta - 1\right] \qquad (3-72)$$

图 3-32 为采利柯夫公式（式 3-72）的计算曲线。

例 6 在工作辊直径为 400mm 的轧机上轧制 H68 黄铜带，轧前带宽 $B = 498$mm，轧后带宽 $B = 502$mm，该道次轧前带厚 $H = 2$mm，轧后带厚 $h = 1$mm，设 $f = 0.1$，$\sigma_f = 220$MPa，$\sigma_b = 180$MPa。带材在该道次轧前为退火状态，即 $H_0 = 2$mm。黄铜的硬化曲线模型为 $\sigma_s = 525 + 300\varepsilon$（MPa）。试用斯通公式和采利柯夫公式分别计算轧制力。

（1）按斯通公式计算

$$\bar{h} = \frac{1}{2}(H+h) = \frac{1}{2} \times (2+1) = 1.5\text{mm}$$

$$l = \sqrt{R\Delta h} = \sqrt{200 \times 1} = 14.14\text{mm}$$

$$x = \frac{fl}{\bar{h}} = \frac{0.1 \times 14.14}{1.5} = 0.943$$

$$\frac{\bar{p}}{K} = \frac{e^x - 1}{x} = \frac{e^{0.943} - 1}{0.943} = 1.662$$

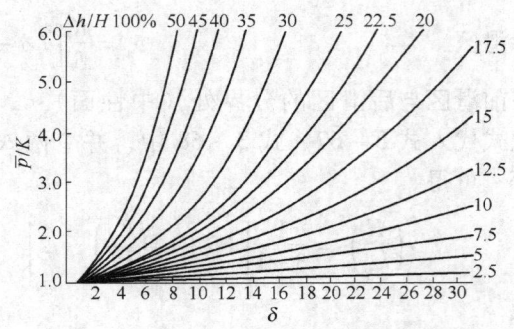

图 3-32　采利柯夫公式计算曲线

轧件在变形区的平均变形程度

$$\bar{\varepsilon} = \frac{1}{2}\left(\frac{H_0 - H}{H_0} + \frac{H_0 - h}{H_0}\right) = \frac{1}{2} \times (0 + 50\%) = 25\%$$

则该合金的平均变形抗力 $\bar{\sigma}_s = 600\text{MPa}$。

$$K' = K - \frac{\sigma_f + \sigma_b}{2} = 1.155 \times 600 - \frac{180 + 220}{2} = 493\text{MPa}$$

$$\bar{p} = 1.662 \times 493 = 817.7\text{MPa}$$

铜带平均变形宽度为

$$\bar{B} = \frac{B_{前} + B_{后}}{2} = 500\text{mm}$$

则轧制力

$$P = \bar{p} \times \bar{B} \times l = 817.7 \times 500 \times 14.14 = 5781.1\text{kN}$$

（2）按采利柯夫公式（图3-32）计算

$$\delta = \frac{2fl}{\Delta h} = \frac{2 \times 0.1 \times 14.14}{1} = 2.828$$

根据以上参数值查图3-32计算曲线得

$$\frac{\bar{p}}{K} = 1.68$$

$$\bar{p} = \left(\frac{\bar{p}}{K}\right)K' = 1.68 \times 493 = 828.2\text{MPa}$$

$$P = \bar{p}Bl = 828.2 \times 500 \times 14.14 = 5855.4\text{kN}$$

两个公式计算结果相差1.4%。

3.6.3* 西姆斯公式

西姆斯令 $\sigma_x h_x = T_x$，又假设 $\sin\alpha \approx \tan\alpha \approx \alpha$，$\cos\alpha \approx 1$（参考图3-29），假定接触表面摩擦应力为常数，且达到最大值，即 $\tau_f = K/2$，则卡尔曼方程式3-64变为

$$\frac{\text{d}T_x}{\text{d}\alpha} = r(2p_x\alpha \pm K) \tag{3-73}$$

西姆斯又应用了奥洛万的结论，将轧制过程看作在粗糙平锤头间镦粗，即假定

$$T_x = h_x\left(p_x - \frac{\pi}{4}K\right)$$

式中，$\dfrac{\pi}{4}$ 为考虑金属横向流动（宽展）的修正系数。将 T_x 公式代入式 3-73 得

$$\frac{\mathrm{d}}{\mathrm{d}\alpha}\left[h_x\left(\frac{p_x}{K}-\frac{\pi}{4}\right)\right]=2ra\frac{p_x}{K}\pm r$$

最后，假设变形区 σ_s 为常数，并且设 $h_x\approx h+r\alpha^2$，代入上式得

$$\frac{\mathrm{d}}{\mathrm{d}\alpha}\left(\frac{p_x}{K}-\frac{\pi}{4}\right)=\frac{\pi r\alpha}{2(h+r\alpha^2)}\pm\frac{r}{h+r\alpha^2}$$

积分上式得

$$\frac{p_x}{K}-\frac{\pi}{4}=\frac{\pi}{4}\ln\frac{h_x}{r}\pm\sqrt{\frac{r}{h}}\tan^{-1}\sqrt{\frac{r}{h}}\alpha+C \qquad (3-74)$$

式中，"+"号为前滑区；"-"号为后滑区。

在前滑区，当 $\alpha=0$，$h_x=h$ 时

$$\frac{p_x}{K}-\frac{\pi}{4}=\frac{T_x}{h}=0$$

将此式代入式 3-74，得

$$C=-\frac{\pi}{4}\ln\frac{h}{r}$$

故

$$\frac{p_x}{K}=\frac{\pi}{4}\ln\frac{h_x}{h}+\frac{\pi}{4}+\sqrt{\frac{r}{h}}\tan^{-1}\sqrt{\frac{r}{h}}\alpha \qquad (3-75)$$

在后滑区，当 $\alpha=\alpha_0$，$h_x=H$ 时

$$\frac{p_x}{K}-\frac{\pi}{4}=\frac{T_x}{H}=0$$

将此式代入式 3-74，得

$$C=\sqrt{\frac{r}{h}}\tan^{-1}\sqrt{\frac{r}{h}}\alpha_0-\frac{\pi}{4}\ln\frac{H}{r}$$

故

$$\frac{p_x}{K}=\frac{\pi}{4}\ln\frac{h_x}{H}+\frac{\pi}{4}+\sqrt{\frac{r}{h}}\tan^{-1}\sqrt{\frac{r}{h}}\alpha_0-\sqrt{\frac{r}{h}}\tan^{-1}\sqrt{\frac{r}{h}}\alpha \qquad (3-76)$$

在中性面处，$\alpha=\gamma$（中性角），式 3-75 与式 3-76 相等，得

$$\frac{\pi}{4}\ln\left(\frac{h}{H}\right)=2\sqrt{\frac{r}{h}}\tan^{-1}\sqrt{\frac{r}{h}}\gamma-\sqrt{\frac{r}{h}}\tan^{-1}\sqrt{\frac{r}{h}}\alpha_0$$

$$\gamma=\sqrt{\frac{h}{r}}\tan\left[\frac{1}{2}\tan^{-1}\sqrt{\frac{\varepsilon}{1-\varepsilon}}+\frac{\pi}{8}\sqrt{\frac{h}{r}}\ln(1-\varepsilon)\right] \qquad (3-77)$$

其中

$$\varepsilon=\frac{\Delta h}{H}$$

将式 3-76、式 3-77 分别在前、后滑区范围内积分并经整理后，得平均单位压力计算公式为

$$\frac{\bar{p}}{K} = \frac{\pi}{2}\sqrt{\frac{1-\varepsilon}{\varepsilon}}\tan^{-1}\sqrt{\frac{\varepsilon}{1-\varepsilon}} - \frac{\pi}{4} - \sqrt{\frac{1-\varepsilon}{\varepsilon}}\sqrt{\frac{r}{h}}\ln\left(\frac{h_\gamma}{h}\right) + \frac{1}{2}\sqrt{\frac{1-\varepsilon}{\varepsilon}}\sqrt{\frac{r}{h}}\ln\left(\frac{1}{1-\varepsilon}\right)$$

$$(3-78)$$

式中　h_γ——中性面处轧件厚度。

$$\frac{h_\gamma}{h} = \frac{r}{h}\gamma^2 + 1 \qquad (3-79)$$

图 3-33 为西姆斯公式（式 3-79）的计算曲线。

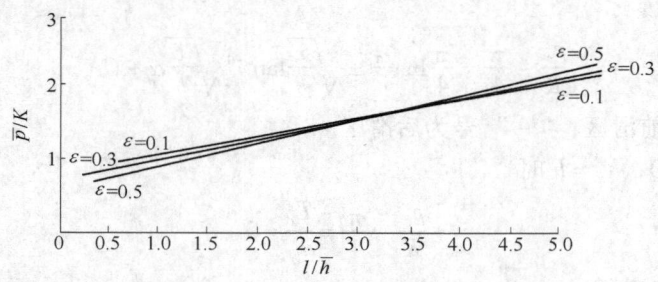

图 3-33　西姆斯公式计算曲线

3.6.4* 艾克隆得公式

艾克隆得公式是用于热轧时计算平均压力的半经验公式。其公式

$$\bar{p} = (1+m)(K + \eta\,\bar{\dot{\varepsilon}}) \qquad (3-80)$$

式中　m——外摩擦对单位压力影响的系数；

　　η——黏性系数；

　　$\bar{\dot{\varepsilon}}$——平均应变速率。

第一项 $(1+m)$ 是考虑外摩擦的影响，m 可以用以下公式确定

$$m = \frac{1.6f\sqrt{R\Delta h} - 1.2\Delta h}{H+h} \qquad (3-81)$$

式 3-80 中第二项中乘积 $\eta\dot{\varepsilon}$ 是考虑应变速度对变形抗力的影响。

其中平均应变速度 $\bar{\dot{\varepsilon}}$ 用下式计算

$$\bar{\dot{\varepsilon}} = \frac{2v\sqrt{\Delta h/R}}{H+h} \qquad (3-82)$$

把 m 值和 $\bar{\dot{\varepsilon}}$ 值代入式 3-80，并乘以接触面积的水平投影，则轧制力为

$$P = \frac{B_H + B_h}{2}\sqrt{R\Delta h}\left[\left(1 + \frac{1.6f\sqrt{R\Delta h} - 1.2\Delta h}{H+h}\right)\left(K + \frac{2\eta v\sqrt{\frac{\Delta h}{R}}}{H+h}\right)\right] \qquad (3-83)$$

艾克隆得还给出计算 K 和 η 的经验公式

$$K = (14 - 0.01t)(1.4 + \varphi(C) + \varphi(Mn))\quad MPa \qquad (3-84)$$

$$\eta = 0.01(14 - 0.01t)\quad Pa \cdot s \qquad (3-85)$$

式中　t——轧制温度，℃；

　$\varphi(C)$——碳的质量分数，%；

$\varphi(Mn)$——锰的质量分数,%。

当温度$t \geqslant 800℃$和$\varphi(Mn) \leqslant 1.0\%$时,这些公式是正确的。

f用下式计算

$$f = a(1.05 - 0.0005t)$$

对钢轧辊,$a = 1$;对铸铁轧辊,$a = 0.8$。

近来,对艾克隆得公式进行了修正,按下式计算黏性系数

$$\eta = 0.01(14 - 0.01)C' \quad Pa \cdot s$$

式中 C'——决定于轧制速度的系数。

轧制速度/$m \cdot s^{-1}$	系数 C'
<6	1
6~10	0.8
10~15	0.65
15~20	0.60

计算K时,建议还要考虑含铬量的影响:

$$K = (14 - 0.01t)(1.4 + \varphi(C) + \varphi(Mn) + 0.3\varphi(Cr)) \quad MPa$$

3.7* 利用平均能量法推导公式3-51

如图3-34所示,一微小变形过程,由机械能守恒定理

$$\omega_{外} = \omega_{塑} + \omega_{摩} \tag{3-86}$$

$$\omega_{外} = \bar{p}lB \cdot dh \tag{3-87}$$

$$\omega_{塑} = \sigma_e d\varepsilon_e lBh \tag{3-88}$$

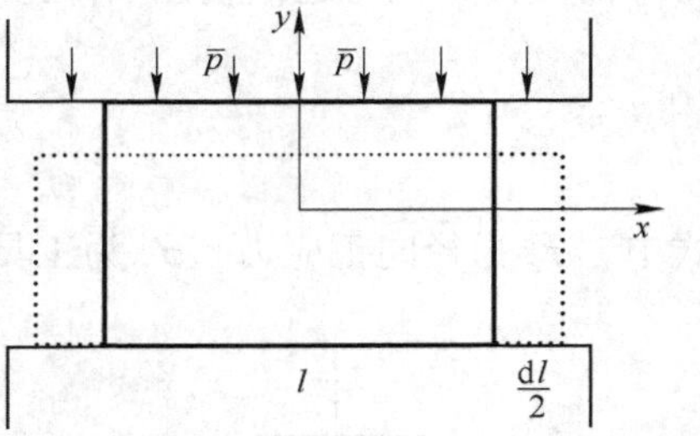

且变形时

$$\sigma_e = \sigma_s \tag{3-89}$$

图3-34 矩形件微小平面变形

又由

$$d\varepsilon_e = \sqrt{\frac{2}{9}\left[(d\varepsilon_1 - d\varepsilon_2)^2 + (d\varepsilon_2 - d\varepsilon_3)^2 + (d\varepsilon_3 - d\varepsilon_1)^2\right]} \tag{3-90}$$

因为

$$d\varepsilon_1 = -d\varepsilon_3 = \frac{dl}{l} = -\frac{dh}{h}, \quad d\varepsilon_2 = 0$$

代入式3-90

$$d\varepsilon_e = \frac{2}{\sqrt{3}}|d\varepsilon_3| = \frac{2}{\sqrt{3}}\left|\frac{dh}{h}\right| \tag{3-91}$$

$$\omega_{摩} = 4\tau_f \frac{l}{2}B\frac{dl}{4} \tag{3-92}$$

将式3-88、式3-89、式3-91、式3-92代入式3-86

$$\bar{p} = \sigma_s \frac{2}{\sqrt{3}} \frac{dh}{h} \frac{h}{dh} + 4k \frac{dl}{8} \frac{1}{dh} = 2k + \frac{k}{2} \frac{l}{h}$$

即

$$n_\sigma = \frac{\bar{p}}{K} = 1 + \frac{1}{4} \frac{l}{h}$$

3.8* 工程法实际应用实例——半固态触变成型力的工程法求解

金属半固态触变成型过程成型力的大小不仅可以反映金属半固态浆料的成型性,同时对半固态触变成型理论的研究以及成型工艺与设备的开发、成型模具的设计都具有十分重要的意义。关于成型力的理论计算,工程上普遍采用的有工程法、滑移线法、上界法等。工程法是最早被应用于工程上计算变形力的方法,因其计算结果与实际之间的误差在工程允许范围之内,同时计算过程比较简单,因而得到了广泛的应用。本文采用工程法,运用近似塑性条件,对液相线半连续铸造法获得的 7075 铝合金半固态浆料的触变成型力进行了计算,其结果对金属半固态加工技术的开发与理论研究都具有重要的指导意义。

3.8.1 计算

3.8.1.1 变形开始阶段

变形开始时,采用柱面坐标系,$\tau_{r\theta} = \tau_{z\theta} = 0$,$\varepsilon_r = \varepsilon_\theta$,$\sigma_r = \sigma_\theta$,如图 3-35 所示,其力平衡微分方程与近似塑性条件为

$$\frac{\partial \sigma_r}{\partial r} + \frac{\partial \tau_{zr}}{\partial z} = 0$$

$$d\sigma_r = d\sigma_z$$

式中,σ_r 为径向正应力;σ_z 为工具压应力;τ_{zr} 为径向剪应力,如图 3-36 所示。

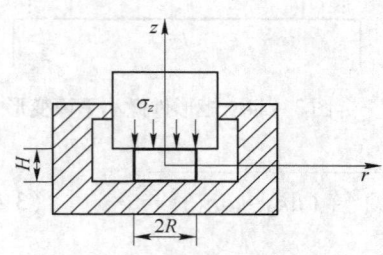

图 3-35 半固态浆料触变成型
开始阶段受力图

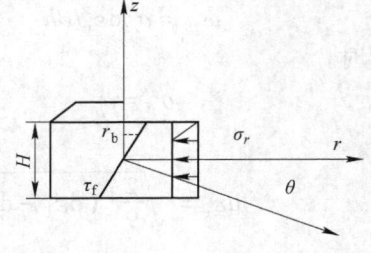

图 3-36 变形区应力状态

假设 σ_r 沿 z 轴均匀分布,τ_{zr} 沿 z 轴线性分布,即

$$\tau_{zr} = \frac{2\tau_f}{h} z$$

则

$$\frac{d\sigma_z}{dr} + \frac{2\tau_f}{h} = 0 \tag{3-93}$$

假定接触面为混合摩擦条件,即接触面的摩擦分为两区,外侧为常摩擦系数区,内侧

为常摩擦应力区，则有

内侧： $$\tau_f = f\sigma_z \tag{3-94}$$

外侧： $$\tau_f = -k \tag{3-95}$$

分界点为 r_b，如图 3-36 所示。变形开始阶段的变形力为

$$p_s = \int_R^{r_b} \sigma_{z1} 2\pi r \mathrm{d}r + \int_{r_b}^0 \sigma_{z2} 2\pi r \mathrm{d}r \tag{3-96}$$

式中，σ_{z1} 和 σ_{z2} 分别为常摩擦系数区（滑动区）、常摩擦应力区（黏着区）的单位压力分布方程。各区单位压力分布方程计算如下：

（1）常摩擦系数区。

令单位压力分布方程为 σ_{z1}，由式 3-93 及式 3-94 得

$$\frac{\mathrm{d}\sigma_{z1}}{\sigma_{z1}} = -\frac{2f}{h}\mathrm{d}r$$

由此解得 $\sigma_{z1} = ce^{-\frac{2f}{h}}$。由边界条件确定积分常数 c，即 $r = R$ 时，有

$$\sigma_{ra} = \sigma_{rza} = 0, \quad \tau_{zra} = 0$$

由塑性条件

$$(\sigma_{ra} - \sigma_{za})^2 + 3\tau_{zra}^2 = \sigma_s^2$$

解得

$$\sigma_{za} = -\sigma_s$$

则

$$\sigma_{z1} = -\sigma_s e^{\frac{2f}{h}(R-r)} \tag{3-97}$$

（2）常摩擦应力区（$\tau_f = -k$）。

令单位压力分布方程为 σ_{z2}，由式 3-93 及式 3-95 解得

$$\sigma_{z2} = \frac{2\sigma_s}{\sqrt{3}h}r_b + C$$

由边界条件确定积分常数 C，即 $r = r_b$（常摩擦应力区与常摩擦系数区分界点）时，

$$\sigma_{zb} = \frac{2\sigma_s}{\sqrt{3}h}r_b + C$$

则

$$\sigma_{z2} = \sigma_{zb} + \frac{2\sigma_s}{\sqrt{3}h}(r - r_b) \tag{3-98}$$

下面确定 r_b、σ_{zb}。

$r = r_b$ 处，滑动摩擦力等于屈服剪应力 k，即

$$f\sigma_{zb} = -k, \sigma_{zb} = -\frac{\sigma_s}{\sqrt{3}f} \tag{3-99}$$

由式 3-97 和式 3-99 得

$$r_b = R + \frac{h}{2f}\ln(\sqrt{3}f) \tag{3-100}$$

将式 3-97～式 3-100 代入式 3-96 则变形开始阶段的变形力可求。

3.8.1.2　变形终了阶段

变形终了时，如图 3-37 所示，压应力分布规律与变形开始时接触面的压应力分布类似，只是边界上 σ_{za} 不等于 σ_s。此时

$$\sigma_{za} = \sigma_{ra} + \sigma_s \tag{3-101}$$

式中，σ_{za}、σ_{ra} 分别为 A 区与 B 区分界面处的轴向、径向正应力。该区域的应力状态为三向压应力状态，如图 3-38 所示，并满足塑性条件

$$\sigma_{rb} - \sigma_{zb} = \sigma_s$$

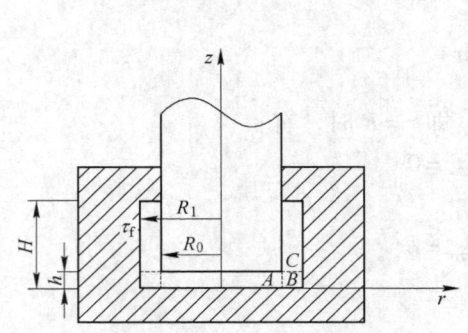

图 3-37　半固态浆料触变成型
终了阶段受力图

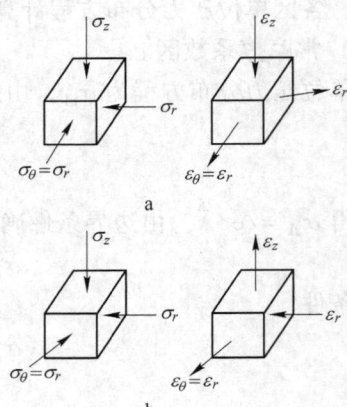

图 3-38　变形区的应力与应变
a—A 区；b—B 区

B 区的 σ_{zb} 是由于 C 区金属与挤压杆前进的方向反向流动时，受到模壁与挤压杆表面的摩擦应力 τ_f 的阻碍及模子顶端压应力的作用产生的，取 $\tau_f = 0.5\sigma_s$，顶端压应力取为 σ_s，因此，在 C 区与 B 区的分界面上

$$\sigma_{rb} - \sigma_{zb} = \sigma_s \tag{3-102}$$

$$\sigma_{zb} = \frac{0.5\sigma_s 2\pi(R_1 + R_0)(H - h)}{\pi(R_1^2 - R_0^2)} + \sigma_s = \sigma_s\left(1 + \frac{H - h}{R_1 - R_0}\right) \tag{3-103}$$

在 A 区与 B 区的分界面上

$$\sigma_{rb} = \sigma_{ra} \tag{3-104}$$

将式 3-102～式 3-104 代入式 3-101
得

$$\sigma_{za} = \sigma_{ra} + \sigma_s = \sigma_s\left(3 + \frac{H - h}{R_1 - R_0}\right) \tag{3-105}$$

由式 3-97 可得 A 区滑动部分单位压力分布方程

$$\sigma_{z1} = -\sigma_s\left(3 + \frac{H - h}{R_1 - R_0}\right)e^{\frac{2f}{h}(R - r)} \tag{3-106}$$

黏着部分单位压力分布方程由式 3-98 确定，分界点处单位压力 σ_{zb} 由式 3-99 确定，由式 3-99 和式 3-106 得

$$\sigma_{zb} = -\sigma_s\left(3 + \frac{H - h}{R_1 - R_0}\right)e^{\frac{2f}{h}(R_0 - r_b)} = -\frac{\sigma_s}{\sqrt{3}f}$$

则

$$r_b = R_0 + \frac{h}{2f} \ln\left[\sqrt{3}f \left(3 + \frac{H-h}{R_1 - R_0} \right) \right] \qquad (3-107)$$

来自于下部的变形阻力

$$p' = \int_{R_0}^{r_b} \sigma_{z1} 2\pi r \, dr + \int_{r_b}^{0} \sigma_{z2} 2\pi r \, dr \qquad (3-108)$$

作用在挤压杆侧面的摩擦阻力为

$$T = \tau_f 2\pi R_0 (H-h) \qquad (3-109)$$

所以，成型力

$$p = p' + T = p' = \int_{R_0}^{r_b} \sigma_{z1} 2\pi r \, dr + \int_{r_b}^{0} \sigma_{z2} 2\pi r \, dr + \tau_f 2\pi R_0 (H-h) \qquad (3-110)$$

3.8.2 计算结果

（1）变形开始时，将 $h = 35$mm，$R = 49$mm，$f = 0.5$，代入式 3-100 有

$$r_b = 43.96\text{mm}$$

580℃的变形抗力 σ_s 取 15MPa。

将 r_b 及式 3-97 ~ 式 3-99 代入式 3-96，则变形开始阶段变形力

$$p_s = \int_R^{r_b} \left[-\sigma_s e^{\frac{2f}{h}(R-r)} \right] 2\pi r \, dr + \int_{r_b}^{0} \left[-\frac{\sigma_s}{\sqrt{3}f} + \frac{2\sigma_s}{\sqrt{3}h}(r - r_b) \right] 2\pi r \, dr = 2133.22\sigma_s = 32\text{kN}$$

（2）变形终了时，将 $h = 7$mm，$H = 52$mm，$R_0 = 58$mm，$R_1 = 65$mm，$f = 0.5$ 代入式 3-107 有

$$r_b = 72.7\text{mm} \geqslant R_0$$

说明此时接触面的摩擦为单一的常摩擦应力区（$\tau_f = -k$），常摩擦系数区消失，即

$$\int_{R_0}^{r_b} \sigma_{z1} 2\pi r \, dr = 0 \qquad (3-111)$$

此时变形终了阶段的平均变形抗力 $\sigma_s = 23.5$MPa。

由式 3-108

$$p' = \int_{R_0}^{0} \left[-\frac{\sigma_s}{\sqrt{3}f} + \frac{2\sigma_s}{\sqrt{3}h}(r - R_0) \right] 2\pi r \, dr = 654.8\text{kN} \qquad (3-112)$$

由式 3-109

$$T = 0.5\sigma_s 2\pi R_0 (H-h) = 8195.4\sigma_s = 12.29\text{kN} \qquad (3-113)$$

将式 3-111 ~ 式 3-113 代入式 3-110，则

$$p_E = 667.09\text{kN}$$

利用自行设计的成型模具，在（3MN）压力试验机上进行 7075 半固态浆料的触变成型实验，加热温度580℃，成型终了时，实测值 $p_m = 721.5$kN。计算结果与实测结果在误差范围内拟合良好。

3.8.3 结论

（1）采用工程法，近似塑性条件 $d\sigma_r = d\sigma_z$，将接触面假设为混合摩擦条件，计算所

得的触变成型力为：成型开始时，$p_s = 32\text{kN}$；成型结束时，$p_E = 667.09\text{kN}$，实测值 $p_m = 721.5\text{kN}$。

（2）计算结果与实验结果相差 7.4%，在工程允许的误差范围内。

思 考 题

3－1 工程法主要存在哪些问题？

3－2 在选用工程法有关公式时，主要应注意什么问题？

3－3 如果被压缩的矩形件的长度与宽度相比不是很大，要计算其总压力时，采用哪个公式和怎样处理比较合理？为什么？

3－4 试解释图 3－21 所示压缩带外端矩形件时 $\bar{p}'$ 与 $l/\bar{h}$ 的关系曲线。

3－5 如何根据轧制条件选择计算轧制力的公式？书中所介绍的几个轧制力计算公式各适用于什么样的轧制过程？

3－6 在推导拉拔力计算公式时采用近似塑性条件，为什么不会产生像锻压、轧制力计算公式的推导中采用近似塑性条件产生的那样明显的误差？

3－7 棒材拉拔时，金属在模孔中处于塑性状态，而出模孔后处于弹性状态的原因是什么？

3－8 外端平面变形压缩矩形件，l/h（l、h 分别为变形区长和高）对应力状态影响系数（$\bar{p}/K$）有何影响？

习 题

3－1 镦粗圆柱体，并假定接触面全黏着，试用工程法推导接触面单位压力分布方程。

3－2 平面变形无外端压缩矩形件，并假定接触面全滑动（即 $\tau_f = f\sigma_y$）试用近似力平衡微分方程式和近似塑性条件推导确定平均单位压力 $\bar{p}$ 的公式。

3－3 在 $\phi750 \times 1000\text{mm}$ 的二辊轧机上冷轧宽为 590mm 的铝板坯，轧后宽度为 610mm，该铝板退火时板坯厚 $H = 3.5\text{mm}$，压下量分配为 3.5mm→2.5mm→1.7mm→1.1mm，已知该铝的近似硬化曲线方程为 $\sigma_s = 6.8 + 8.2\varepsilon$，摩擦系数 $f = 0.3$；试用斯通公式计算第三道次轧制力 P。

3－4 在 500 轧机上冷轧钢带，$H = 1\text{mm}$，$h = 0.6\text{mm}$，$B = 500\text{mm}$，$\bar{\sigma}_s = 600\text{MPa}$，$f = 0.08$，$\sigma_f = 300\text{MPa}$，$\sigma_b = 200\text{MPa}$，试计算轧制力。

3－5 试推导光滑模拉拔时，拉拔应力 σ_{xa} 的表达式。

3－6 拉拔紫铜管，坯料尺寸为 $\phi30 \times 3\text{mm}$，制品尺寸为 $\phi25\text{mm} \times 2.5\text{mm}$，$\bar{\sigma}_s = 400\text{MPa}$，$f = 0.1$，模角 $\alpha_1 = 10°$，$l_a = 3\text{mm}$，游动芯头锥角 $\alpha_2 = 7°$，试分别按固定芯头和游动芯头拉拔，计算拉拔力。

3－7 轧板时假定接触面全滑动，试建立卡尔曼方程，并指出解此方程的主要途径。

3－8 试任举一例子说明工程法的基本出发点和假定条件以及用此法求解变形力的主要步骤。

3－9 试用工程法推导光滑模平面变形拉拔板件（定径区影响不计）拉拔应力 P。

4　滑移线场理论及其应用

【本章概要】 本章将讨论用滑移线场理论分析理想刚性－塑性材料（简称刚－塑性材料）的平面变形问题，分析重点是确定变形体内的应力分布，特别是工件和工具接触表面上的应力分布。滑移线理论创立于 20 世纪 20 年代初，到 40 年代后期，形成了较为完善的解平面变形问题的正确解法。按照滑移线理论，可以在塑性流动区内做出滑移线场，借助滑移线场求出流动区内的应力分布。因此：（1）滑移线场的构造问题；（2）应力状态的求法问题，是本章所要解决的基本问题，下面分别论述。

【关键词】 滑移线；基本应力方程；汉基应力方程；边界条件

4.1　滑移线场的基本概念

4.1.1　平面塑性变形的基本方程式

平面变形时

$$\varepsilon_z = 0, \ \sigma_z = (\sigma_x + \sigma_y)/2$$

$$\sigma_m = \frac{1}{3}(\sigma_x + \sigma_y + \sigma_z) = \frac{1}{3}\left[\sigma_x + \sigma_y + \frac{1}{2}(\sigma_x + \sigma_y)\right] = \frac{1}{2}(\sigma_x + \sigma_y) = -p$$

即

$$\sigma_m = \sigma_z = \sigma_8 = \sigma_2 = -p$$

所以，σ_z 即是中间主应力 σ_2，也是该点的平均应力。这是平面塑性应变的第一个特点。平面变形时，通过求解主状态，主应力 σ_1 和 σ_3 与非主状态应力分量之间的关系为

$$\left.\begin{array}{c}\sigma_1 \\ \sigma_3\end{array}\right\} = \frac{1}{2}(\sigma_x + \sigma_y) \pm \sqrt{\frac{1}{4}(\sigma_x - \sigma_y)^2 + \tau_{xy}^2}$$

最大剪应力是

$$\tau_{max} = \frac{1}{2}(\sigma_1 - \sigma_3) = \left[\frac{1}{4}(\sigma_x - \sigma_y)^2 + \tau_{xy}^2\right]^{\frac{1}{2}}$$

在屈服状态下，最大剪应力 $\tau_{max} = k$。于是，有

$$\sigma_1 = -p + k$$

$$\sigma_2 = -p$$

$$\sigma_3 = -p - k$$

这说明在平面塑性流动问题中，物体各点的应力状态是一个相当于静水压力的均匀应力状态和一个在 xoy 平面内应力为 k 的纯剪应力之和。这是平面塑性应变的第二个特点。

4.1.2 基本假设

（1）假设变形材料为各向同性的刚－塑性材料。这种材料的特性被认为是：屈服前处于无变形的刚体状态，屈服开始便进入塑性流动状态。其应力－应变曲线如图 1－12 所示。这个假设是基于在材料塑性加工变形过程中，塑性变形很大，忽略弹性变形是允许的情况。

（2）假设塑性区各点的变形抗力是常数，即认为材料是在恒定的屈服应力下变形的，并且忽略各点的变形程度、变形温度和应变速率对变形抗力 σ_s 或 k 的影响。这个假设对于变形程度较大、应变速率不太大，而其变形温度超过再结晶温度的热加工以及对有一定的预先加工硬化金属的冷加工都是适用的。

此外，还忽略了因温差引起的热应力和因质点的非匀速运动产生的惯性力。应当指出，由于引用了上述假设，不可避免地会产生理论分析结果与实测结果不一致，但是已经证明，尽管理论有一定的局限性，而在分析挤压、拉拔、锻压和轧制等塑性成型过程时，采用刚－塑性材料的假设并没有引起大的误差，在工程计算上是允许的。

4.1.3 基本概念

4.1.3.1 滑移线、滑移线网和滑移线场

滑移线理论主要用以解析平面塑性变形问题。板带材轧制，扁带的锻压、挤压和拉拔等均可以认为是平面变形问题。

在平面塑性变形时，金属的流动都平行于给定的 xoy 平面，而 z 轴方向无变形。平面变形条件下，塑性区内各点应力状态应满足的塑性条件为：

$$\tau_{\max} = \pm\sqrt{\frac{1}{4}(\sigma_x - \sigma_y)^2 + \tau_{xy}^2} = k$$

式中 k——屈服剪应力。按屈雷斯卡屈服准则

$$k = \frac{1}{2}\sigma_s$$

按密赛斯屈服准则

$$k = \frac{1}{\sqrt{3}}\sigma_s = 0.577\sigma_s$$

塑性区内任意一点处的两个最大剪应力相等且相互垂直，连接各点之最大剪应力方向并绘成的曲线便得到两族正交的曲线，分别称为 α 和 β 滑移线。两族正交的滑移线在塑性区内构成的曲线网称为滑移线网，由滑移线网所覆盖的区域称为滑移线场，如图 4－1 所示。

在变形体内任意一点 P，并以滑移线为边界，在点 P 处取一曲边单元体，其应力和变形如图 4－2 所示。为了以后计算方便，必须正确标记 α 和 β 两族滑移线。通常规定：1）使单元体产生顺时针转效果的剪应力方向为 α 线，反之，为 β 线；（2）α 线各点的切线与所取的 x 轴的正向夹角为 ϕ，逆时针方向为正，顺时针方向为负；（3）若分别以 α 线和 β 线构成一右手坐标系的横轴和纵轴，则代数值最大的主应力 σ_1 的作用线方位是在第 I 和第 III 象限的方位内（图 4－2 中 P 点处的夹角 ϕ 为正）。

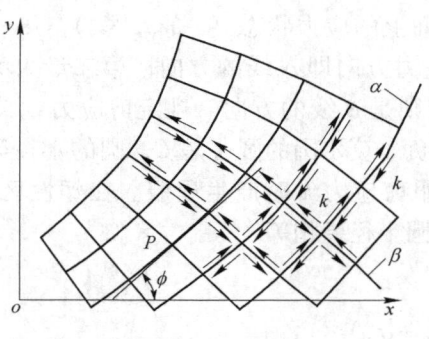

图 4 - 1 滑移线场   图 4 - 2 曲边单元体上静水压力 p 和屈服剪应力 k

4.1.3.2 平面变形时的基本方程

在平面变形条件下，对于塑性变形区内某一点 P 的应力状态，既可以用应力张量表示，也可以用应力状态图表示，还可以用应力莫尔圆表示。用应力莫尔圆来表示是直观的（如图 4 - 3 所示），相对应的物理平面如图 4 - 3c 所示。

$$T_\sigma = \begin{pmatrix} \sigma_x & \tau_{yx} & 0 \\ \tau_{xy} & \sigma_y & 0 \\ 0 & 0 & \sigma_z \end{pmatrix} = \begin{pmatrix} \sigma_1 & 0 & 0 \\ 0 & \dfrac{\sigma_1+\sigma_3}{2} & 0 \\ 0 & 0 & \sigma_3 \end{pmatrix}$$

a

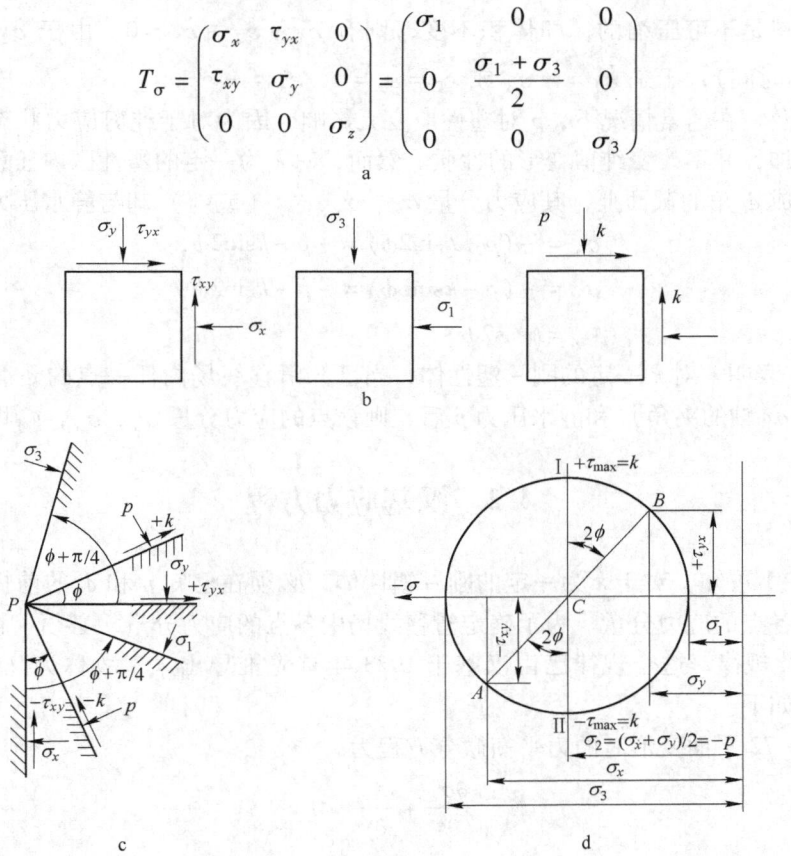

图 4 - 3 平面变形时的应力状态

a—应力张量；b—应力状态图；c—物理平面；d—应力莫尔圆

图中绘出了变形体内任意一点 P 的各特定平面上的应力。莫尔圆上的点 A 代表 P_y 平面上的应力状态（ $-\sigma_x$ ， $-\tau_{xy}$ ）；点 B 代表 P_x 平面上的应力状态（ $-\sigma_y$ ， τ_{yx} ）。第一最大剪应力面 I 对应于莫尔圆上的 I 点， I 面的剪应力方向即 α 线的方向；第二最大剪应力面 II 对应于莫尔圆上的 II 点， II 面的剪应力方向则是 β 线的方向。规定剪应力 τ_{xy} 或 τ_{yx} 的符号：使体素顺时针转为正，使体素逆时针转为负。莫尔圆的圆心是 C ，圆的半径等于最大剪应力 $\tau_{\max}$ 。在平面变形条件下， $\tau_{\max}$ 达到屈服剪应力 k 时产生屈服。在塑性区内，等于最大剪应力的 k 值各点都相同，即各点的莫尔圆半径皆相等。

平面变形时，静水压力为

$$p = -\sigma_{\mathrm{m}} = -\frac{1}{2}(\sigma_1 + \sigma_3)$$

由图 4–3d 可知，此静水压力 p 恰恰等于作用在最大剪应力面上的正应力，即 $-\sigma_2 = p$ ，也就是莫尔圆的圆心与原点的距离；而 $-\sigma_1 = p - k$ ， $-\sigma_3 = p + k$ 。纯剪应力状态莫尔圆圆心与原点的距离为零。既然塑性状态莫尔圆半径不变，仅其圆心与原点之距离变化，那么，在整个塑性变形区内，任一点的应力状态可以视为由纯剪应力状态与不同静水压力 p 叠加而成。

假定材料是不可压缩的，即体积不变，则有 $\dot{\varepsilon}_1 + \dot{\varepsilon}_2 + \dot{\varepsilon}_3 = 0$ 。由于 $\dot{\varepsilon}_2 = \mathrm{d}\varepsilon_2/\mathrm{d}t = 0$ （式中 t 表示时间），于是 $\dot{\varepsilon}_1 = -\dot{\varepsilon}_3$ 或 $\dot{\varepsilon}_2 = \dot{\varepsilon}_z = 0$ ， $\dot{\varepsilon}_x = -\dot{\varepsilon}_y$ 。

前已述及，在通常情况下， p 对塑性应变无影响，因为对于纯剪应力状态，以不同的静水压力叠加，并不改变纯剪变形的性质。然而，对 k 为一定的塑性区内任意点 P 处与最大剪应力面成 ϕ 角的截面上，其应力分量 σ_x 、 σ_y 、 τ_{xy} （或 τ_{yx} ）却与静水压力 p 有关，即

$$\left. \begin{array}{l} \sigma_x = -(p + k\sin 2\phi) = -p - k\sin 2\phi \\ \sigma_y = -(p - k\sin 2\phi) = -p + k\sin 2\phi \\ \tau_{xy} = k\cos 2\phi \end{array} \right\} \tag{4-1}$$

式 4–1 表明，对 k 一定的刚–塑性体，当已知滑移线场内任一点的 ϕ 角（ α 族滑移线的切线与 ox 轴的夹角）和静水压力 p 后，则该点的应力分量 σ_x ， σ_y ， τ_{xy} 即可确定。

4.2　汉基应力方程

由式 4–1 可知，对于 k 为一定的刚–塑性体，必须在已知 p 和 ϕ 的前提下，才能确定塑性区内各点的应力分量。为了确定滑移线场中各点的应力分量，必须了解沿滑移线上 p 和 ϕ 的变化规律。这个规律已由汉基于 1923 年首先推导出来，故称为汉基应力方程。其推导方法如下。

按式 2–72 平面变形时的力平衡微分方程为

$$\frac{\partial \sigma_x}{\partial x} + \frac{\partial \tau_{yx}}{\partial y} = 0$$

$$\frac{\partial \tau_{xy}}{\partial x} + \frac{\partial \sigma_y}{\partial y} = 0$$

将式 4–1 中的 σ_x 、 σ_y 、 τ_{xy} 的表达式代入上面的力平衡微分方程式，经整理得：

$$\left.\begin{array}{c} \dfrac{\partial p}{\partial x} + 2k\cos2\phi\,\dfrac{\partial \phi}{\partial x} + 2k\sin2\phi\,\dfrac{\partial \phi}{\partial y} = 0 \\[3mm] \dfrac{\partial p}{\partial y} + 2k\sin2\phi\,\dfrac{\partial \phi}{\partial x} - 2k\cos2\phi\,\dfrac{\partial \phi}{\partial y} = 0 \end{array}\right\} \tag{4-2}$$

方程式 4-2 中第一式乘以 dx 加上第二式乘以 dy

$$\left(\frac{\partial p}{\partial x}dx + \frac{\partial p}{\partial y}dy\right) + 2k\left[\frac{\partial \phi}{\partial x}dx\left(\cos2\phi + \sin2\phi\,\frac{dy}{dx}\right)\right] + 2k\left[\frac{\partial \phi}{\partial y}dx\left(\sin2\phi - \cos2\phi\,\frac{dy}{dx}\right)\right] = 0 \tag{4-3}$$

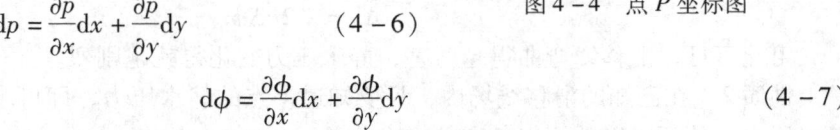

如图 4-4 所示，任一点 P 的坐标为 (x, y)，过 P 点 α 线的切线与 x 轴的夹角为 ϕ，则 α 线的微分方程和 β 线的微分方程分别为

$$\frac{dy}{dx} = \tan\phi \tag{4-4}$$

$$\frac{dy}{dx} = -\tan(90° - \phi) = -\cot\phi \tag{4-5}$$

图 4-4　点 P 坐标图

在式 4-3 的非线性偏微分方程中，有两个未知函数 $p(x, y)$ 和 $\phi(x, y)$，且

$$dp = \frac{\partial p}{\partial x}dx + \frac{\partial p}{\partial y}dy \tag{4-6}$$

$$d\phi = \frac{\partial \phi}{\partial x}dx + \frac{\partial \phi}{\partial y}dy \tag{4-7}$$

首先将式 4-4 代入式 4-3 中

$$dp + 2k\left[\frac{\partial \phi}{\partial x}dx(\cos2\phi + \sin2\phi\tan\phi)\right] + 2k\left[\frac{\partial \phi}{\partial y}dx(\sin2\phi - \cos2\phi\tan\phi)\right] = 0 \tag{4-8}$$

其中

$$\cos2\phi + \sin2\phi\tan\phi = 1 \tag{4-9}$$

$$\sin2\phi - \cos2\phi\tan\phi = \tan\phi \tag{4-10}$$

于是

$$dp + 2k\frac{\partial \phi}{\partial x}dx + 2k\frac{\partial \phi}{\partial y}dx\tan\phi = 0 \tag{4-11}$$

即

$$dp + 2kd\phi = 0$$

积分，得到沿 α 线

$$p + 2k\phi = C_1 \tag{4-12}$$

式 4-12 仅适用于 α 族滑移线，因为在公式推导过程中已经运用了 $\dfrac{dy}{dx} = \tan\phi$ 的条件。采用同样的方法，沿 β 族滑移线，

$$p - 2k\phi = C_2 \tag{4-13}$$

方程式 4-12 和式 4-13 称为汉基应力方程，由此方程可知，在塑性区内，沿任意一滑移线上，C_1 或 C_2 为一常数，它们的数值可以根据边界条件定出，如果利用滑移线网络的特性绘出滑移线场，那么就可以解出塑性区内任意一点的 p 和 ϕ 值，从而求出任意一点

的 σ_x、σ_y、τ_{xy}。

从 α 族滑移线中的一条滑移线转至另一条时，一般来说，C_1 会改变。同样，从 β 族滑移线中的一条滑移线转至另一条时，C_2 也会改变。

但要注意，在利用汉基应力方程进行计算时，ϕ 角应按弧度值计算。

4.3　滑移线场的几何性质

下面讨论由汉基方程推广而得的关于滑移线场的几何性质，这些性质有些彼此之间是有联系的，为了便于应用，分别叙述如下。

性质 1　在同一条滑移线上，由点 a 到点 b，静水压力的变化与滑移线的切线的转角成正比，如图 4-5 所示。

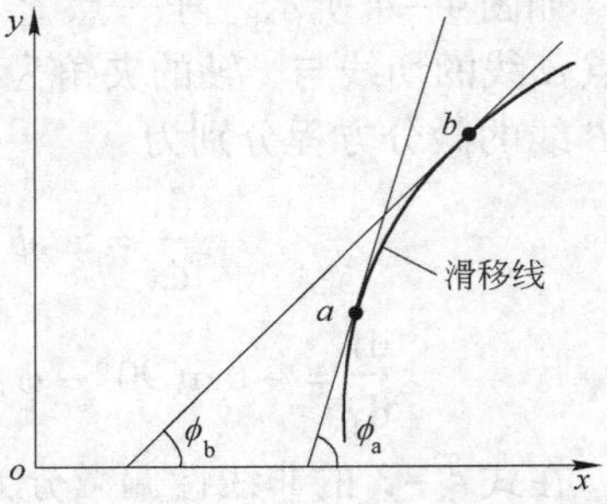

沿一条 α 线，有

$$p_a + 2k\phi_a = p_b + 2k\phi_b$$

即

$$p_a - p_b = -2k(\phi_a - \phi_b)$$

或

$$\Delta p = -2k\Delta\phi$$

由此可见，滑移线弯曲得越厉害，静水压力变化得就越剧烈。

图 4-5　滑移线上转角的变化

性质 2　在已知的滑移线场内，只要知道一点的静水压力，即可求出场内任意一点的静水压力，从而可以计算出各点的应力分量。

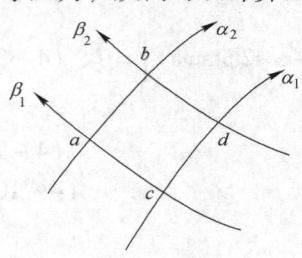

图 4-6　滑移线场中各点的
　　　　应力关系

如图 4-6 所示，设滑移线已知，即已知滑移线上各点的夹角 ϕ_a、ϕ_b、ϕ_c 和 ϕ_d，如果又知道 p_a，那么 p_d 可以求出。根据性质 1，沿 α 线，由点 a 到点 b，$p_b = p_a + 2k(\phi_a - \phi_b)$；沿 β 线，由点 b 到点 d，$p_d = p_a + 2k(\phi_a + \phi_d - 2\phi_b)$。

由此可见，如果正确地绘出了滑移线场，又知道了场内一点的静水压力，那么全部区域内的静水压力问题都解决了。

性质 3　直线滑移线上各点的静水压力相等。因直线滑移线上各点的夹角 ϕ 相等，由性质 1 可知 $\Delta p = 0$，故各点的 p 相同。

由此可以进一步看出，直线滑移线上各点的 σ_x、σ_y 和 τ_{xy} 均不变。如果两族滑移线在整个区域内都是正交直线族，那么整个区域内 σ_x、σ_y 和 τ_{xy} 均为常数，这是均匀的应力状态，这样的滑移线场称为均匀直线场。

性质 4　Hencky 第一定理。同族的两条滑移线与另一族滑移线相交，其相交处两切线间的夹角是常数。

如图 4-7 所示，α 族的两条滑移线与另族的 β 线相交，过此两点 α 线的切线间的夹角，不随 β 线的变动而变动，即 $\phi_A - \phi_D = \phi_B - \phi_C = $ 常数。

此定理的证明如下：

在塑性变形区内任意取一由两条 α 线（AB 和 DC）和两条 β 线（AD 和 BC）所围成的曲线四边形 $ABCD$，则沿 $A \rightarrow B \rightarrow C$ 和沿 $A \rightarrow D \rightarrow C$ 两条路线，按汉基应力方程算出的点 A 和点 C 的静水压力差（$p_C - p_A$）必须相等。据此来证明此定理。

根据汉基应力方程式 $4-12$ 和式 $4-13$，有

$A \rightarrow B$（沿 α 线）　$p_A + 2k\phi_A = p_B + 2k\phi_B$　①

$B \rightarrow C$（沿 β 线）　$p_B - 2k\phi_B = p_C - 2k\phi_C$　②

② + ① 得

$$p_C - p_A = 2k(\phi_A + \phi_C - 2\phi_B)$$

$A \rightarrow D$（沿 β 线）　$p_A - 2k\phi_A = p_D - 2k\phi_D$　③

$D \rightarrow C$（沿 α 线）　$p_D + 2k\phi_D = p_C + 2k\phi_C$　④

④ + ③ 得

$$p_C - p_A = 2k(2\phi_D - \phi_C - \phi_A)$$

由于按这两条路线计算出的 $p_C - p_A$ 必须相等，所以有

$$\phi_A - \phi_D = \phi_B - \phi_C \tag{4-14}$$

至此，定理得证。

由此定理可以得出如下推论：

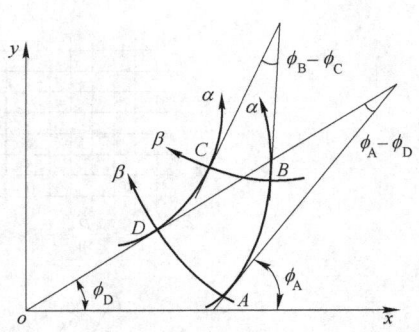

图 $4-7$　用于证明汉基第一定理的两对 α 线与 β 线所围成的曲边四边形 $ABCD$

（1）同族滑移线中，某一线段是直线时，则这族滑移线的其他条线段也是直线。这些直线段是另一族相交的滑移线的共有法线，这些滑移线有共同的渐屈线（如图 $4-8$ 所示）。

如图 $4-8$ 所示，AB 为直线段，则

$$\phi_A - \phi_B = 0 = \phi_{A'} - \phi_{B'}$$

即

$$\phi_{A'} = \phi_{B'}$$

这说明 $A'B'$ 也是直线段。在这种滑移线场中，每一条直线线段上因 ϕ 和 p 相同，故其上的应力 σ_x、σ_y 和 τ_{xy} 是常数。但是，当由一条直线段转到另一条直线段时，则其应力有变化。具有这种应力状态的滑移线场叫做简单应力状态滑移线场。

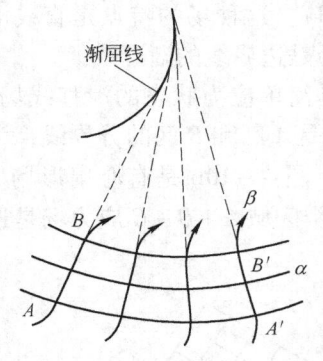

图 $4-8$　B 族某一段为直线的滑移线场

（2）同族滑移线必须具有相同方向的曲率。

（3）如果一族滑移线是直线，那么与其正交的另一族滑移线将具有如图 $4-9$ 所示的 4 种类型：

第一，平行直线场（图 $4-9a$）。这是由 α 和 β 两族平行正交的直线所构成的滑移线场。滑移线是直线时，其 ϕ 角是常数，静水压力也保持常数，这样，应力分量 σ_x、σ_y 和 τ_{xy} 在整个滑移线场中也一定是常数。具有这种简单应力状态的滑移线场叫做均匀应力状态滑移线场。

第二，有心扇形场（图 $4-9b$）。此种类型的滑移线场由一族从原点 o 呈径向辐射的 α 线（或 β 线）与另一族同心圆弧的 β 线（或 α 线）所构成。有心扇形场的中心 o 是应

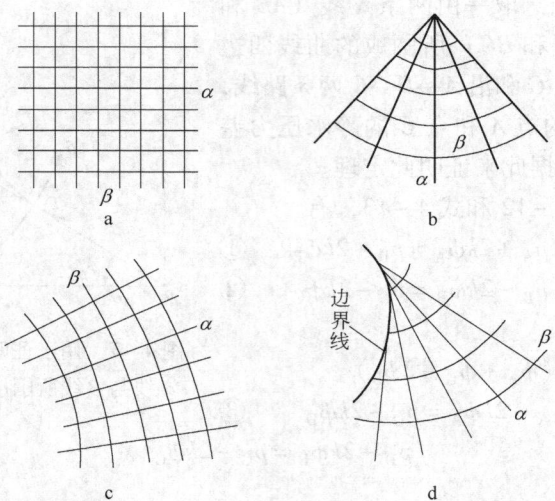

图4-9 某些简单应力状态的滑移线场

力的奇异点，过奇异点的应力可以有无穷多的数值。

第三，由 α 的一族直线与另一族 β 的曲线相互正交而构成的，此种滑移线场称为一般简单应力状态的滑移线场（图4-9c）。

第四，具有边界线的简单应力状态的滑移线场（图4-9d）。这种场的特点是直线滑移线是边界线（曲线滑移线的渐屈线）的切线，曲线滑移线乃是边界线的渐开线。

综上所述的推论可知，均匀应力状态区的相邻区域一定是简单应力状态的滑移线场。例如，图4-10a 所示的 A 区是均匀应力状态区，滑移线段 SL 是 A 区和 B 区的分界线，为 A 区和 B 区所公用，因此 B 区一定是简单应力状态的直线场。图4-10b 是有心扇形场 B 连接着两个平行直线场，o 点是应力奇异点，除了 o 以外，整个区域 $A+B+C$ 应力场是连续的。

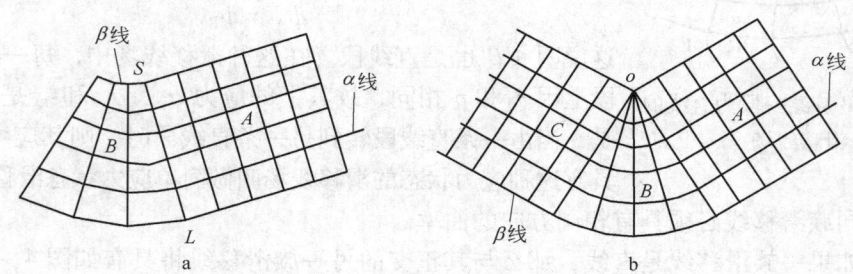

图4-10 滑移线场的组成
a—相邻区为均匀应力状态的简单应力状态区；b—由有心扇形场连接的两个均匀应力状态区

4.4 盖林格速度方程与速端图

在塑性成型过程中，一般情况下，应力场和速度场都是不均匀的。因此，确定变形体中的速度场具有重要意义。

塑性成型时，满足式 4-1 求出的 σ_x、σ_y 和 τ_{xy} 仅是满足力平衡方程和屈服准则的静力许可值。建立滑移线场后，还要检验其是否满足几何方程和体积不变条件，只有同时满足静力许可和运动许可的滑移线场，所求出的应力场以及由此而导出的有关单位压力公式才是精确的。

此外，当知道滑移线场后，还可以了解到各点的位移和位移速度，进而可以分析变形区内各点的流动情况。因此，必须建立速度方程。

4.4.1 盖林格速度方程

如前所述，沿滑移线方向，线应变或线应变速率为零。下面以此条件为出发点来建立速度方程。

如图 4-11 所示，在滑移线上，沿 α 滑移线取一微小线素 $\overline{P_1P_2}$ 和 $\overline{P_2P_3}$（因为线素很小，所以可以用直线代替曲线）。点 P_1 的速度为 v_1，其在 α 线和 β 线的切线方向的速度分量分别为 v_α 和 v_β；点 P_2 的速

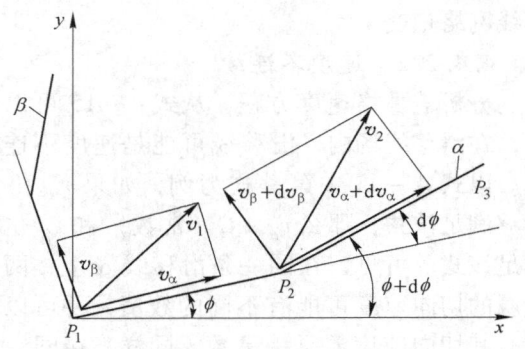

图 4-11 滑移线方向的速度分量

度为 v_2，其在 α 线和 β 线的切线方向的速度分量分别为 $v_\alpha + \mathrm{d}v_\alpha$ 和 $v_\beta + \mathrm{d}v_\beta$。因为沿 α 线线段 $\overline{P_1P_2}$ 的线应变等于零，即不产生伸长和收缩，所以在点 P_1 和点 P_2 处的速度在 $\overline{P_1P_2}$ 上的投影应该相等，即

$$v_\alpha = (v_\alpha + \mathrm{d}v_\alpha)\cos\mathrm{d}\phi - (v_\beta + \mathrm{d}v_\beta)\sin\mathrm{d}\phi$$

因为 $\mathrm{d}\phi$ 很小，所以 $\cos\mathrm{d}\phi \approx 1$，$\sin\mathrm{d}\phi \approx \mathrm{d}\phi$。经整理并忽略二次微小量，得到（同理可得沿 β 线）

沿 α 线 $\qquad\qquad\qquad \mathrm{d}v_\alpha - v_\beta\mathrm{d}\phi = 0$

沿 β 线 $\qquad\qquad\qquad \mathrm{d}v_\beta + v_\alpha\mathrm{d}\phi = 0$ $\qquad$ (4-15)

式 4-15 是 H. 盖林格于 1930 年提出的，一般称为速度协调方程，简称为盖林格速度方程。该式表明，对于均匀应力状态、简单应力状态，当滑移线是直线（$\mathrm{d}\phi = 0$）时，沿滑移线的速度是常数。根据式 4-15 可以计算出塑性变形区内的速度场。如果已知沿滑移线的法向速度分量及一点的切向速度分量，那么沿滑移线对式 4-15 进行积分，便可求得滑移线上各点的切向速度分量。

4.4.2 速端图

如前所述，在塑性变形区内，如果滑移线场已绘出，那么按盖林格速度方程和相应的速度边界条件可求出速度场，但比较麻烦。而采用速端图进行图解是比较方便的。

4.4.2.1 绘制速端图的基本方法

如图 4-12 所示，$\overline{P_1P_2}$ 和 $\overline{P_2P_3}$ 乃是取在滑移线上的微小线素。在 P_1、P_2、P_3 点处其质点的合速度分别为 v_1、v_2 和 v_3。以 o 点为基点，画出各合速度矢量分别为 $\overline{oP_1'}$、$\overline{oP_2'}$、$\overline{oP_3'}$。因为滑移线无伸缩，所以 v_1、v_2 在线素 $\overline{P_1P_2}$ 上的投影必相等。在图 4-12 下部中，做 oQ 平行 $\overline{P_1P_2}$，这样，v_1、v_2 在 $\overline{oQ}$ 方向上的投影都等于 $\overline{oQ}$，于是连接合速度矢量

$\overline{oP'_1}$、$\overline{oP'_2}$端点的线段$\overline{P'_1P'_2}$必与$\overline{oQ}$垂直。同理，$\overline{P'_2P'_3}$与$\overline{P_2P_3}$也相互垂直。由此可以看出，如以一点作为基点，则可以将滑移线上诸点的速度矢量画出来，连接诸速度矢量的端点所构成的线图（图4 – 12下部分中$\overline{P_1P_2P_3}$）称为速端图。速端图线与滑移线正交，速端图网络与滑移线网络正交。

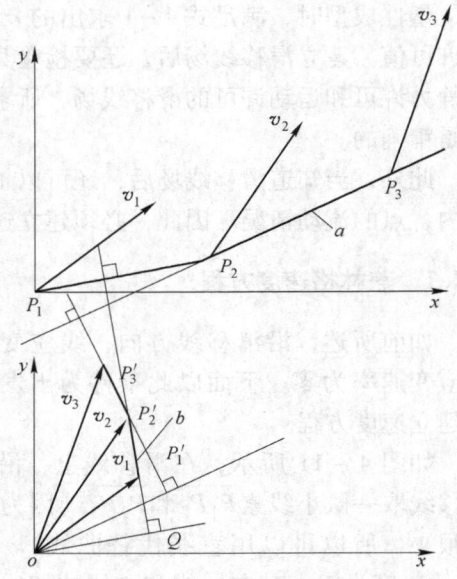

4.4.2.2　速度不连续

分析盖林格速度方程，从式4 – 15可以看出，在滑移线场内，滑移线可能是速度不连续线。以式4 – 15中第一式为例，如果v_α和v_β能够满足该式，那么$v_\alpha + C$（常数）和v_β也能满足该式。可见，在同一条滑移线α上，两侧金属的切向速度可能有不同的数值，并可以证明，其切向速度差是一常数。同样，在同一条β线上，其切向速度也有这类性质。切向速度

图4 – 12　滑移线与速端图的正交性

不连续，不破坏质点的连续条件。下面做进一步分析。

在刚 – 塑性体内，塑性变形的产生是材料的一部分相对于材料的另一部分的移动所致。这样，在塑性区及刚性区的边界上，一定存在着速度不连续线。

如图4 – 13所示，以速度v流动的平行四边形体素$ABCD$（厚度垂直纸面，并取单位厚度）横过速度不连续线L时，$ABCD$变成了$A'B'C'D'$，其速度由v变成了v'。将v和v'分解为速度不连续线的切线方向速度v_t和v'_t及法线方向速度v_n和v'_n，则按秒流量（或秒体积）相等原则，有

$$v_n AD = v'A'D'\sin\theta \qquad\qquad (4 – 16)$$

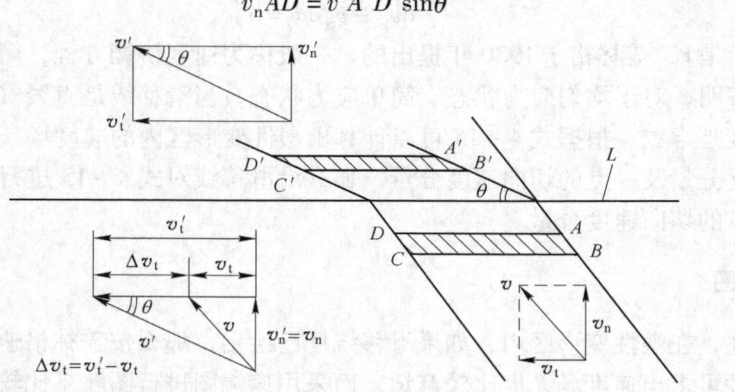

图4 – 13　在速度不连续线（L）上，法向速度的连续性及切向速度的不连续性

由图4 – 13可得，$AD = A'D'$，$v' = \dfrac{v'_n}{\sin\theta}$，代入式4 – 16得

$$v_n AD = AD\,\frac{v'_n}{\sin\theta}\sin\theta$$

所以

$$v_n = v'_n$$

可见，沿速度不连续线 L 的法线方向的速度是连续的。可以理解，只要在不连续线中不发生材料的堆积和空洞，就有 $v_n = v'_n$，即法线方向的速度连续是符合体积不变条件的。

由图 4-13 可知，在平行四边形体素横过 L 线，其速度由 v 变成了 v' 时，因为 v_n 必等于 v'_n，所以其切向速度分量将不等，从而产生不连续，其不连续量为

$$\Delta v_t = v'_t - v_t$$

按上述关系，并参照图 4-11 可得

$$v' = v + \Delta v_t \qquad (4-17)$$

式 4-17 表明，当已知速度不连续线 L 一侧的速度 v 及 L 线上的速度不连续量 Δv_t 时，则 L 线另一侧的速度 v' 等于速度 v 和速度不连续量 Δv_t 的矢量和。

在实际材料中，速度不连续发生在一个薄层中，而速度不连续线是这一薄层的极限位置。在层中，切向速度由 v_t 连续变化到 v'_t。因为薄层的剪应变速率为 $\dfrac{\Delta v_t}{h}$，所以当层厚 h 趋于零时，剪应变速率将变为无穷大。因为最大剪应力方向与最大剪应变速率方向一致，所以在极限上，速度不连续线的方向必须和滑移线的方向重合。

下面研究沿滑移线两侧速度不连续的性质。先研究 α 线的情况。如前所述，在 α 线两侧法向速度是连续的，于是，横过 α 线的 β 线的速度 v_β 在速度不连续线的 α 线两侧必然相等，而沿 α 线两侧的切向速度不等，分别用 $v'_{\alpha t}$ 和 $v''_{\alpha t}$ 表示。这样，在 α 线两侧沿 α 线分别采用盖林格速度方程式 4-15 则

$$dv'_{\alpha t} - v_\beta d\phi = 0$$
$$dv''_{\alpha t} - v_\beta d\phi = 0$$

所以

$$dv'_{\alpha t} = dv''_{\alpha t}$$

或

$$dv'_{\alpha t} - dv''_{\alpha t} = 常数$$

由此得出，切向速度不连续量沿速度不连续线是一常数。

下面做存在速度不连续线的速端图。

如图 4-14a 所示，L 线是速度不连续线（也是滑移线），其在速端图上反映为两条线。如图 4-14b 所示，A、B 是速度不连续线 L 上的两点，在 L 线两侧与此两点相对应的点分别是 A'、A'' 和 B'、B''。如果用 oA'、oA'' 和 oB'、oB'' 分别表示 A 和 B 点在 L 线两侧的速度，则 L 线上线段 AB 在速端图上便反映两条线 $A'B'$（即 C' 线）和 $A''B''$（即 C'' 线）。按上述，在点 A 和点 B 处，L 线的法向速度分量必须连续，只是切向速度分量产生不连续，而其速度不连续量分别为 $A'A''$ 和 $B'B''$。前已证明，沿 L 线切向速度不连续量为常数，即 $A'A'' = B'B'' = 常数$。$A'A''$ 和 $B'B''$ 的方向分别为过 L 线上点 A 和点 B 的切线方向。由于速端图上的两条线 C' 和 C'' 必须在相应点与 L 线垂直（参照图 4-12），所以过速端图上的两条线在相应点所做的切线应彼此平行，即 C' 和 C'' 必须平行。

下面研究在速度不连续线一侧金属不产生塑性变形而做刚性移动或保持不动的情形。由于这一侧所有点都具有相同的速度（图 4-14 中的 $oA' = oB'$），则速度不连续线 L 上的

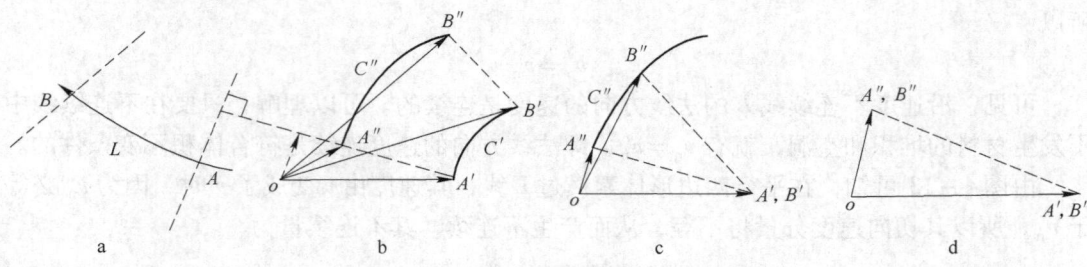

图 4 – 14　速度不连续线和速端图
（L 为速度不连续线）

AB 线段在速端图上所反映的两条线中，其一归为一点（图 4 – 14c 中的 A' 或 B' 点），而另一条为其半径等于切向速度不连续量 $A'A''$（或 $B'B''$）的圆弧 $\overset{\frown}{A''B''}$，由图 4 – 14a、c 可见，$\overset{\frown}{A''B''}$ 所对的圆心角等于 L 线上的 AB 线段切线的转角。

对于 L 线是直线，并且在 L 线的一侧的金属不产生塑性变形仅作刚性移动或保持不动的情况，由于 L 线上 AB 线段切线的转角等于零，所以 $A'A''$ 必须与 $B'B''$ 重合，此时 AB 线段在速端图上反映为两个点（即图 4 – 14d 中的 A' 或 B' 和 A'' 或 B''）。

如图 4 – 15 所示，交于 M 点的两条速度不连续线将流动平面分为 a、b、c、d 四个区。令 v_a、v_b、v_c、v_d 表示 M 点无穷小邻域内的速度；v_{ab}、v_{bc}、v_{cd}、v_{da} 表示 M 点附近的速度不连续量。按定义，则有

$$v_{ab} = v_a - v_b \qquad v_{bc} = v_b - v_c \qquad (4 – 18)$$
$$v_{cd} = v_c - v_d \qquad v_{da} = v_d - v_a \qquad (4 – 19)$$

将上式相加之后，结果为零。从而得出结论：两条速度不连续线相交于一点 M 附近的速度不连续量的矢量和为零。

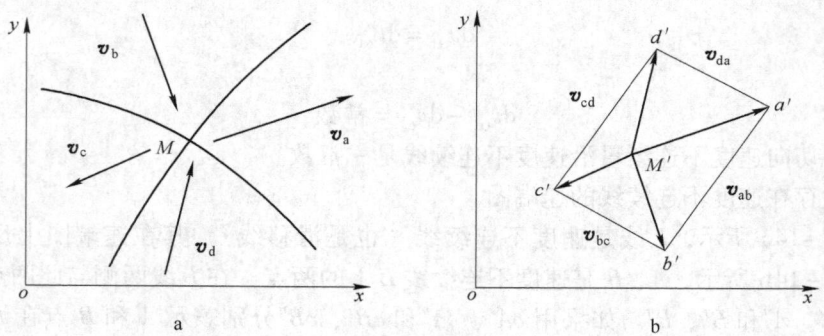

图 4 – 15　两条速度不连续线之交点处的速度和速度不连续量

4.5　滑移线场求解的应力边界条件

如前所述，对某给定的平面塑性变形问题绘制其滑移线场时，需要利用其边界上的受力条件。材料成型过程中常见的边界有：工件与工具的接触面；工件不与工件接触的自由表面。在边界上，通常是给出法向正应力和切向剪应力。但是在建立滑移线场时需要知道

的是静水压力 p 和角度 ϕ，这就需要找到边界上的法向正应力 σ_n 和切线剪应力 τ_n 与静水压力 p 和角度 ϕ 的关系。

如图 4 – 16 所示，设某变形体的边界 C 取为坐标面，已知表面上任意一点的法向正应力 σ_n 和切线剪应力 τ_n，则滑移线与边界线的夹角为

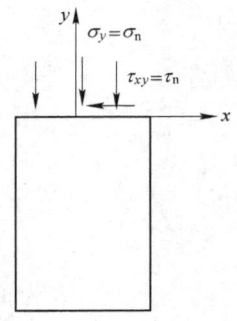

$$\phi = \pm 0.5\arccos\left(\frac{\tau_n}{k}\right) \qquad (4-20)$$

静水压力还可以写成

$$p = -\sigma_n + k\sin2\phi \qquad (4-21)$$

根据边界上已给出的 σ_n 和 τ_n，便可以确定出边界 C 上各处的 ϕ、p，进而可以绘制出边界附近的滑移线场。以下分别介绍几种常见边界的应力条件。

图 4 – 16　边界条件

4.5.1　自由表面

塑性区域有可能扩展到自由表面附近。一般情况下自由表面的法向正应力 σ_n 和切向剪应力 τ_n 均为零，所以自由表面是主平面，自由表面的法线方向是一个主方向。例如平锤头压入塑性半无限体时，在锤头两侧，显然会在压力下形成一个塑性区。由于被锤头挤出的金属受到外端的约束，所以平行于自由表面方向的主应力是压应力，且数值较大。可见，在自由表面上等于零的法向正应力是代数值最大的主应力，即

$$\sigma_1 = \sigma_n = 0 \qquad (4-22)$$

如前所述，代数值最大的主应力 σ_1 的方向应位于 $\alpha - \beta$ 右手坐标系的第一和第三象限内，由此便可定出 α 和 β 滑移线。在自由表面上各点的剪应力 τ_n 等于零，于是确定出由各点引出的两条正交滑移线与自由表面分别成 $\pm\dfrac{\pi}{4}$ 角。

根据屈服准则

$$\sigma_1 - \sigma_3 = 2k$$

得到

$$\sigma_3 = -2k, \quad \sigma_2 = -k = -p \qquad (4-23)$$

所以，发生在产生屈服的自由表面上各点的应力状态是，$\sigma_1 = 0$，$\sigma_2 = -p = -k$，$\sigma_3 = -2k$。自由表面上的应力莫尔圆也证实了这一结论（图 4 – 17）。此外，不带外端平板压缩时，两个自由侧面上各点也有与此相同的应力状态。

4.5.2　无摩擦的接触面

塑性变形过程中，润滑条件良好的光滑工具表面均可认为是无摩擦的接触面。在无摩擦的接触面上没有剪应力，因此接触面是主平面，其上的法向正应力是主应力。由于接触面上的主应力是由工具的压缩作用所引起的，是压应力，而且其数值可能是最大的，因此，该主应力是代数值最小的主应力 σ_3，即 $\sigma_n = \sigma_3$。与此主应力法向相垂直的另一主应力 σ_t，在材料加工成型过程中多数是压应力，并且是代数值最大的主应力 σ_1，即 $\sigma_t = \sigma_1$。σ_1 的方向知道后，便可以按照前述的方法确定出 α 和 β 滑移线。无摩擦接触面上各点的应力状态及滑移线如图 4 – 18 所示。

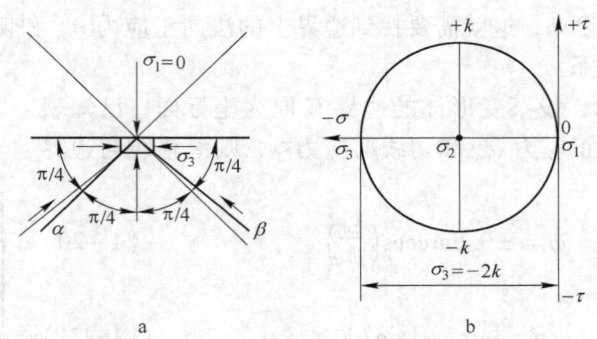

图 4 - 17   自由表面上的滑移线和莫尔圆
a—自由表面上的滑移线；b—自由表面上的莫尔圆

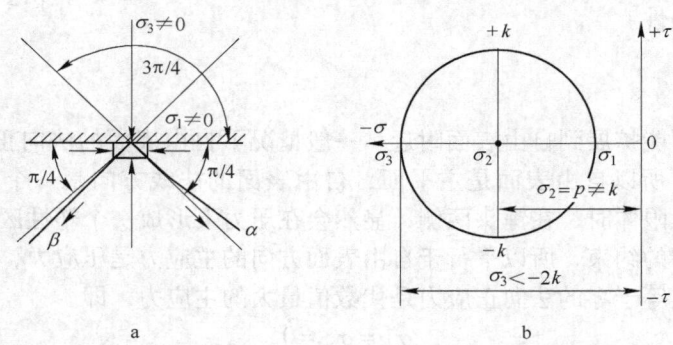

图 4 - 18   无摩擦接触面上的滑移线和莫尔圆
a—无摩擦接触面的滑移线；b—无摩擦接触面的莫尔圆

4.5.3   完全粗糙的接触面

在热加工成型过程中，工件与工具接触面上的摩擦力可能很大，以至于在接触面上各点的摩擦剪应力 τ_f 达到了屈服剪应力，即 $\tau_f = \tau_n = k$。按式 4 - 21，此时两条正交的滑移线与接触面的夹角分别是 0 和 $\pi/2$。由此得知，一条滑移线切于接触面，另一条滑移线与接触面正交（图 4 - 19）。从接触面逆时针转 $\pi/4$ 的平面便是代数值最大的主应力 σ_1 所作用的平面。σ_1 的方向确定后，可按前述的方法确定出 α 和 β 滑移线。

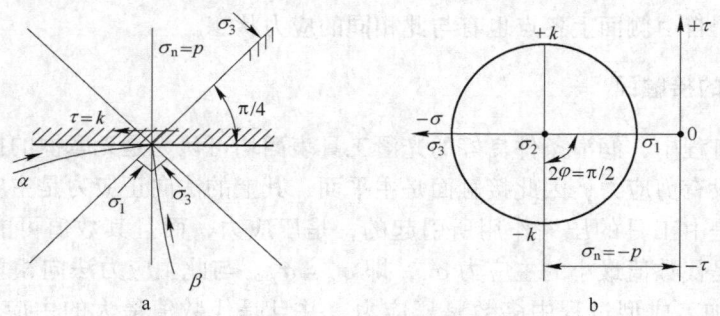

图 4 - 19   完全粗糙的接触面的滑移线和莫尔圆
a—完全粗糙接触面的滑移线；b—完全粗糙接触面的莫尔圆

4.5.4* 库仑摩擦的接触面

库仑摩擦是指摩擦系数 f 在接触面上各点是常数。塑性加工过程中，除了无摩擦接触面和完全粗糙接触面外，还有按库仑摩擦的接触面。在这种接触面上，工件与工具产生相对滑动，摩擦剪应力 τ_f 为：$0 < \tau_f < k$。$\tau_f = \tau_n$，按库仑滑动摩擦规律

$$\tau_f = \tau_n = f\sigma_n$$

式中 σ_n——接触面上的法向正应力，在数值上等于该点的单位压力；

f——滑动摩擦系数。

按式 4-21 滑移线与接触面的夹角为

$$\phi = \frac{1}{2}\arccos\left(\frac{f\sigma_n}{k}\right) \tag{4-24}$$

通常，σ_n 在接触面上各点是不同的，也就是说，ϕ 角是变化的，滑移线是以变化的角度与接触面相交。在这种情况下接触面上的法向正应力 σ_n 不是主应力（图4-20）。

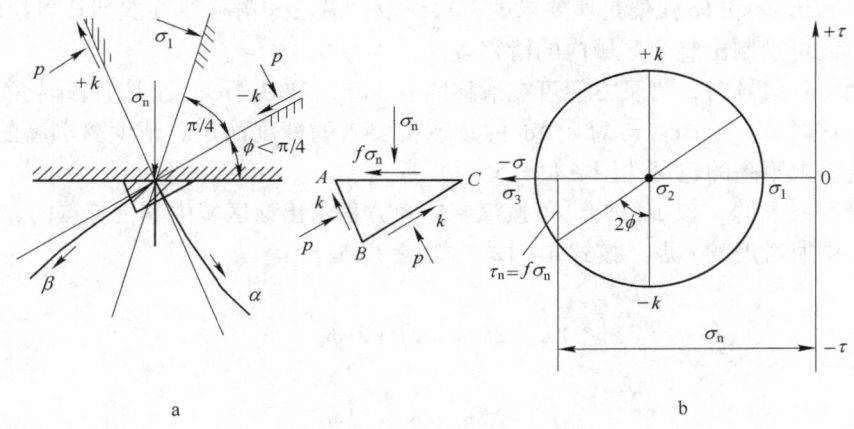

图4-20 滑动情况的接触面的滑移线和莫尔圆

a—滑动情况的接触面的滑移线；b—滑动情况的接触面的莫尔圆

4.6 滑移线场的绘制

根据给定的表面滑移线特征来求其附近的滑移线场问题，称为初始特征问题，或称为黎曼（Riemann）问题。

如图4-21所示，$o1$ 和 $o2$ 为两条正交于 o 点的滑移线。根据已知条件用作图法绘制 $o1$ 和 $o2$ 区域内的滑移线网。下面近似地求过 a 点的 β 线和过 b 点的 α 线的交点 c。

根据汉基第一定理，由 o 到 b 和 a 到 c，β 线的转角 $\Delta\phi_\beta$ 应相等；同理，由 o 到 a 和 b 到 c，α 线的转角 $\Delta\phi_\alpha$ 应相等。交点 c 的绘制方法是，在 a 和 b 点上分别作滑移线 α 和 β 的法线 n_α 和 n_β，然后由 a 点引出直线 an（an 顺 β 线转动的方向转动与 n_α 成 $\Delta\phi_\beta/2$ 角）和由 b 点引出另一条直线 bm（bm 顺 α 线转动的方向转动与 n_β 成 $\Delta\phi_\alpha/2$ 角），an 和 bm 的交点便是所要求的 c 点。交点 c 求出之后可绘制这一区域的滑移线网。其具体方法是，

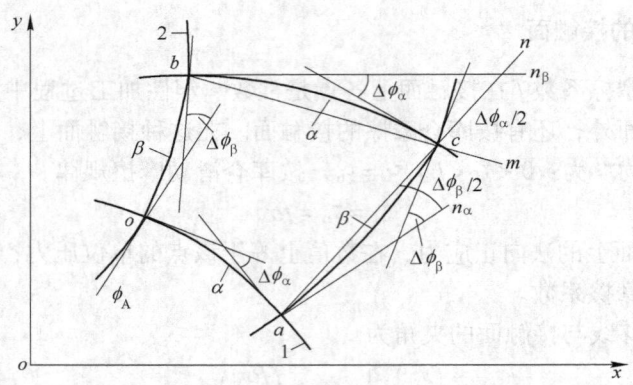

图 4 – 21　黎曼问题滑移线场的作图法

由线段 ac 及 bc 的中点引垂线，使其分别与滑移线在 a 和 b 点的切线相交，以此交点作为曲率中心绘制出 ac 和 bc 弧便是所要求的滑移线段。沿已知滑移线逐次前移可绘制出其他网结，最后便可绘制出整个区域内的滑移线网。

在绘制滑移线场时，为了方便可在滑移线 α（$o1$）和 β（$o2$）上按各段转角相等的办法取结点，这时 $\Delta\phi_\beta = \Delta\phi_\alpha = \Delta\phi$。$\Delta\phi$ 的选取视要求的精度而定。精度要求高的常用 $\Delta\phi = 5°$；精度要求不高的也可选用 $\Delta\phi = 15°$。

两条滑移线上的 p 和 ϕ 已知，可按汉基应力方程求出该区域内其他各点的 p 和 ϕ。对于图 4 – 21 中所考虑的 c 点，按式 4 – 12、式 4 – 13 有

沿 α 线

$$p_b + 2k\phi_b = p_c + 2k\phi_c$$

沿 β 线

$$p_a - 2k\phi_a = p_c - 2k\phi_c$$

联解此两式，得

$$p_c = \frac{1}{2}(p_a + p_b) + k(\phi_b - \phi_a) \tag{4 – 25}$$

$$\phi_c = \frac{1}{2}(\phi_a + \phi_b) + \frac{1}{4k}(p_b - p_a) \tag{4 – 26}$$

式 4 – 25 和式 4 – 26 还可以进一步简化。按式 4 – 12、式 4 – 13，有

沿 α 线

$$p_0 + 2k\phi_0 = p_a + 2k\phi_a \quad 或 \quad p_a = p_0 + 2k(\phi_0 - \phi_a) \tag{a}$$

沿 β 线

$$p_0 - 2k\phi_0 = p_b - 2k\phi_b \quad 或 \quad p_b = p_0 + 2k(\phi_b - \phi_0) \tag{b}$$

（b）+（a），得

$$2k(\phi_b - \phi_a) = p_a + p_b - 2p_0$$

将此式代入式 4 – 25，得

$$p_c = p_a + p_b - p_0 \tag{4 – 27}$$

（b）–（a），得

$$p_b - p_a = 2k(\phi_b + \phi_a) - 4k\phi_0$$

将此式代入式 4 – 26，得

$$\phi_c = \phi_a + \phi_b - \phi_0 \tag{4-28}$$

当求出 c 点处之 p_c 和 ϕ_c 后，便可按式 4 – 1 求出该点处的应力分量 σ_x、σ_y 和 τ_{xy}。

4.7 滑移线场求解问题实例

4.7.1 光滑平冲头压入半无限体

刚性平冲头对理想塑性材料的压入问题是平面变形的典型实例。如图 4 – 22 所示，假定冲头和半无限体在 z 轴方向（垂直纸面的方向）的尺寸很大，则认为是平面变形。由于冲头的宽度与半无限体的厚度相比很小，所以塑性变形仅发生在表面的局部区域之内，又由于压入时在靠近冲头附近的自由表面上金属受挤压而凸起，所以该自由表面区域中亦发生塑性变形。下面分别研究其塑性变形开始阶段的滑移线场、速度场及单位压力公式。

4.7.1.1 绘制滑移线场

由于变形是对称的，所以只研究一侧的滑移线场。

（1）含自由表面的 AFD 区（图 4 – 22a），参照图 4 – 17a 所示的边界条件，有 $p = k$、$\phi = \pi/4$。在自由表面 AD 上已知 $p = p_0 =$ 常数时，整个三角形 AFD 中为均匀应力状态的直线场。σ_1（$=0$）为代数值最大的主应力，从而按右手（$\alpha - \beta$ 坐标系）法则可定出 α 和 β 滑移线的方向。

（2）在 ACG 区，假定冲头表面光滑无摩擦，即 $\tau_f = \tau_n = 0$，参照图 4 – 17b 所示的边界条件，在冲头表面各点有 $p =$ 常数、$\phi = 3\pi/4 =$ 常数，所以此区域也是均匀应力状态的直线场。按无摩擦接触表面的边界条件知 σ_1（$=\sigma_t$）是代数值最大的主应力，从而定出 α 和 β 滑移线的方向。

（3）在 AGF 区，按滑移线的几何性质参照图 4 – 10b 知，在两个三角形（$\triangle ADF$ 和 $\triangle ACG$）场之间的过渡场是有心扇形场。A 点是应力奇异点。

以上，对左半部分的 3 个区的滑移线场做了分析，右半部分亦可仿此进行，最后得出整体滑移线场。应指出，变形区塑性区先在 A、B 点开始出现，然后逐渐向内扩展。但是在没有扩展到 C 点以前冲头是不能压入的，因为我们假定材料是刚 – 塑性体，只要中间还存在有限宽度的刚性区，冲头就不能压入。只有当塑性区扩展到 C 点，冲头才能开始压入。此开始压入瞬间的滑移线场，如图 4 – 22a 所示。

4.7.1.2 作速端图

左半部的塑性变形区由 β 线 DFGC 围成，因为材料设为刚 – 塑性体，所以在此 β 线以下的材料有 $v_\alpha = v_\beta = 0$。DFGC 是速度不连续线，沿此线的法向（即沿 α 线方向）速度分量 v_α 是连续的，并为零。因为沿直线 $\mathrm{d}\phi = 0$，按盖林格速度方程式 4 – 15，$v_\alpha =$ 常数，所以在整个塑性区 $v_\alpha = 0$。这样，在塑性区的速度仅有沿 β 线的速度分量 v_β。由图 4 – 22a 可见，在接触面 AC 上沿 β 线的速度分量 v_β 应等于材料沿冲头表面的水平移动速度与冲头运动速度 v_0 和矢量和，即 $v_\beta \cos 45° = v_0$ 或 $v_\beta = \sqrt{2} v_0$。DFGC 为刚 – 塑性区的边界，也是速度不连续线。沿此线上速度不连线量 $\Delta v_\beta = v_\beta - 0 = v_\beta$，其大小是常数，其方向是 DFGC

的切线方向。按盖林格速度方程式 4－15，$dv_\beta + v_a d\phi = 0$，因整个塑性区 $v_a = 0$，所以 $v_\beta =$ 常数。由于接触面 AC 上各点的 v_β 均等于 $\sqrt{2}v_0$，所以自由表面 AD 上各点的 v_β 也都等于 $\sqrt{2}v_0$。综上所述，并参照图 4－14c 便可作出速端图 GF。应指出 CG 和 DF 是直线，所以 D 和 F（或 C 和 G）的 v_β 大小和方向是相等的。作出的速端图，如图 4－22a 所示。在图中，有

$\vec{0G}$——代表 $\triangle ACG$ 的位移速度；

$\vec{01}$——代表 $A1$ 线上各点的位移速度；

$\vec{02}$——代表 $A2$ 线上各点的位移速度；

$\vec{0D}$（$=\vec{0F}$）——代表 $\triangle AFD$ 的位移速度。

塑性变形中，金属的流动遵守秒流量相等的原则。按此，有

$$ACv_0 = v_\beta AF = v_\beta AC\cos 45° = v_\beta AC\frac{1}{\sqrt{2}}$$

所以

$$v_\beta = \sqrt{2}v_0$$

可见，上面所求的 v_β 是符合体积不变条件的。

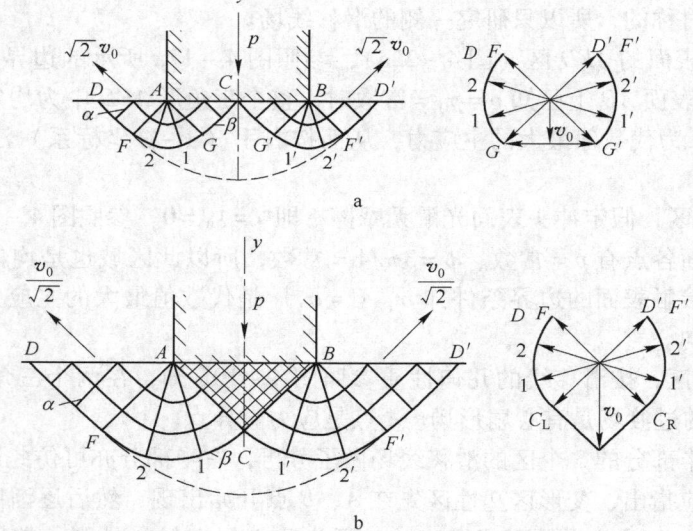

图 4－22　平锤头压入半无限体的滑移线场和速端图
（左图为滑移线场；右图为速端图）
a—按接触面光滑；b—按接触面粗糙（下标 L 和 R 分别表示左和右）

4.7.1.3　单位压力公式

假设接触表面光滑而无摩擦，如图 4－22a 所示，按汉基应力方程式，沿 β 线 $DFGC$，有

$$p_D - 2k\phi_D = p_C - 2k\phi_C, \quad p_C = p_D + 2k(\phi_C - \phi_D)$$

而 $\phi_D = \dfrac{\pi}{4}$，$p_D = k$，$\phi_C = \dfrac{3\pi}{4}$，代入上式，则

$$p_C = k + 2k\left(\frac{3\pi}{4} - \frac{\pi}{4}\right) = k(1 + \pi)$$

p_C 是接触表面 C 处的静水压力，而我们要求的是 σ_y，按基本应力方程式 4-1，有

$$\sigma_y = -p_C + k\sin 2\phi_C = -k(1+\pi) + k\sin\left(\frac{3\pi}{2}\right)$$

$$= -k(1+\pi) - k = -5.14k$$

因为 AGC 区为均匀应力区，所以平均单位压力

$$\bar{p} = -\sigma_y = 5.14k$$

写成应力状态影响系数的形式，得

$$n_\sigma = \frac{\bar{p}}{2k} = 2.57 \tag{4-29}$$

4.7.2　粗糙平冲头压入半无限体

以上，对于无摩擦情况下的滑移线场、速端图和单位压力公式做了详细的讨论，下面将对接触表面粗糙情况下的滑移线场、速端图和单位压力公式做简要叙述。

如图 4-22b 所示是冲头表面粗糙情况下的滑移线场和速端图。由于冲头足够粗糙，可认为等腰三角形 ABC 如同一个附着在冲头上的刚性金属帽。同无摩擦情况一样，在自由表面上的塑性区也应是均匀应力状态的直线场 ADF。由于流动的对称性，在垂直对称轴上 $\tau_{xy} = 0$。于是，从冲头边角引出的直线滑移线必须与垂直对称轴成 45°角，由此定出 $\triangle ABC$ 两底角为 45°。根据滑移线几何性质按图 4-10b 知，在 ABC 与 ADF 间是有心扇形场。

对于此滑移线场区的速端图分析如下。

三角形 ABC 似刚体一样随冲头以速度 v_0 向下运动，在 C 点 α 和 β 方向的分速度，即等于 $v_0\cos 45° = v_0\dfrac{1}{\sqrt{2}}$。在 $DFCF'D'$ 线以下的刚性区，根据 C 点是滑移线 DCF' 和 BCF 的交点，而 C 点的上邻域速度等于 v_0，下邻域的速度为零，所以参照图 4-15，可得出 C 点左邻邻域的速度和速度不连续量都等于 $v_0\dfrac{1}{\sqrt{2}}$。对于所考察的左侧整个塑性区 $v_\alpha = 0$，也就是说，塑性区的速度仅有沿 β 线的速度分量 v_β。FC 线以下是刚性区，此区 $v_\alpha = v_\beta = 0$，根据 C 点左邻域 C_L 的速度 $v_\beta = v_0\dfrac{1}{\sqrt{2}}$ 知，此速度也是沿 CF 线的速度不连续量。参照图 4-12c 可作出如图 4-22b 所示的速端图。

下面推导接触面表面粗糙情况下的单位压力公式。如图 4-22b 所示，按汉基应力方程沿 β 线 DFC

$$p_C = p_D + 2k(\phi_C - \phi_D)$$

和无摩擦接触面情况相同：$p_D = k$，$\phi_D = \dfrac{\pi}{4}$，$\phi_C = \dfrac{3\pi}{4}$，所以

$$p_C = k(1+\pi) \tag{4-30}$$

沿直线滑移线 AC 上的正应力 $-\sigma_n = p_C = $ 常数；剪应力 $\tau = k$。此时按三角形 ABC 的平衡条件可求出接触面上的平均单位压力 $\bar{p}$。

按图 4-23 所示，有

$$pAO = kAC\cos 45° + p_C AC\sin 45°$$

$$AO = AC\cos 45° = AC\sin 45°$$

所以 $$\bar{p} = p_C + k \qquad (4-31)$$

把式 4−30 代入此式，则

$$\bar{p} = k(1+\pi) + k = k(2+\pi) = 5.14k$$

或 $$n_\sigma = \frac{\bar{p}}{2k} = 2.57 \qquad (4-32)$$

图 4−23　按三角形 ABC
平衡条件求 $\bar{p}$

由式 4−29 和式 4−32 可见，两种情况滑移线场所得到

的平均单位压力完全相同，这表明压缩厚件时，表面接触摩擦对 $\dfrac{\bar{p}}{2k}$ 影响不大。而应力状态

影响系数 $n_\sigma = 2.57$，如此之大的原因乃是受外区（或外端）的影响。

顺便指出，以上所讨论的材料系指刚−塑性体，如假定材料是弹塑性体，则塑性区的
边界可能如图 4−22 中虚线所示。

4.7.3　平冲头压缩的厚件（$\dfrac{l}{h} < 1$）

用两个平冲头从上、下两个方向相对压缩有限厚度变形体的情况示于图 4−24 中。以
下分别研究其滑移线场、速端图、平均单位压力和数值求解的实例。

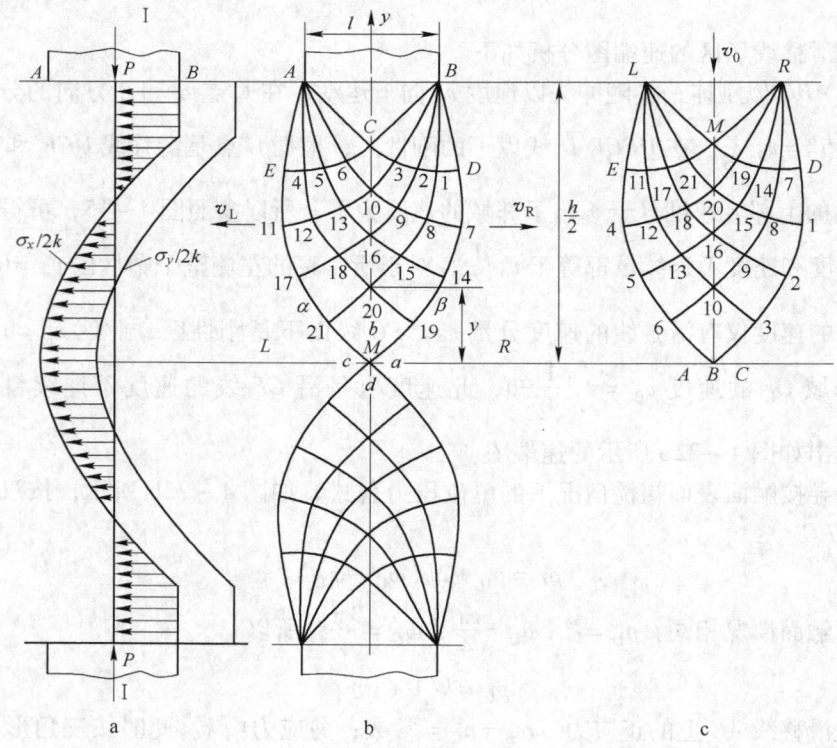

图 4−24　平砧压缩厚件 $\dfrac{l}{h} < 1$ 时滑移线场、速端图和沿 I—I 断面上的应力分布

a—沿 I—I 断面上的应力分布；b—滑移线场；c—速端图

4.7.3.1 绘制滑移线场

工件的变形以水平对称轴 x 为对称，所以只研究 x 轴以上的部分。由于在垂直对称轴上 $\tau_{xy}=0$，所以由冲头的角部 A、B 两点引出的两条滑移线必正交于垂直对称轴上，且与该轴交成 $135°$ 和 $45°$ 角。假定冲头表面粗糙，则形成的直角等腰三角形 ABC 好似附着在冲头上的金属帽。此时与滑移线 AC 和 BC 相连的是有心扇形场 ACE 和 BCD。压缩开始后，塑性区由 A、B 点开始逐渐扩大，也就是两个扇形场和按黎曼问题所确定的滑移线场 $ECDM$ 逐渐向下扩展，当 M 点到达 x 轴时，在塑性区内流动的金属便推动着两个刚性外区在水平方向移动。如果工件的厚度有限，M 点到达 x 轴上时，塑性区还没有扩展到 A、B 点以外的自由表面上去，此时所绘制的滑移线场如图 4-24b 所示。

4.7.3.2 作速端图

如图 4-24b 所示，作为速度不连续线的滑移线在 M 点相交，并分成 a、b、c、d 四个区，已知 M 点左右邻域的水平移动速度为 $v_d=v_a=v_c=v_0\dfrac{l}{h}$，参照图 4-15 的作图法，得 $v_b=v_d=v_a=v_c=v_0\dfrac{l}{h}$，在 M 点的速度不连续量 $v_{ab}=v_{bc}=v_{cd}=v_{da}=\sqrt{2}v_a=\sqrt{2}v_0\dfrac{l}{h}$。因为沿 AEM 和 BDM 上速度不连续量是常数，而刚性区内各点的速度又相同，所以参照图 4-14c，沿 AEM 和 BDM 线上内侧各点的速端图必为以 L 和 R 为圆心，以 LM 和 RM 为半径的圆弧 MD 和 ME，其中 $OR=OL=v_a=v_c=v_0\dfrac{l}{h}$，$RM=LM=v_{ab}=v_{bc}=\sqrt{2}v_0\dfrac{l}{h}$，圆弧所对的圆心角为 θ。由以上便可定出速端图上的 M、L、R、E、D 点。从而也可确定出速端图上圆弧 MD 和 ME 上各点的速度。已知这些点上的速度可求出其他各点的速度。若作图精确，所得到的 $\overset{\frown}{OC}$ 恰为冲头压下速度。

4.7.3.3 求平均单位压力 $\bar{p}$

由边界条件知，EC 线是 β、EM 是 α 滑移线。这样，按汉基应力方程，有

沿 EC 线 $\qquad\qquad p_E=p_C-2k(\phi_C-\phi_E)=p_C-2k\theta \qquad\qquad (4-33)$

沿 EM 线 $\qquad\qquad p_i=p_E+2k(\phi_E-\phi_i) \qquad\qquad\qquad (4-34)$

式中，i 为 α 线 EM 上的任意点，由图 4-24b 知，$\phi_E=\pi-\dfrac{\pi}{4}-\theta$，把此式和式 4-33 代入式 4-34，得

$$p_i=p_C-2k\theta+2k\left(\frac{3\pi}{4}-\theta-\phi_i\right)=p_C+2k\left(\frac{3\pi}{4}-2\theta-\phi_i\right) \qquad (4-35)$$

假定用上下两冲头对称压缩工件时，工件两端没有任何水平外力的作用，这时沿滑移线 AEM 上尽管各点的应力有所不同，但其所作用的水平方向的总力（P_H）应为零。沿滑移线 AEM 的任意线素上作用的正应力和剪应力分别为 p_i 和 k，如图 4-25 所示此线素上所受的水平总力为：

$$dP_H=p_i\sin(180°-\phi_i)ds-k\cos(180°-\phi_i)ds=P_i dy-kdx$$

把式 4-35 代入此式积分，并令 $\int dP_H=0$，则得

$$P_H=\int_0^{\frac{h}{2}}\left[p_C+2k\left(\frac{3\pi}{4}-2\theta-\phi_i\right)\right]dy-\int_0^{\frac{l}{2}}kds=0$$

积分后解出

$$p_C = k\left(4\theta + \frac{l}{h} - \frac{3\pi}{2}\right) + \frac{4k}{h}\int_0^{\frac{h}{2}}\phi_i \mathrm{d}y$$

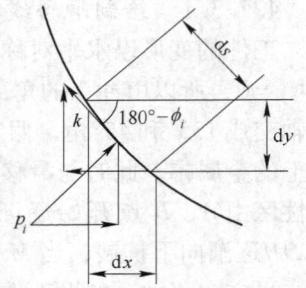

式中，积分项 $\int_0^{\frac{h}{2}}\phi_i \mathrm{d}y$，当知道 ϕ_i 和 y 的函数关系时可求解；当不知道其函数关系时，可用数值计算。用数值法计算可写成如下形式

$$p_C \approx k\left(4\theta + \frac{l}{h} - \frac{3\pi}{2}\right) + \frac{4k}{h}\sum_{i=1}^{n}\phi_i \Delta y \qquad (4-36)$$

图 4 – 25 沿滑移场 AEM 线素上正应力和剪应力的水平分量

如图 4 – 24b 所示，AC 和 BC 是直线滑移线，沿此线 $p = p_C$ = 常数，接触表面的平均单位压力

$$\bar{p} = p_C + k$$

$$n_\sigma = \frac{\bar{p}}{2k} = \frac{p_C}{2k} + 0.5 \qquad (4-37)$$

式 4 – 37 为接触表面粗糙条件下所求的平均单位压力公式。如果接触表面光滑无摩擦时，图 4 – 24b 中的三角形 ABC 区域是直线滑移线场，该滑移线场与接触表面 AB 交成 45°和 135°。在此情况下的单位压力公式与式 4 – 37 相同。

4.7.4 粗糙平板间压缩薄件$\left(\dfrac{l}{h} > 1\right)$

图 4 – 26 是在粗糙的平行砧间时的压缩情况、滑移线场、速端图及接触面上单位压力的分布。由于变形是对称的，所以仅示出左半部分。

4.7.4.1 绘制压缩薄件滑移线场

假设 AB 和 CD 是刚性和完全粗糙的平砧，接触面上的摩擦应力 $\tau_f = \tau_n = k$。按应力边界条件知，一族滑移线与表面接触线（接触面与纸面的交线）垂直，而另一族滑移线则与表面接触线相切。

平砧的拐角点 A 和 C 是应力奇异点。实验和理论分析表明，应力奇异点是应力集中之处，它往往成为滑移线的起点。这样，便以 A 和 C 为中心绘制出有心扇形场 AEE_3 和 CEE_3'。圆弧线在 E_3 和 E_3' 点与平砧面（即表面接触线）垂直；并在 E 点与水平对称轴（x 轴）交成 135°和 45°角。

AE 为直线滑移线与 x 轴成 45°角，是有心扇形场的圆弧线。由于工件外端无水平方向的外力作用，所以水平方向的应力是代数值最大的，因而定出 AE 是 α 滑移线，而 $EE_1E_2E_3$ 是 β 滑移线。这样，可按混合问题作图法：给定一条滑移线 $EE_1E_2E_3$（已知 p 和 ϕ）与非滑移线的 x 轴（仅知 ϕ），绘制出整个左半部区域的滑移线网。图 4 – 26c 是按角距为 15°作出的等角滑移线网。

滑移线场的形状和 $\dfrac{l}{h}$ 有关，当 $\dfrac{l}{h}$ = 2.4 时，塑性区为 $AECE_2'F_1'GF_1E_2A$；当 $\dfrac{l}{h}$ = 3.6 时，塑性区为 $AECE_3'F_2'G_1'HG_1F_2E_3A$，所以 $\dfrac{l}{h} \leqslant 2.4$ 时，刚性区遍及整个接触面；$\dfrac{l}{h} > 3.6$，在接触面上存在均匀压力区 AE_3、压力递增区和刚性区。

可见，在压缩过程中，工件由厚变薄，滑移线的外廓在不断变化，这种滑移线场称为不稳定场。图 4 – 26c 中示出的是某一压缩瞬间的滑移线场。

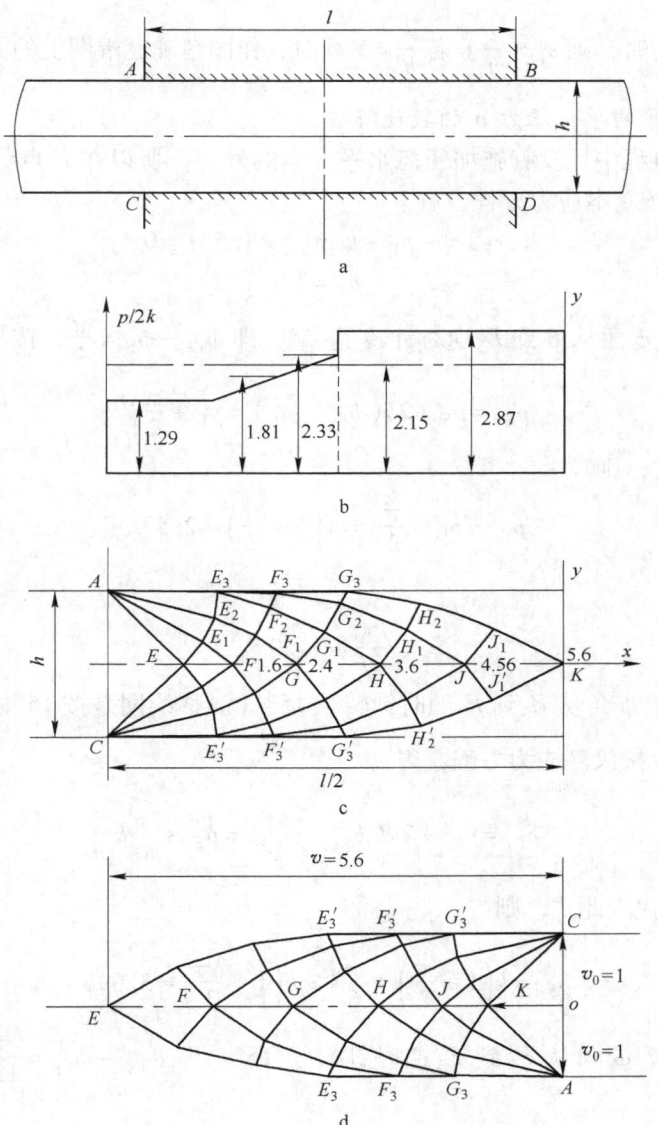

图 4 – 26　在粗糙的平行砧间压缩薄件

a—压缩情况；b—接触面上单位压力 $p/2k$ 的分布；c—滑移线场；d—速端图

4.7.4.2　作速端图

如图 4 – 26c 所示，作为速度不连续线的两条滑移线相交于 K 点。参照图 4 – 15 的作图法，当上下平砧以 v_0 的速度压缩工件时，K 点左邻域的速度为 v_0（即图 4 – 26d 中的 $\overline{OK}$），速度不连续量为图 4 – 26d 中的 $\overline{AK}$ 和 $\overline{CK}$。滑移线 $G_3H_2J_1K$ 以上和 $G_3'H_2'J_1'K$ 以下是刚性区，而沿这两条速度不连续线上速度不连续量为常数，参照图 4 – 14c 的作图法沿这两条速度不连续线的速端图为图 3 – 26d 上的圆弧 G_3K 和 $G_3'K$ 已知这两个弧线上的速度，便可作出如图 4 - 26d 所示的整个左半部区域的速端图。滑移线 AEC 左边的外区部分，作为刚性区以 v_1 的速度向左移动，按体积不变条件 $v_0\frac{l}{2}=v_1\frac{l}{2}$，则 $v_1=\frac{l}{h}v_0$，如平砧以单位速度移动时，则 $v_1=\frac{l}{h}$。若 $\frac{l}{h}=5.6$ 时，作图精确速端图上的 $OE\approx5.6$。

4.7.4.3 求平均单位压力 $\bar{p}$ 的数值解

因为在压缩过程中，没有施加任何水平方向的外力，所以在 E 点的 $\sigma_{Ex}=0$，而此点的 $\phi_E=135°$，则按基本应力方程，有

$$\sigma_{Ex}=-p_E-k\sin(2\times135°)=0$$
$$p_E=k$$

沿 β 线 EE_3，ϕ 角从 E 到 E_3 逆时针转了 $45°$，即 $\phi_{E_3}-\phi_E=\frac{\pi}{4}$，按汉基应力方程，

得
$$p_{E_3}=p_E+2k(\phi_{E_3}-\phi_E)=p_E+\frac{\pi}{2}k$$

把 $p_E=k$ 代入此式，则

$$p_{E_3}=p_E+\frac{\pi}{2}k=k\left(1+\frac{\pi}{2}\right)\approx2.57k$$

或
$$\frac{p_{E_3}}{2k}\approx1.29$$

沿 α 线 E_3F_2，ϕ 角从 E_3 到 F_2 顺时针转了 $15°$（滑移线网是按 $15°$ 的等角距绘制的），即 $\phi_{E_3}-\phi_{F_2}=\frac{\pi}{12}$，按汉基应力方程，得

$$p_{F_2}=p_{E_3}+2k(\phi_{E_3}-\phi_{F_2})=p_{E_3}+\frac{\pi}{6}k$$

把 $p_{E_3}=k\left(1+\frac{\pi}{2}\right)$ 代入此式，则

$$p_{F_2}=k\left(1+\frac{\pi}{2}\right)+\frac{\pi}{6}k=k\left(1+\frac{2\pi}{3}\right)\approx3.09k$$

沿 β 线 F_2F_3，ϕ 角从 F_2 到 F_3 逆时针转了 $15°$，即 $\phi_{F_3}-\phi_{F_2}=\frac{\pi}{12}$，按汉基应力方程，得

$$p_{F_3}=p_{F_2}+2k(\phi_{F_3}-\phi_{F_2})=p_{F_2}+\frac{\pi}{6}k$$

把 $p_{F_2}=k\left(1+\frac{2\pi}{3}\right)$ 代入此式，则

$$p_{F_3}=k\left(1+\frac{2\pi}{3}\right)+\frac{1}{6}\pi k=k\left(1+\frac{5\pi}{6}\right)\approx3.62k$$

或
$$\frac{p_{F_3}}{2k}\approx1.81$$

同理，沿 F_3G_2 和 G_2G_3，得

$$p_{F_2} = k\left(1 + \frac{6\pi}{7}\right) \approx 4.66k$$

或

$$\frac{p_{G_3}}{2k} \approx 2.33$$

在 E_3、F_3、G_3 处，滑移线与表面接触线一致。这样，所求得的滑移线上的正应力 p_{E_2}、p_{F_3}、p_{G_3} 即是工件与工具接触面上相应点的正压力或单位压力。但是，对于 $G_3H_2J_1K$ 的区段，由于滑移线 G_3K 以上是刚性区，应力无法计算，所以只能用先求出该区的总垂直力也就是接触面上的总垂直力 P 的方法，然后计算其平均单位压力 p_m。

如图 4-27 所示，设 ds 为 α 滑移线 G_3K 上的微线素，则作用在该线素上的垂直力

$$\mathrm{d}P = k\sin\psi_i\mathrm{d}s + P_i\cos\psi_i\mathrm{d}s = k\mathrm{d}y + P_i\mathrm{d}x$$

所以沿 G_3K 上的总垂直力为

$$P = k\int_0^{h/2}\mathrm{d}y + \int_0^X p_i\mathrm{d}x \qquad (4-38)$$

式中　X——G_3 到 y 轴的水平距离。

沿 α 线 G_3K 上任意点 I，按汉基方程，有

$$p_i = p_{G_3} + 2k\,(\phi_{G_3} - \phi_i)$$

如图 4-27 所示，ψ_i 是由 G_3 到 I 的滑移线转角，即 $\phi_{G_3} - \phi_i = \psi_i$，代入上式，则

$$p_i = p_{G_3} + 2k\psi_i$$

把此式代入式 4-38，积分整理，得

$$P = k\frac{h}{2} + 2k\int_0^X \left(\frac{p_{G_3}}{2k} + \psi_i\right)\mathrm{d}x$$

$$= k\frac{h}{2} + p_{G_3}\int_0^X\mathrm{d}x + 2k\int_0^X\psi_i\mathrm{d}x$$

$$= k\frac{h}{2} + p_{G_3}X + 2k\int_0^X\psi_i\mathrm{d}x$$

或

$$\frac{P}{2k} = \frac{h}{4} + \frac{p_{G_3}}{2k}X + \int_0^X\psi_i\mathrm{d}x$$

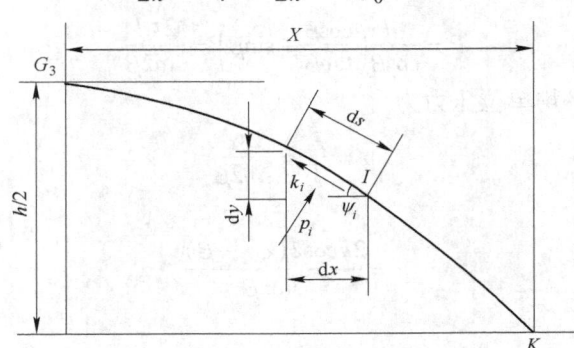

图 4-27　在线素 ds 上的垂直力

该区接触面上平均单位压力，为

$$\frac{p_{\mathrm{m}}}{2k} = \frac{P}{2kX} = \frac{p_{\mathrm{G}_3}}{2k} + \frac{\frac{h}{2} + 2\int_0^X \psi_i \mathrm{d}x}{2X} \qquad (4-39)$$

4.7.5　平辊轧制厚件 $\left(\frac{l}{h} < 1\right)$

将轧制厚件简化成斜平板间压缩厚件，并参照
压缩厚件滑移线场的画法，得到平辊轧制厚件的滑
移线场如图 4-28 所示。由于轧制时其滑移线场是
不随时间而变的，故此种场称为稳定场。

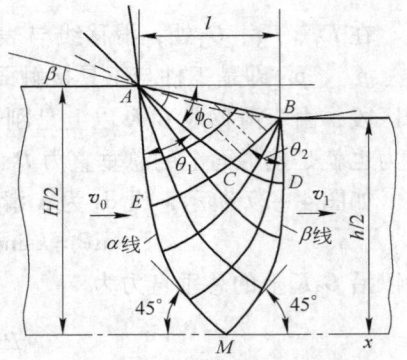

下面研究按滑移线场确定平均单位压力 $\bar{p}$ 的
方法。

在稳定轧制过程中，整个轧件处于力的平衡状
态。此时，在接触面上作用有法向正应力 σ_{n} 和切向
剪应力 τ_{f}。如图 4-28 所示，滑移线 AC 与接触面 AB
的夹角为 $-(\phi_{\mathrm{C}} - \beta)$。于是，在接触面上的单位正
压力和摩擦剪应力

图 4-28　轧制厚件($l/\bar{h} < 1$)的
滑移线场

$$\left.\begin{array}{l} p_{\mathrm{n}} = -\sigma_{\mathrm{n}} = p_{\mathrm{C}} + k\sin 2(\phi_{\mathrm{C}} - \beta) \\ \tau_{\mathrm{f}} = k\cos 2(\phi_{\mathrm{C}} - \beta) \end{array}\right\} \qquad (4-40)$$

由于整个轧件处于平衡，所以作用在轧件上的力的水平投影之和应为零，即

$$p_{\mathrm{n}}AB\sin\beta = \tau_{\mathrm{f}}AB\cos\beta \qquad (4-41)$$

或

$$p_{\mathrm{n}} = \frac{\tau_{\mathrm{f}}}{\tan\beta}$$

式中　β——AB 弦的倾角，且有 $\beta = \frac{\alpha}{2}$（α 是轧制时的咬入角）。

轧制总压力为

$$P = p_{\mathrm{n}}AB\cos\beta + \tau_{\mathrm{f}}AB\sin\beta$$

把式 4-41 和 $AB = \frac{l}{\cos\beta}$ 代入此式，得

$$P = \frac{\tau_{\mathrm{f}}l}{\cos\beta}\left(\frac{\cos\beta}{\tan\beta} + \sin\beta\right) = \frac{2\tau_{\mathrm{f}}l}{\sin 2\beta}$$

于是，求出轧制时的平均单位压力为

$$\bar{p} = \frac{P}{l} = \frac{2\tau_{\mathrm{f}}}{\sin 2\beta}$$

把式 4-40 代入，得

$$\bar{p} = \frac{2k\cos 2(\phi_{\mathrm{C}} - \beta)}{\sin 2\beta} \qquad (4-42)$$

或

$$n_{\sigma} = \frac{\bar{p}}{2k} = \frac{\cos 2(\phi_{\mathrm{C}} - \beta)}{\sin 2\beta} \qquad (4-43)$$

式中，ϕ_C 按满足静力和速度条件的滑移线场来确定。而在确定 ϕ_C 时，在运算式中必含有 p_C，把式 4−40 代入式 4−41，则有

$$p_C = \frac{k\cos 2(\phi_C - \beta)}{\sin\beta} \qquad (4-44)$$

式 4−44 表明，p_C 和 ϕ_C 不是独立的。这样，在确定 ϕ_C 时，可先取一系列的 ϕ_C，由式 4−44 求出 p_C。然后绘制滑移线场得一系列的 $\phi_M = \frac{3\pi}{4}$ 的点，取其中沿 AEM 和 BDM 线上水平力为零的点 M。过 M 点作一水平轴线求出 $\frac{l}{h}$ 值（$\bar{h} = \frac{H+h}{2}$，$l = \sqrt{R(H-h)}$，R 为轧辊半径），与此对应的 ϕ_C 和 p_C 便满足了上述的静力和速度条件。把此 ϕ_C 值代入式 4−43，便可求出与此 $\frac{l}{h}$ 相对应的 $\frac{\bar{p}}{2k}$。

图 4−29 是用上述方法作出的，在 $\frac{l}{h} = 0.27$ 时的滑移线场及沿 Ⅰ—Ⅰ 断面上的应力分布图。图中示出，纵向应力 σ_n 在表面层为压应力，其值为 $1.83k$；中心层为拉应力，其值为 $1.6k$。垂直应力是压应力，其值由表面层的 $3.85k$ 递减到中心层为 $0.4k$。剪应力 τ_{xy} 由表面层向内递减到零。然后改变符号。分析表明，轧制厚件时产生双鼓变形与其应力的分布是相对应的。

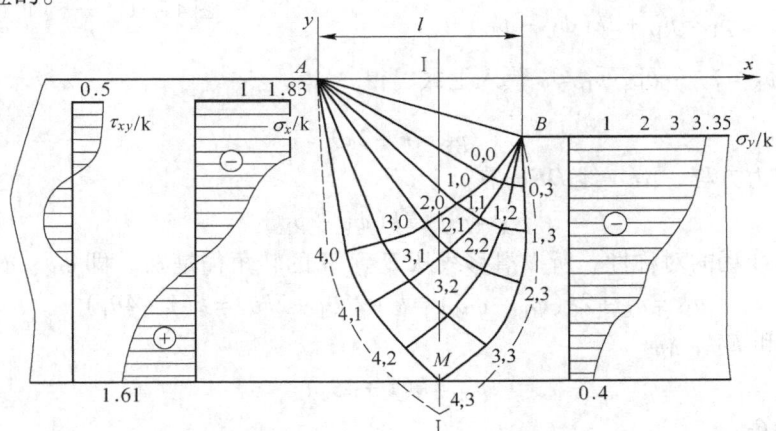

图 4−29 轧制时的滑移线场及沿 Ⅰ—Ⅰ 断面上的应力分布（$\frac{l}{h} = 0.27$）

用不同的咬入角作出的 $\frac{\bar{p}}{2k}$ 与 $\frac{l}{h}$ 曲线示于图 4−30 中。图 4−30 表明，在 $\frac{l}{h}$ 较小时，咬入角 α 对 $\frac{\bar{p}}{2k}$ 的影响较大。

轧制时，接触面上各点的正应力 p_n 和摩擦剪应力 τ_f 是可以通过实测得知的，这时可按下述方法绘制滑移线场，从而近似确定变形体内的应力场。

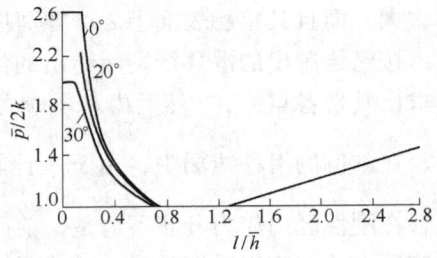

图 4−30 咬入角不同时的 $\frac{\bar{p}}{2k}$ 与 $\frac{l}{h}$ 的关系

参照式 4 – 40，有

$$p_n = -\sigma_n = p_n + k\sin2(\phi_x - \beta_x)$$
$$\tau_f = k\cos2(\phi_x - \beta_x) \tag{4-45}$$

式中　β_x——过接触弧上任意点 x 作轧辊圆周切线与 x 轴所夹的负角（顺时针为负）；

　　　ϕ_x——过 x 点滑移线与 x 轴所夹的负角；

　　　p_x——在接触弧上 x 点处的静水压力。

已知 p_n 和 τ_f 按式 4 – 45 可求出接触弧上任意点 x 的 ϕ_x 和 p_x。然后，按前述的柯西问题作图法绘制出滑移线网，直到于水平轴（x 轴）正交并和该轴交成 135° 和 45° 为止。滑移线场作出后，按已知的 ϕ_x 和 p_x 可求出其他各点的 ϕ 和 p。最后，按基本应力方程求出其应力场。

4.7.6　平辊轧制薄件 $\left(\dfrac{l}{h} > 1\right)$

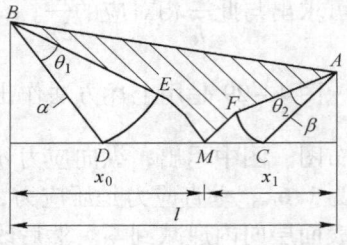

图 4 – 31　$\dfrac{l}{h} > 1$ 时的滑移线场

将轧制薄件简化成斜平板间压缩薄件，并参照压缩薄件滑移线场的画法，得到平辊轧制薄件的滑移线场如图 4 – 31 所示。张角 θ_1、θ_2 与各点应力状态确定方法概述如下：

按汉基应力方程，沿 β 线 DE，有

$$p_E = p_D + 2k(\phi_E - \phi_D)$$

而 $\phi_D = \dfrac{3\pi}{4}$、$\phi_E = \dfrac{3\pi}{4} + \theta_1$、$p_D = k$ 代入上式，得

$$p_E = k + 2k\theta_1$$

按汉基应力方程，沿 α 线 DE，有

$$p_M = p_E + 2k(\phi_E - \phi_M)$$

由于上下滑移线场的对称性，所以滑移线从 E 到 M 的转角仍是 θ_1，即 $\phi_E - \phi_M = \phi_1$，故

$$p_M = p_E + 2k(\phi_E - \phi_M) = k + 2k\theta_1 + 2k\theta_1 = k(1 + 4\theta_1)$$

同理，沿 CF 和 FM，得

$$p_M = k(1 + 4\theta_2)$$

从而得出 $\theta_1 = \theta_2$。

滑移线场的形状既同 $\dfrac{l}{h}$ 有关，也同接触表面的摩擦有关。本例中的滑移线场，仅在 $\dfrac{l}{h}$ 不太大，而且其接触表面上之摩擦剪应力 τ_f 尚未达到 k 的条件下才是可能的。

按已绘制出的滑移线网所给出的任意点的 p（例如，在 C 和 D 点的 $p = p_C = p_D = k$），可求出其他各点的 p，然后由基本应力方程便可求出各点的 σ_x、σ_y 和 τ_{xy}。

在本例的滑移线场中，由于 $\dfrac{l}{h}$ 比较小，所以其刚性区扩展到整个接触面上。前已述及，在刚性区内应力分布不清楚，前面是用求 $AFMEB$ 上的总压力来确定接触面上的平均垂直压力的。这里采用的是，先求轧制轴线（x 轴）上的 σ_y 来确定该轴上的总垂直力，即轧制力 P，然后按 $\bar{p} = \dfrac{P}{l}$，求得单位平均压力。用上述方法作了 $\dfrac{\bar{p}}{2k}$ 与 $\dfrac{l}{h}$ 图，如图 4 – 30

所示。

4.7.7 横轧圆坯

二辊横轧圆坯与平砧压缩厚件相类似，其滑移线场、速端图和平均单位压力 $\bar{p}$ 都可以按前述方法求得。图 4-32 是按 А. Д. ТОМЛЕНОВ（托姆列诺夫）的计算而绘制的滑移线网和应力分布。

图中示出，作为滑移线的两条速度不连续线在工件中心处相交，于该中心处产生剧烈的剪变形又加上在中心处有较大的水平方向拉应力存在，导致圆坯中心疏松，这便是二辊横轧和斜轧出现孔腔（图 4-33a）的主要原因之一。

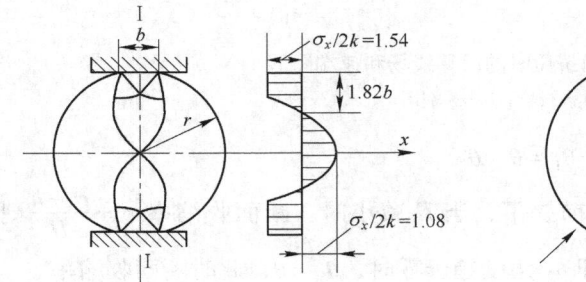

图 4-32　二辊横轧时沿Ⅰ—Ⅰ断面
纵向应力 σ_x 的分布

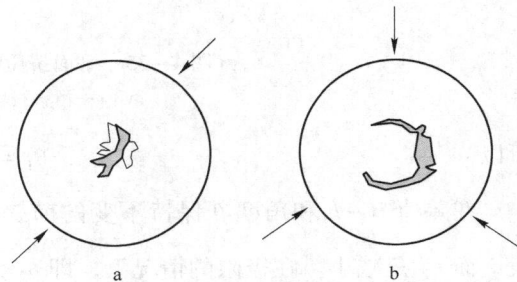

图 4-33　孔腔与环腔

图 4-34 是三辊横轧时的滑移线场。这种场除在坯料的外缘形成三个刚性区 $O_1B_1A_2$、$O_2B_2A_3$、$O_3B_3A_1$ 外，在坯料的中心区域还形成一个凹边六角形的刚性区。在塑性区和刚性区的边界上剪变形剧烈又加上在 O_1、O_2、O_3 处产生拉应力最大，所以此处易产生横裂。由于轧制时坯料是旋转的，因而会出现如图 4-33b 所示的环腔（或环裂）。

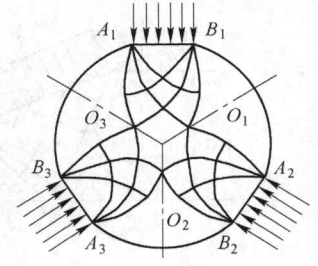

图 4-34　三辊横轧的滑移线场

4.7.8 在光滑模孔中挤压（或拉拔）板条

在光滑模孔中挤压（或拉拔）板条，如果板条厚度（垂直纸面方向的尺寸）保持不变，则属平面变形问题。按前述的绘制滑移线网及作速端图的方法做出如图 4-35 所示的滑移线网和速端图。

整个滑移线场是由一个具有均匀应力状态的三角形（abc）直线场连接两个不对称的有心扇形场所构成。在水平对称轴（x 轴）上，两条滑移线正交于 M 点，并与 x 轴交成 135°和 45°角。按汉基第一定理，有

$$\theta_1 = \phi_{a1} - \phi_c = \phi_M - \phi_{b1}$$

又

$$\phi_{b1} = \pi - \frac{\pi}{4} - \theta - \theta_2 = \frac{3\pi}{4} - \theta - \theta_2$$

而

$$\phi_M = \frac{3\pi}{4}$$

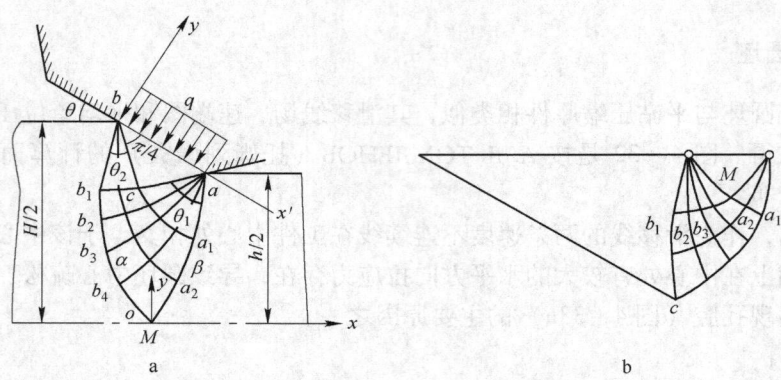

图 4-35 平面挤压时的滑移线场和速端图
a—滑移线场；b—速端图

所以 $\theta_1 = \theta + \theta_2$

在差值 $H-h$ 和角度 θ 保持不变的前提下，当 H 减小时，断面收缩率 $\varepsilon = \dfrac{H-h}{H}$ 则增大，而 θ_2 角减小。在极限的情况下，即 θ_2 角度趋于零时，$\theta_1 = \theta$，此时断面收缩率

$$\varepsilon = \frac{H-h}{H} = \frac{2\sin\theta}{1+2\sin\theta} \qquad (4-46)$$

此情况下的滑移线和速端图如图 4-36 所示。

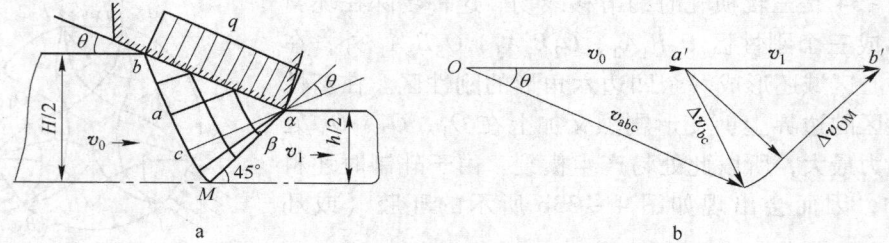

图 4-36 $\varepsilon = \dfrac{2\sin\theta}{1+2\sin\theta}$ 时挤压板条的滑移线场及速端图

a—滑移线场；b—速端图

下面，求此滑移线场的平均单位压力 $\bar{p}$。

按接触面无摩擦和其上单位正压力均匀分布的条件，可建立如下的平衡关系式，即

$$P = \bar{p}H = 2q\,\overline{ab}\sin\theta$$

式中 P——总挤压力；

$\quad\quad\bar{p}$——平均单位挤压力。

前已述及，三角形 abc 是均匀应力状态直线场。

参照图 4-35 则

$$q = p_{\mathrm{C}} + k \qquad (4-47)$$

按前已述的方法确定出 α 及 β 滑移线，并按汉基应力方程，沿 α 线 bcM，有

$$p_{\mathrm{M}} + 2k\phi_{\mathrm{M}} = p_{\mathrm{C}} + 2k\phi_{\mathrm{c}}$$

或

$$p_C = p_M + 2k(\phi_M - \phi_c)$$

因为从 M 到 C 的转角为 θ，所以上式可写成

$$p_C = p_M + 2k\theta \qquad (4-48)$$

式中的 p_M 可按边界条件确定。在挤压时出口端无任何外加力，所以在 M 点处 $\sigma_x = 0$，按基本应力方程，有

$$\sigma_x = -p_M - k\sin 2\phi_M$$

将 $\phi_M = 135°$ 代入此式，得 $p_M = k$，并注意到式 4-48 和式 4-47 则得

$$\bar{p} = \frac{2q\overline{ab}\sin\theta}{H} = 2k(1+\theta)\varepsilon \qquad (4-49)$$

把式 4-46 代入式 4-49，则

$$n_\sigma = \frac{\bar{p}}{2k} = (1+\theta)\varepsilon = \frac{2(1+\theta)\sin\theta}{1+2\sin\theta} \qquad (4-50)$$

当 $\theta = \dfrac{\pi}{6}$ 时，$\dfrac{\bar{p}}{2k} = 0.762$。

思　考　题

4-1　纯剪应力状态叠加以不同的静水压力 p 时，对其纯剪变形的性质有何影响？为什么？

4-2　为什么说同族滑移线必须具有相同方向的曲率？

4-3　和工程法比较滑移线法有何特点？

4-4　如何用滑移线法研究金属流动问题？

4-5　滑移线场边界的应力条件有哪些？

4-6　静水压力的概念是什么，如果应力状态已知，如何确定该点的静水压力 p？

4-7　什么是滑移线，如何确定 α 线和 β 线？

4-8　两族滑移线为什么必须是正交的？

4-9　写出汉基（Hencky）应力方程，并任举一例说明其应用。

4-10　试述汉基（Hencky）第一定理的内容，试任举一例说明其应用

4-11　试述用滑移线法求解变形体内应力分布问题时的主要步骤，并写出最主要应用公式。

4-12　试按滑移线场解释回转压缩圆坯时孔腔的成因。

4-13　写出速度不连续线两侧速度矢量的关系式，说明其用途。

4-14　对完全粗糙的接触面，即 $\tau_f = k$，必有一族滑移线与其（　　），另一族滑移线与其（　　）。

4-15　滑移线上的正应力等于（　　）压力，切应力等于（　　）。

习　题

4-1　如图 4-37 所示，已知滑移线场和屈服剪应力 k 的方向，试判断一下哪个是 α 线，哪个是 β 线。

4-2　如图 4-38 所示，已知 α 线上的 a 点静水压力 $p_a = 200\text{MPa}$，过 a 点的切线与 x 轴的夹角 $\phi_a = 15°$，由 a 点变化到 b 点时，其夹角的变化 $\Delta\phi_{ab} = 15°$，设 $k = 50\text{MPa}$，求：1）b 点的静水压力 P_b 是多少？2）写出 b 点的应力张量。

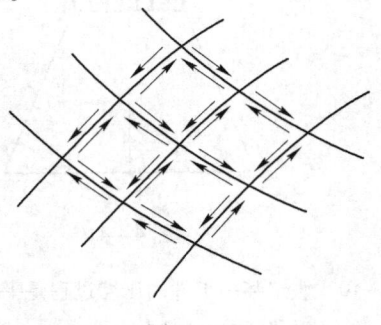

图 4-37

4－3 如图 4－39 所示，已知滑移线场，试判断一下 α、β 的方向。

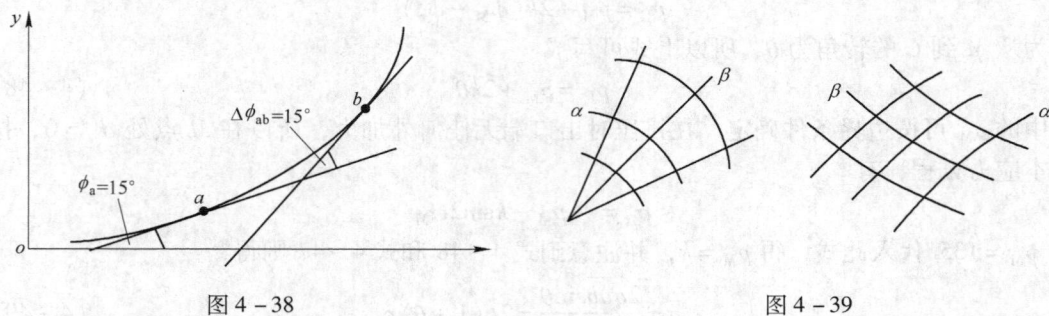

图 4－38   图 4－39

4－4   如图 4－40 所示，已知滑移线场的主应力 σ_1 和 σ_2 的方向，试判断一下哪个是 α 族？哪个是 β 族？

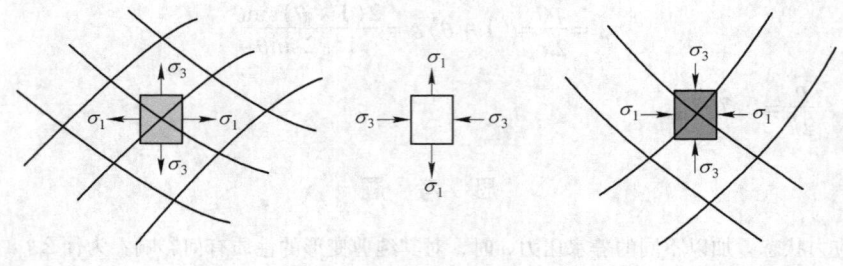

图 4－40

4－5 试推导沿 β 线汉基应力方程式 $p - 2k\phi = C_2$。

4－6 试叙述并证明汉基第一定理。

4－7 试用滑移线理论证明接触面光滑情况下压缩半无限体问题的单位压力公式。

4－8 用光滑平锤头压缩顶部被削平的对称楔体（图 4－41）楔体夹角为 2δ，$AB = l$，试求其平均单位压力 $\bar{p}$，并解出 $\delta = 30°$、$90°$ 时 $\dfrac{\bar{p}}{2k}$ 为多少。

4－9 用粗糙平锤头压缩如图 4－42 所示半无限体，试求其平均单位压力 $\bar{p}$，要求绘制滑移线场与速端图。

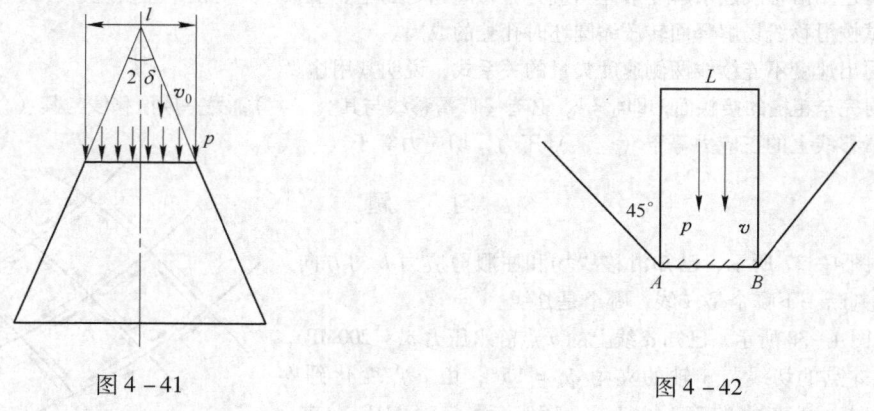

图 4－41   图 4－42

4－10 假定某一工件的压缩过程是平面塑性变形，其滑移线场如图 4－43 所示：α 滑移线是直线族，β 滑移线是一族同心圆，$p_C = 90\text{MPa}$，$k = 60\text{MPa}$，试求 C 点和 D 点的应力状态。

4-11　如图 4-44 所示滑移线场，已知 F 点静水压力 $P_F=100\text{MPa}$，屈服剪应力 k 为 50MPa，试求 C 点应力状态。

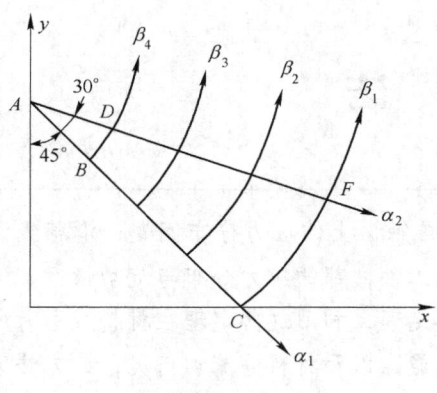

图 4-43

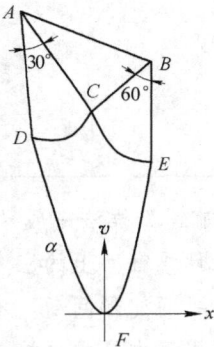

图 4-44

4-11　用粗糙锤头压缩矩形件，发生平面变形，滑移线场如图 4-45 所示，求水平对称轴上 C 点的应力状态?

4-12　光滑模孔中平面变形挤压板条，按图 4-46 所示滑移线场导出应力状态影响系数表达式。

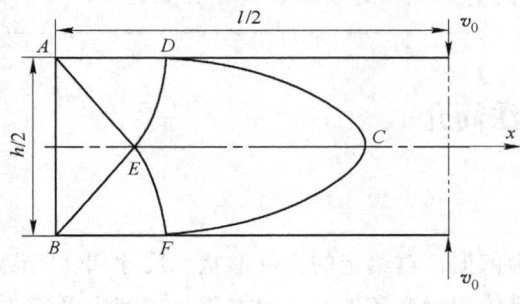

图 4-45

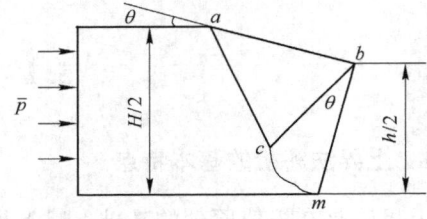

图 4-46

5 上 界 法

【本章概要】 前述工程法一般只能求解工具与工件接触面上的应力分布问题；滑移线法除求解工具与工件接触面上的应力分布外，还可研究工件内部的应力分布与流动情况，但一般只限于求解平面变形问题。本章将介绍上、下界定理，利用这些定理在材料成型时所需功率的上、下界限中寻求更接近真实解的成型力和能，以及材料的流动情况，此方法又称为极限分析法，其中在成型功率的上限中寻求最小值的方法称为上界法。由于极限分析法远超过工程法与滑移线法所能解析成型问题的范围，故 20 世纪 70 年代以来已逐渐成为材料成型领域中进行工艺设计与工艺分析的有力工具。

【关键词】 虚功原理；最大塑性功原理；上界定理；三角形速度场；连续函数速度场

5.1 上界法简介

5.1.1 上界法解析的基本特点

上界法是在极值原理的基础上以上界定理为依据，对给定的工件形状、尺寸和性能以及工具与工件接触面的速度条件，首先设定满足体积不变条件、几何方程、速度边界条件的运动许可速度场，进而求上界功率；然后对上界功率所含待定参量求导以实现最小化；再利用内外功率平衡求出相应的力、能与变形参数。由于设定运动许可速度场可参考实验测得的变形体上坐标网格的流动情况，通常认为比设定静力许可应力场（下界法）容易，而且求得的变形力略高于真实解，故上界法成为极值原理应用的首选，近年来相对发展较快。

上界法适合于解析给出几何形状与性能的初始流动问题，也可根据实验观察瞬时速度场及变形功率大小优化设定变形区几何形状，进而容易得到比较可靠的结果；近年来发展的上界元技术以及流函数设定连续速度场的方法表明上界法也可成功研究金属流动问题。而下界法则不能提供关于流动与变形的基本数据。

上界法一般只能用于变形抗力（或流动应力）为常量的理想刚 – 塑性材料，但在一定条件下也可以处理应变速率敏感材料。此时，$\sigma_e = f(\dot{\varepsilon}_e)$，$\int_V \sigma_e \dot{\varepsilon}_e \mathrm{d}V = \int_V f(\dot{\varepsilon}_e)\dot{\varepsilon}_e \mathrm{d}V$。上界法不像下界法和滑移线法那样能预测应力分布。但近年已有人在这方面开发出预测工件内部应力的某些方法。滑移线法尽管能计算力、能参数和应力分布并可研究金属流动问题，但解决平面变形以外的轴对称或三维成型问题的方法尚有待深入研究。

5.1.2　上界法解析成型问题的范围

（1）力、能参数计算。实践表明，用上界法计算塑性加工成型过程的力能参数是比较成熟的，计算的结果比实际略高，但通常不超过 15%。

（2）分析金属流动规律。包括变形过程速度场，位移场的确定。工件边界上的位移（如轧制时的宽展）确定后，便可预测变形后工件的尺寸。

（3）确定塑性加工成型极限，确定最佳的模具尺寸和成型条件，例如，拉拔时可由上界法确定的拉拔应力（单位拉拔力）小于工件出模后屈服极限来确定该道拉拔的极限面缩率、拉拔时的最佳模角等。

（4）研究塑性加工中的温度场。例如可把快速成型过程看成是绝热过程。此时成型过程所需的功几乎全部转为热。因此在变形工件中，必然存在一种温度分布。由各区的变形功可以预测温度分布。

（5）可以确定估算摩擦因子 m 的测定方法；还可用上界法导出的有关公式评价塑性成型过程的润滑效果。

（6）可以分析塑性成型过程中出现缺陷的原因及其防止措施。例如可以确定轧制和锻压时工件内部空隙缺陷的压合条件以及分析拉拔和挤压过程的中心开裂原因。

总之上界法已用于研究材料成型的各种工艺过程。如轧制、自由锻、模锻、拉拔、挤压（包括正、反挤压和复合挤压等）、旋压和冲压等。

5.2　数 学 基 础

5.2.1　求和约定表示法

5.2.1.1　自由下标

数学上，将一组 3 个数的集合体用 1 个通式表示，即

$$a_1 \quad a_2 \quad a_3 \text{ 可表示为 } a_i \quad i = 1,2,3$$

9 个数的集合体

$$
\begin{matrix}
a_{11} & a_{21} & a_{31} \\
a_{12} & a_{22} & a_{32} \\
a_{13} & a_{23} & a_{33}
\end{matrix}
$$

可表示为

$$a_{ij} \quad i,j = 1,2,3$$

27 个数的集合体可表示为

$$a_{ijk} \quad i,j,k = 1,2,3$$

其中，不重复的下标 i,j,k 等称为自由下标，表示组员的个数，即有 3^n 个组员，n 为自由下标的个数。如有两个自由下标的表示法

$$a_i b_j = a_1 b_1, \ a_1 b_2, \ a_1 b_3, \ a_2 b_1, \ a_2 b_2, \ a_2 b_3, \ a_3 b_1, \ a_3 b_2, \ a_3 b_3$$

5.2.1.2　哑标

数学上，将一组 3 个数的和用一个通式表示，即

$$a_{11} + a_{22} + a_{33} \quad 可表示为 \quad a_{ii} \quad i = 1,\ 2,\ 3$$

$$a_1 b_1 + a_2 b_2 + a_3 b_3 \quad 可表示为 \quad a_i b_i \quad i = 1,\ 2,\ 3$$

式中，i 为重复下标，称为哑标，表示从 1 到 3 求和。

9 个数的求和

$$a_{1111} + a_{1122} + a_{1133} +$$

$$a_{2211} + a_{2222} + a_{2233} +$$

$$a_{3311} + a_{3322} + a_{3333}$$

可表示为

$$a_{iijj}$$

两个哑标，表示 9 个数的求和

同样

$$a_{11} b_1 + a_{12} b_2 + a_{13} b_3$$

$$a_{21} b_1 + a_{22} b_2 + a_{23} b_3$$

$$a_{31} b_1 + a_{32} b_2 + a_{33} b_3$$

通式中有 1 个自由下标，1 个哑标，代表 3 个组员，每个组员有 3 项相加求和。表示为 $a_{ij} b_j$。

5.2.1.3 带有微分的求和约定表示

如通式

$$a_{i,i} = a_{1,1} + a_{2,2} + a_{3,3} = \frac{\partial a_1}{\partial x_1} + \frac{\partial a_2}{\partial x_2} + \frac{\partial a_3}{\partial x_3}$$

通式中只有 1 个下标，且重复，为哑标，表示从 1 到 3 求和，但是，哑标间有逗号相隔，表示前一下标对后一下标求一阶导数，

与此类似

$$a_{ij,j} = \begin{cases} \dfrac{\partial a_{11}}{\partial x_1} + \dfrac{\partial a_{12}}{\partial x_2} + \dfrac{\partial a_{13}}{\partial x_3} \\[2mm] \dfrac{\partial a_{21}}{\partial x_1} + \dfrac{\partial a_{22}}{\partial x_2} + \dfrac{\partial a_{23}}{\partial x_3} \\[2mm] \dfrac{\partial a_{31}}{\partial x_1} + \dfrac{\partial a_{32}}{\partial x_2} + \dfrac{\partial a_{33}}{\partial x_3} \end{cases}$$

5.2.2 变形力学方程的求和约定表示

（1）应力、应变张量

$$T_\sigma = \begin{pmatrix} \sigma_x & \tau_{yx} & \tau_{zx} \\ \tau_{xy} & \sigma_y & \tau_{zy} \\ \tau_{xz} & \tau_{yz} & \sigma_z \end{pmatrix} \longrightarrow \sigma_{ij}$$

$$T_\varepsilon = \begin{pmatrix} \varepsilon_x & \varepsilon_{yx} & \varepsilon_{zx} \\ \varepsilon_{xy} & \varepsilon_y & \varepsilon_{zy} \\ \varepsilon_{xz} & \varepsilon_{yz} & \varepsilon_z \end{pmatrix} \longrightarrow \varepsilon_{ij}$$

（2）力平衡微分方程

$$\frac{\partial \sigma_x}{\partial x} + \frac{\partial \tau_{yx}}{\partial y} + \frac{\partial \tau_{zx}}{\partial z} = 0$$

$$\frac{\partial \tau_{xy}}{\partial x} + \frac{\partial \sigma_y}{\partial y} + \frac{\partial \tau_{zy}}{\partial z} = 0 \quad \longrightarrow \quad \sigma_{ij,j} = 0$$

$$\frac{\partial \tau_{xz}}{\partial x} + \frac{\partial \tau_{yz}}{\partial y} + \frac{\partial \sigma_z}{\partial z} = 0$$

（3）应力边界条件

$$P_x = S_x = \sigma_x l + \tau_{yx} m + \tau_{zx} n$$
$$P_y = S_y = \tau_{xy} l + \sigma_y m + \tau_{zy} n \quad \longrightarrow \quad p_i = \sigma_{ij} n_j$$
$$P_z = S_z = \tau_{xz} l + \tau_{yz} m + \sigma_z n$$

（4）几何方程

$$\varepsilon_x = \frac{\partial u_x}{\partial x} \quad \varepsilon_{xy} = \frac{1}{2}\left(\frac{\partial u_x}{\partial y} + \frac{\partial u_y}{\partial x}\right)$$

$$\varepsilon_y = \frac{\partial u_y}{\partial y} \quad \varepsilon_{yz} = \frac{1}{2}\left(\frac{\partial u_y}{\partial z} + \frac{\partial u_z}{\partial y}\right) \quad \longrightarrow \quad \varepsilon_{ij} = \frac{1}{2}(u_{i,j} + u_{j,i})$$

$$\varepsilon_z = \frac{\partial u_z}{\partial z} \quad \varepsilon_{zx} = \frac{1}{2}\left(\frac{\partial u_z}{\partial x} + \frac{\partial u_x}{\partial z}\right)$$

（5）体积不变条件

$$\varepsilon_x + \varepsilon_y + \varepsilon_z = 0 \quad \longrightarrow \quad \varepsilon_{ij}\delta_{ij} = 0$$

式中，δ_{ij} 为科罗内尔记号，$i=j$，$\delta_{ij}=1$；$i \neq j$，$\delta_{ij}=0$。

（6）本构方程

$$\frac{\mathrm{d}\varepsilon_x}{\sigma'_x} = \frac{\mathrm{d}\varepsilon_y}{\sigma'_y} = \frac{\mathrm{d}\varepsilon_z}{\sigma'_z} = \frac{\mathrm{d}\varepsilon_{xy}}{\tau_{xy}} = \frac{\mathrm{d}\varepsilon_{yz}}{\tau_{yz}} = \frac{\mathrm{d}\varepsilon_{zx}}{\tau_{zx}} = \mathrm{d}\lambda \quad \longrightarrow \mathrm{d}\varepsilon_{ij} = \sigma'_{ij}\mathrm{d}\lambda$$

（7）屈服准则

$$(\sigma_x - \sigma_y)^2 + (\sigma_y - \sigma_z)^2 + (\sigma_z - \sigma_x)^2 + 6(\tau_{xy}^2 + \tau_{yz}^2 + \tau_{zx}^2) = 6k^2 = 2\sigma_s^2$$

$$\sigma'_{ij}\sigma'_{ij} = \frac{2\sigma_s^2}{3} = 2k^2$$

（8）等效应力

$$\sigma_e = \sqrt{3I'_2} = \frac{1}{\sqrt{2}}\sqrt{(\sigma_x - \sigma_y)^2 + (\sigma_y - \sigma_z)^2 + (\sigma_z - \sigma_x)^2 + 6(\tau_{xy}^2 + \tau_{yz}^2 + \tau_{zx}^2)}$$

$$\sigma_e = \sqrt{\frac{3}{2}}\sqrt{\sigma'_{ij}\sigma'_{ij}}$$

（9）等效应变

$$\mathrm{d}\varepsilon_e = \sqrt{\frac{2}{9}\left[(\mathrm{d}\varepsilon_x - \mathrm{d}\varepsilon_y)^2 + (\mathrm{d}\varepsilon_y - \mathrm{d}\varepsilon_z)^2 + (\mathrm{d}\varepsilon_z - \mathrm{d}\varepsilon_x)^2 + 6(\mathrm{d}\varepsilon_{xy}^2 + \mathrm{d}\varepsilon_{yz}^2 + \mathrm{d}\varepsilon_{zx}^2)\right]}$$

$$\mathrm{d}\varepsilon_e = \sqrt{\frac{2}{9}}\sqrt{3\mathrm{d}\varepsilon_{ij}\mathrm{d}\varepsilon_{ij}} = \sqrt{\frac{2}{3}}\sqrt{\mathrm{d}\varepsilon_{ij}\mathrm{d}\varepsilon_{ij}}$$

5.3 上界法的基本概念

如前所述，材料成型要得到应力与应变的真实解必须在整个变形体内部满足如下条件：（1）静力平衡方程 $\sigma_{ij,j}=0$；（2）几何方程 $\varepsilon_{ij}=\dfrac{1}{2}(u_{i,j}+u_{j,i})$；（3）应力边界条件 $p_i=\sigma_{ij}n_j$；（4）塑性条件 $\sigma'_{ij}\sigma'_{ij}=\dfrac{2\sigma_s^2}{3}=2k^2$；（5）本构方程（应力应变关系方程）$\mathrm{d}\varepsilon_{ij}=\sigma'_{ij}\mathrm{d}\lambda$；（6）位移（或速度）边界条件 $u_i=\overline{u}_i$ 或 $v_i=\overline{v}_i$。由于实际材料成型中求出满足以上条件的真实解相当困难，因而在极值定理的基础上放松一些条件寻求解的上界最小值或下界最大值就称之为上、下界法。

上界法：对工件变形区设定一个只满足几何方程、体积不变条件与速度边界条件的速度场，称运动许可速度场，相应条件称运动许可条件；根据后文将证明的上界定理可知，以上速度场确定的成型功率及相应的成型力值大于真实解，据此寻求其中最小值的解析方法称上界法。

下界法：对工件变形区设定一个只满足静力平衡方程、应力边界条件且不破坏屈服条件的应力场，称静力许可应力场，相应条件称静力许可条件；根据后文将证明的下界定理可知，以上应力场确定的成型功率及相应的成型力值小于真实解，据此寻求其中最大值的解析方法称下界法。

理论与实验均已证明真实解介于二者之间，由于任何成型过程都存在诸多满足运动许可条件的速度场与满足静力许可条件的应力场，因此存在诸多上界解或下界解，如何在诸多上界解中寻求最小的或在诸多下界解中寻求最大的才能得到更接近真实的解，这是上、下界法解析成型问题的关键。

由于设定运动许可速度场较静力许可应力场容易，而且上界解又能满足成型设备强度和功率验算上安全的要求，故上界法应用较广泛。

5.4 虚 功 原 理

5.4.1 虚功原理表达式

为了对虚功原理有较清楚的概念，我们首先研究平面变形状态以及应力场和速度场连续的情况。由式 2－72，平面变形状态下力平衡微分方程：

$$\frac{\partial\sigma_x}{\partial x}+\frac{\partial\tau_{yx}}{\partial y}=0;\quad \frac{\partial\tau_{yx}}{\partial x}+\frac{\partial\sigma_y}{\partial y}=0 \qquad (5-1)$$

以及应力边界条件：

$$\sigma_x\cos\theta+\tau_{yx}\sin\theta=p_x;\quad \tau_{yx}\cos\theta+\sigma_y\sin\theta=p_y \qquad (5-2)$$

此式是由边界 B 上（图5－1）所截取体素 oab 的平

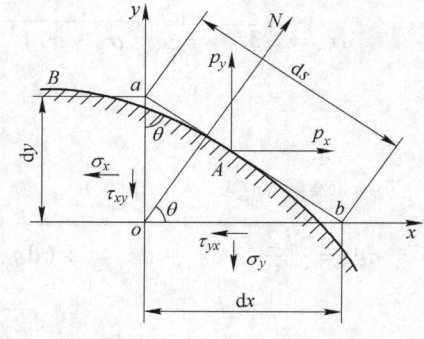

图 5－1 应力边界条件

衡条件导出的。p_x、p_y 是通过边界上任意点 A 的单位表面力在 x、y 方向上的分量。

由变形体各点位移速度分量 v_x、v_y 按几何方程式可求出应变速率分量：

$$\left.\begin{aligned}\dot{\varepsilon}_x &= \frac{\partial v_x}{\partial x} \\[2mm] \dot{\varepsilon}_y &= \frac{\partial v_y}{\partial y} \\[2mm] \dot{\varepsilon}_{xy} &= \frac{1}{2}\left(\frac{\partial v_x}{\partial y} + \frac{\partial v_y}{\partial x}\right)\end{aligned}\right\} \qquad (5-3)$$

在平面变形状态下应力和速度连续时的虚功原理可表示为：

$$\int_B (p_x v_x + p_y v_y)\,\mathrm{d}s = \int_F (\sigma_x \dot{\varepsilon}_x + \sigma_y \dot{\varepsilon}_y + 2\tau_{xy}\dot{\varepsilon}_{xy})\,\mathrm{d}F \qquad (5-4)$$

式（5-4）左边的积分式表示外力功率；右边的积分式表示内部变形功率；$\mathrm{d}F$ 为 F 区的面素；$\mathrm{d}S$ 为边界 B 上的线素。下面证明此定理。

式 5-4 右边的积分可写成

$$\int_F (\sigma_x \dot{\varepsilon}_x + \sigma_y \dot{\varepsilon}_y + 2\tau_{xy}\dot{\varepsilon}_{xy})\,\mathrm{d}F$$

$$= \int_F \sigma_x \frac{\partial v_x}{\partial x}\mathrm{d}F + \int_F \sigma_y \frac{\partial v_y}{\partial y}\mathrm{d}F + \int_F \tau_{xy}\left(\frac{\partial v_y}{\partial x} + \frac{\partial v_x}{\partial y}\right)\mathrm{d}F$$

$$= \int_F \left[\frac{\partial}{\partial x}(\sigma_x v_x) + \frac{\partial}{\partial y}(\sigma_y v_y)\right]\mathrm{d}F + \int_F \left[\frac{\partial}{\partial x}(\tau_{yx} v_y) + \frac{\partial}{\partial y}(\tau_{xy} v_x)\right]\mathrm{d}F -$$

$$\int_F \left(v_x \frac{\partial \sigma_x}{\partial x} + v_y \frac{\partial \sigma_y}{\partial y} + v_y \frac{\partial \tau_{xy}}{\partial x} + v_x \frac{\partial \tau_{xy}}{\partial y}\right)\mathrm{d}F \qquad (5-5)$$

按格林（Green）公式：若 D 为以闭曲线 L 为界的单连域，且 $P(x, y)$ 和 $Q(x, y)$ 及其一阶导数在 D 域上连续，则

$$\iint_D \left(\frac{\partial P}{\partial x} + \frac{\partial Q}{\partial y}\right)\mathrm{d}x\mathrm{d}y = \int_L (P\mathrm{d}x - Q\mathrm{d}y)$$

$$\iint_D \left(\frac{\partial P}{\partial x} + \frac{\partial Q}{\partial y}\right)\mathrm{d}x\mathrm{d}y = \int_L [P\cos(x,n) + Q\cos(y,n)]\mathrm{d}S$$

用此式可把二重积分用线积分表示，于是式 5-5 可写成

$$\int_F (\sigma_x \dot{\varepsilon}_x + \sigma_y \dot{\varepsilon}_y + 2\tau_{xy}\dot{\varepsilon}_{xy})\,\mathrm{d}F$$

$$= \int_B (\sigma_x v_x \cos\theta + \sigma_y v_y \sin\theta + \tau_{xy} v_y \cos\theta + \tau_{xy} v_x \sin\theta)\,\mathrm{d}S -$$

$$\int_F \left[v_x\left(\frac{\partial \sigma_x}{\partial x} + \frac{\partial \tau_{yx}}{\partial y}\right) + v_y\left(\frac{\partial \tau_{yx}}{\partial x} + \frac{\partial \sigma_y}{\partial y}\right)\right]\mathrm{d}F$$

按平衡方程式 5-1，上式右边第二积分式为零；按应力边界条件式 5-2。上式右边第一积分式为

$$\int_B \left[(\sigma_x \cos\theta + \tau_{xy}\sin\theta)v_x + (\tau_{xy}\cos\theta + \sigma_y \sin\theta)v_y\right]\mathrm{d}S$$

$$= \int_B (p_x v_x + p_y v_y)\,\mathrm{d}S$$

由此证得式 5 − 4。

由以上推导可见，只要应力满足力平衡微分方程式 5 − 1 和应力边界条件式 5 − 2，而应变速率和位移速度满足几何关系式 5 − 3，则表示虚功原理的式 5 − 4 就成立，在这个式子中应力和应变速率以及表面力和位移速度没有必要建立物理上的因果关系，它们可各自独立选择。

5.4.2 存在不连续时的虚功原理

下面来研究存在速度不连续和应力不连续时的虚功原理。

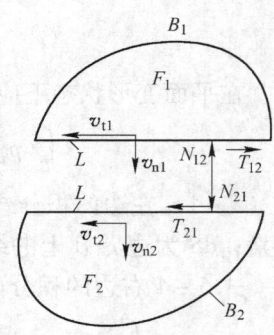

如图 5 − 2 所示，用速度不连续线 L 把 F 区分割为 F_1 区和 F_2 区。在这两个区内应力和速度是连续的。这样，对 F_1 区的边界线为 B_1 和 L；对 F_2 区的边界线为 B_2 和 L。如前所述，在速度不连续线上法向速度分量是连续的，即 $v_{n1} = v_{n2}$；切向速度分量 v_t 可产生不连续，其不连续量为 $\Delta v_t = v_{t1} - v_{t2}$。$F_2$ 区对 F_1 区单位界面上作用的法向和切向力分量分别为 N_{12} 和 T_{12}；而 F_1 区对 F_2 区则为 N_{21} 和 T_{21}。因为在 F_1 区和 F_2 区虚功原理式 5 − 4 分别成立，所以，在 F_1 区：

图 5 − 2 存在速度不连续

$$\int_{B_1} (p_x v_x + p_y v_y)\,dS + \int_L (N_{12} v_{n1} + T_{12} v_{t1})\,dS$$

$$= \int_{F_1} (\sigma_x \dot{\varepsilon}_x + \sigma_y \dot{\varepsilon}_y + 2\tau_{xy} \dot{\varepsilon}_{xy})\,dF$$

在 F_2 区：

$$\int_{B_2} (p_x v_x + p_y v_y)\,dS + \int_L (N_{21} v_{n2} + T_{21} v_{t2})\,dS$$

$$= \int_{F_2} (\sigma_x \dot{\varepsilon}_x + \sigma_y \dot{\varepsilon}_y + 2\tau_{xy} \dot{\varepsilon}_{xy})\,dF$$

把两式相加，则

$$\int_B (p_x v_x + p_y v_y)\,dS + \int_L (N_{12} v_{n1} + T_{12} v_{t1} + N_{21} v_{n2} + T_{21} v_{t2})\,dS$$

$$= \int_F (\sigma_x \dot{\varepsilon}_x + \sigma_y \dot{\varepsilon}_y + 2\tau_{xy} \dot{\varepsilon}_{xy})\,dF \tag{5-6}$$

因为

$$v_{n1} = v_{n2}, \quad v_{t1} - v_{t2} = \Delta v_t$$

$$N_{21} = -N_{12}, \quad T_{21} = -T_{12} = \tau$$

所以

$$\int_B (p_x v_x + p_y v_y)\,dS - \int_L \tau \Delta v_t\,dS = \int_F (\sigma_x \dot{\varepsilon}_x + \sigma_y \dot{\varepsilon}_y + 2\tau_{xy} \dot{\varepsilon}_{xy})\,dF \tag{5-7}$$

存在几个速度不连续线的情况，对每个速度不连续线，分别求出相当于上式左边的第三积分项。然后把它们相加，即 $\sum_{i=1}^n \int_{Li}^L \tau \cdot \Delta v_t\,dS$ 或简写为 $\sum \int \tau \cdot \Delta v_t\,dS$。这样，在速度场中存在速度不连续线时应附加剪切功，此时的虚动原理为：

$$\int_B (p_x v_x + p_y v_y\,dS) = \int_F (\sigma_x \dot{\varepsilon}_x + \sigma_y \dot{\varepsilon}_y + 2\tau_{xy} \dot{\varepsilon}_{xy})\,dF + \sum \int \tau \Delta v_t\,dS \tag{5-8}$$

如图 5 - 3 所示，在应力场中存在应力不连续时，由力平衡关系正应力 N_{12} 和 N_{21}，剪应力 T_{12} 和 T_{21} 是连续的，仅正应力 N_1' 和 N_2' 是不连续的，例如过盈配合的两个套筒，在这两个套筒的界面上就产生这种不连续，这时一个套筒的环向受拉应力（$N_1' > 0$）；另一个受环向压应力（$N_2' < 0$）。假定沿应力不连续线上速度是连续的，则沿此线上：$v_{n1} = v_{n2}$，$v_{t1} = v_{t2}$。此时 $N_{12} = -N_{21}$，$T_{21} = -T_{12}$。在图 5 - 2

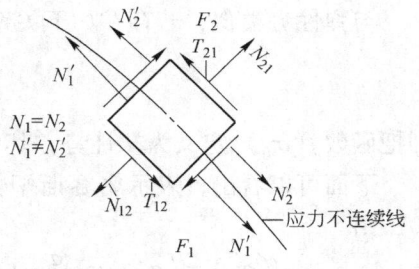

图 5 - 3 存在应力不连续

和式 5 - 6 中若把 L 看成是应力不连续线（省去重新画图和推导），由于式 5 - 6 中左边第二积分式为零，则应力场存在应力不连续线时对虚功原理式 5 - 4 无影响。

上面推证的是平面变形状态下的虚功原理。可以证明只要应力满足平衡方程和边界条件以及表示应变速率和位移速度关系的几何方程，则对一般三维变形问题的虚功原理也成立参照式 5 - 8，此时的表达式为

$$\int_F p_i v_i \mathrm{d}F = \int_V \sigma_{ij}\dot\varepsilon_{ij}\mathrm{d}V + \sum \int_{F_D} \tau \Delta v_t \mathrm{d}F \qquad (5-9)$$

式中　p_i——表面上任意点处的单位表面力；

$\quad\quad v_i$——表面上任意点处的位移速度；

$\quad\quad \sigma_{ij}$——应力状态的应力分量；

$\quad\quad \dot\varepsilon_{ij}$——应变速率状态的应变速率分量；

$\quad\quad \Delta v_t$——沿速度不连续面 F_D 上的切向速度不连续量；

$\quad\quad \tau$——沿速度不连续面 F_D 上作用的剪应力。

$$\int_F p_i v_i \mathrm{d}F = \int_F (p_x v_x + p_y v_y + p_z v_z)\mathrm{d}F$$

$$\int_v \sigma_{ij}\dot\varepsilon_{ij}\mathrm{d}V = \int_V (\sigma_{xx}\dot\varepsilon_{xx} + \sigma_{yy}\dot\varepsilon_{yy} + \sigma_{zz}\dot\varepsilon_{zz} + \tau_{xy}\dot\varepsilon_{xy} + \tau_{yx}\dot\varepsilon_{yx} + \tau_{yz}\dot\varepsilon_{yz} +$$

$$\tau_{zy}\dot\varepsilon_{zy} + \tau_{zx}\dot\varepsilon_{zx} + \tau_{xz}\dot\varepsilon_{xz})\mathrm{d}V$$

在 $p_i v_i$ 和 $\sigma_{ij}\dot\varepsilon_{ij}$ 中，重复的两字母下标规定对 x、y、z 求和，这就是所说的求和约定。

再强调一下式 5 - 9 中应力和应变速率、表面力和位移速度没有必要建立物理上的因果关系，它们可以各自独立选择。

5.5　最大塑性功原理

为证明最大塑性功原理先介绍塑性势。

大家知道，单位体积内形状改变的弹性能为

$$U_f = \frac{1}{12G}\big[(\sigma_x - \sigma_y)^2 + (\sigma_y - \sigma_z)^2 + (\sigma_z - \sigma_x)^2 + 6(\tau_{xy}^2 + \tau_{yz}^2 + \tau_{zx}^2) \big]$$

$$\frac{\partial U_f}{\partial \sigma_x} = \frac{1}{2G}\Big(\sigma_x - \frac{\sigma_x + \sigma_y + \sigma_z}{3} \Big) = \frac{1}{2G}(\sigma_x - \sigma_m) = \frac{\sigma_x'}{2G} = \varepsilon_x'^e$$

$$\vdots$$

式中，U_f 也叫弹性势，e 表示弹性变形。

与弹性势类似，若存在如下关系

$$d\varepsilon_{ij} = \frac{\partial f(\sigma_{ij})}{\partial \sigma_{ij}} d\lambda'' \qquad (5-10)$$

则把函数 $f(\sigma_{ij})$ 定义为塑性势，其中 $d\lambda''$ 为瞬时正值比例系数。

下面可以看出，表示密赛斯塑性条件的函数式是塑性势。按密赛斯塑性条件式 2 - 20，则

$$f(\sigma_{ij}) = (\sigma_x - \sigma_y)^2 + (\sigma_y - \sigma_z)^2 + (\sigma_z - \sigma_x)^2 + 3(\tau_{xy}^2 + \tau_{yx}^2 + \tau_{yz}^2 + \tau_{zy}^2 + \tau_{zx}^2 + \tau_{xz}^2) - 2\sigma_s^2 = 0 \qquad (5-11)$$

上式对 σ_x 求偏导，则

$$\frac{\partial f(\sigma_{ij})}{\partial \sigma_x} = 4\left[\sigma_x - \frac{1}{2}(\sigma_y + \sigma_z)\right]$$

由式 5 - 10 得

$$d\varepsilon_x = 4\left[\sigma_x - \frac{1}{2}(\sigma_y + \sigma_z)\right]d\lambda''$$

同理

$$d\varepsilon_y = 4\left[\sigma_y - \frac{1}{2}(\sigma_x + \sigma_z)\right]d\lambda''$$

$$d\varepsilon_z = 4\left[\sigma_z - \frac{1}{2}(\sigma_x + \sigma_y)\right]d\lambda''$$

$$d\varepsilon_{xy} = 6\tau_{xy}d\lambda'', \quad d\varepsilon_{yz} = 6\tau_{yz}d\lambda'', \quad d\varepsilon_{zx} = 6\tau_{zx}d\lambda''$$

如令 $d\lambda'' = \dfrac{d\lambda}{6}$，上式就和式 2 - 39 一致。这样，若适合列维 - 密赛斯流动法则，屈服函数式 5 - 11 就是塑性势。

下面来看一下，把式 5 - 11 作为塑性势时式 5 - 10 的几何意义。为了简化取应力主轴为坐标轴，此时式 5 - 11 为

$$f(\sigma_1, \sigma_2, \sigma_3) = (\sigma_1 - \sigma_2)^2 + (\sigma_2 - \sigma_3)^2 + (\sigma_3 - \sigma_1)^2 - 2\sigma_s^2 = 0 \qquad (5-12)$$

在 2.4 节中曾讲过此函数所代表的屈服曲面如图 5 - 4 所示。曲面上的任意点 $P_1(\sigma_1, \sigma_2, \sigma_3)$ 表示物体产生屈服时的点应力状态 $(\sigma_1, \sigma_2, \sigma_3)$，由式 5 - 12 可知，在屈服状态下

$$f(\sigma_1 + d\sigma_1, \sigma_2 + d\sigma_2, \sigma_3 + d\sigma_3) = 0$$

或

$$\frac{\partial f}{\partial \sigma_1}\bigg|_{P_1} d\sigma_1 + \frac{\partial f}{\partial \sigma_2}\bigg|_{P_1} d\sigma_2 + \frac{\partial f}{\partial \sigma_3}\bigg|_{P_1} d\sigma_3 = 0$$

此式为通过曲面上 $P_1(\sigma_1, \sigma_2, \sigma_3)$ 点的切平面方程。此方程可写成

$$A(x - x_1) + B(y - y_1) + C(z - z_1) = 0$$

其中

$$A = \frac{\partial f}{\partial \sigma_1}\bigg|_{P_1}; \quad B = \frac{\partial f}{\partial \sigma_2}\bigg|_{P_1}; \quad C = \frac{\partial f}{\partial \sigma_3}\bigg|_{P_1}$$

$$d\sigma_1 = x - x_1; \quad d\sigma_2 = y - y_1; \quad d\sigma_3 = z - z_1$$

由空间解析几何可知，此方程为通过点 $M_1(x_1, y_1, z_1)$ 的法矢量为 $\boldsymbol{n} = Ai + Bj + Ck$ 的点法式。

由式 5−10 可知，$d\varepsilon_1 : d\varepsilon_2 : d\varepsilon_3 = \left.\dfrac{\partial f}{\partial \sigma_1}\right|_{P_1} : \left.\dfrac{\partial f}{\partial \sigma_2}\right|_{P_1} : \left.\dfrac{\partial f}{\partial \sigma_3}\right|_{P_1} = A : B : C$，所以塑性应变增量的矢

量 $d\boldsymbol{\varepsilon}$ 应与通过屈服曲面上的 $P_1(\sigma_1，\sigma_2，\sigma_3)$ 点位置
的外法线方向一致，这就是把式 5−11 作为塑性势时式
5−10 的几何意义，或密赛斯屈服准则与列维−密赛斯
流动法则相适合的几何意义。

如 2.4 节中所述，由屈服柱面上的任意点 $P_1(\sigma_1，$
$\sigma_2，\sigma_3)$ 和原点 o 的连线 $\boldsymbol{oP_1}$ 表示主应力合矢量；$\boldsymbol{oP_1}$
在圆柱轴上的投影 $\boldsymbol{oN}$ 表示静水压力 $p = -\sigma_{\mathrm{m}}$ 的矢量和；
而 $\boldsymbol{P_1N}$ 表示主偏差应力 $\sigma_1' = \sigma_1 + p$、$\sigma_2' = \sigma_2 + p$、$\sigma_3' =$
$\sigma_3 + p$ 的矢量和。因为静水压力 p 对屈服条件无影响，
所以可以只研究 $\boldsymbol{oN} = 0$ 或 $\sigma_1 + \sigma_2 + \sigma_3 = 0$，即 π 平面上
的屈服曲线（图 5−4）。

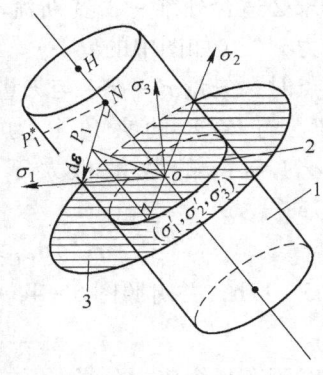

图 5−4 密赛斯屈服曲面和屈服曲线
1—屈服曲面；2—屈服曲线；3—π 平面

单位体积内塑性变形功的增量为

$$dA = \sigma_{ij}d\varepsilon_{ij} = \sigma_x d\varepsilon_x + \sigma_y d\varepsilon_y + \sigma_z d\varepsilon_z + 2(\tau_{xy}d\varepsilon_{xy} + \tau_{yz}d\varepsilon_{yz} + \tau_{zx}d\varepsilon_{zx})$$

$$= \sigma_1 d\varepsilon_1 + \sigma_2 d\varepsilon_2 + \sigma_3 d\varepsilon_3 = \sigma_i d\varepsilon_i \qquad (5-13)$$

而 $\sigma_1 = \sigma_1' - p$；$\sigma_2 = \sigma_2' - p$；$\sigma_3 = \sigma_3' - p$ 代入上式，并注意

$$d\varepsilon_1 + d\varepsilon_2 + d\varepsilon_3 = 0$$

则得

$$dA = \sigma_1' d\varepsilon_1 + \sigma_2' d\varepsilon_2 + \sigma_3' d\varepsilon_3 = \sigma_i' d\varepsilon_i \qquad (5-14)$$

按矢量代数，两矢量的数量积

$$\boldsymbol{a} \cdot \boldsymbol{b} = a_x b_x + a_y b_y + a_z b_z \qquad (5-15)$$

考虑到应力主轴和应变增量主轴一致，对比式 5−13 ~ 式 5−15 可知，塑性变形功增量 dA
等于主偏差应力矢量 $\boldsymbol{\sigma}'$ 与塑性主应变增量矢量 $d\boldsymbol{\varepsilon}$ 的数量积或等于主应力矢量 $\boldsymbol{\sigma}$ 与塑性主
应变增量矢量 $d\boldsymbol{\varepsilon}$ 的数量积。

现考虑产生同一塑性应变增量（$d\varepsilon_1$，$d\varepsilon_2$，$d\varepsilon_3$）或 $d\varepsilon_i$ 的另一虚拟应力状态（σ_1^*，
σ_2^*，σ_3^*）或 σ_i^*（$d\varepsilon_i$ 与 σ_i^* 未必适合列维−密赛斯流动法则）。假定此应力状态不破坏
屈服条件，并用屈服曲面上的另一点 P_1^* 表示（图 5−4）。此时单位体积的塑性功增量为

$$dA^* = \sigma_1^* d\varepsilon_1 + \sigma_2^* d\varepsilon_2 + \sigma_3^* d\varepsilon_3 = \sigma_i^* d\varepsilon_i = \boldsymbol{\sigma}^* \cdot d\boldsymbol{\varepsilon} \qquad (5-16)$$

或

$$dA^* = \sigma_1'^* d\varepsilon_1 + \sigma_2'^* d\varepsilon_2 + \sigma_3'^* d\varepsilon_3 = \sigma_i'^* d\varepsilon_i = \boldsymbol{\sigma}'^* \cdot d\boldsymbol{\varepsilon}$$

由式 5−13，式 5−14，式 5−16 可知

$$dA - dA^* = (\sigma_1' - \sigma_1'^*)d\varepsilon_1 + (\sigma_2' - \sigma_2'^*)d\varepsilon_2 + (\sigma_3' - \sigma_3'^*)d\varepsilon_3 \qquad (5-17\mathrm{a})$$

$$= (\sigma_i' - \sigma_i'^*)d\varepsilon_i = (\boldsymbol{\sigma}' - \boldsymbol{\sigma}'^*) \cdot d\boldsymbol{\varepsilon}$$

或

$$dA - dA^* = (\sigma_1 - \sigma_1^*)d\varepsilon_1 + (\sigma_2 - \sigma_2^*)d\varepsilon_2 + (\sigma_3 - \sigma_3^*)d\varepsilon_3 \qquad (5-17\mathrm{b})$$

$$= (\sigma_i - \sigma_i^*)d\varepsilon_i = (\boldsymbol{\sigma} - \boldsymbol{\sigma}^*) \cdot d\boldsymbol{\varepsilon}$$

可见，$dA - dA^*$ 等于矢量 $\boldsymbol{\sigma} - \boldsymbol{\sigma}^*$ 或 $\boldsymbol{\sigma}' - \boldsymbol{\sigma}'^*$ 与 $d\boldsymbol{\varepsilon}$ 的数量积。矢量 $\boldsymbol{\sigma}' - \boldsymbol{\sigma}'^*$ 也可用图 5−5 中

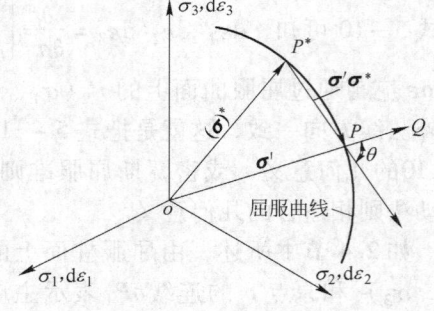

π 平面屈服曲线上的 PP^* 表示。适合列维 – 密赛斯流动法则之 $\boldsymbol{\sigma'}$ 和 $d\boldsymbol{\varepsilon}$（如图 5 – 5 的 $\boldsymbol{oP}$ 和 $\boldsymbol{PQ}$）；与 $d\boldsymbol{\varepsilon}$ 未必适合列维 – 密赛斯流动法则之虚拟的偏差应力 $\boldsymbol{\sigma'}^*$（如图中的 $\boldsymbol{oP}^*$）。当屈服曲线图形凹向原点时，矢量 $\boldsymbol{\sigma'} - \boldsymbol{\sigma'}^*$ 与矢量 $d\boldsymbol{\varepsilon}$（如图 5 – 5 中的 PP^* 与 PQ）的夹角 θ 为锐角。所以矢量 $\boldsymbol{\sigma'} - \boldsymbol{\sigma'}^*$ 与 $d\boldsymbol{\varepsilon}$ 的数量积大于或等于零。按式 5 – 17a 得

$$(\sigma'_i - \sigma'^*_i)d\varepsilon_i \geq 0 \qquad (5-18a)$$

图 5 – 5   在 π 平面上的屈服曲线

由式 5 – 17b，并对照图 5 – 4，也可得

$$(\sigma_i - \sigma^*_i)d\varepsilon_i \geq 0 \qquad\qquad (5-18b)$$

对于有 9 个应力分量 σ_{ij} 的一般情况，按式 5 – 13，塑性功的增量为

$$dA = \boldsymbol{\sigma} \cdot d\boldsymbol{\varepsilon}$$

式中，$\boldsymbol{\sigma}$ 和 $d\boldsymbol{\varepsilon}$ 为 n 维（这里 $n=9$）矢量，这时式 5 – 18 也成立，可写成

$$(\sigma'_{ij} - \sigma'^*_{ij})d\varepsilon_{ij} \geq 0$$

或

$$(\sigma_{ij} - \sigma^*_{ij})d\varepsilon_{ij} \geq 0$$

上式是对单位体积而言，对体积为 dV 的单元，则

$$(\sigma'_{ij} - \sigma'^*_{ij})d\varepsilon_{ij}dV \geq 0$$

或

$$(\sigma_{ij} - \sigma^*_{ij})d\varepsilon_{ij}dV \geq 0$$

而对体积为 V 的刚 – 塑性体，则

$$\int_V (\sigma'_{ij} - \sigma'^*_{ij})d\varepsilon_{ij}dV \geq 0$$

$$\int_V (\sigma_{ij} - \sigma^*_{ij})d\varepsilon_{ij}dV \geq 0 \qquad (5-19)$$

把应变增量 $d\varepsilon_{ij}$ 换成应变速率 $\dot{\varepsilon}_{ij}$，则上式可写成

$$\int_V (\sigma'_{ij} - \sigma'^*_{ij})\dot{\varepsilon}_{ij}dV \geq 0$$

或

$$\int_V (\sigma_{ij} - \sigma^*_{ij})\dot{\varepsilon}_{ij}dV \geq 0 \qquad (5-20)$$

式 5 – 19 或式 5 – 20 为最大塑性功原理的表达式。此原理表明，对刚 – 塑性体在应变增量 $d\varepsilon_{ij}$（或应变速率 $\dot{\varepsilon}_{ij}$）给定时，对该 $d\varepsilon_{ij}$（或 $\dot{\varepsilon}_{ij}$）适合于列维 – 密赛斯流动法则和密赛斯屈服准则的应力状态 σ_{ij} 同该 $d\varepsilon_{ij}$（或 $\dot{\varepsilon}_{ij}$）所形成的塑性功或功率最大。

5.6* 下 界 定 理

假定变形材料为刚 – 塑性体，对该变形体，其位移（或速度）和应力边界条件如图 5 – 6 所示。对于位移速度（或位移增量）v_i 已知，而应力（或单位表面力）未知的表面域（如工具和工件的接触面）用 F_v 表示；对应力（或单位表面力）已知，而位移速度（或位移增量）未知的表面域（如加工变形时的自由表面，又如轧制时外加已知张力或推

力的作用面等）用 F_p 表示。F_D 为速度不连续面。此时要确定的是 F_v 上的单位压力或变形力。

　　假想在塑性变形体内存在着满足力平衡条件、应力边界条件和不破坏塑性条件的某一虚拟的静力许可的应力状态 σ_{ij}^*。但是这个应力状态并不保证和变形体的真正应力状态 σ_{ij} 一致。按虚功原理式 5－9 并注意塑性变形时速度不连续面上的真实剪应力 τ 达到屈服剪应力 k，则作用在物体表面上的单位表面力 p_i 和内部的真实应力 σ_{ij} 间存在如下的关系

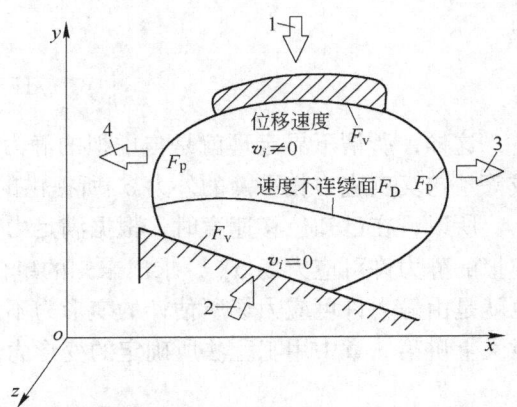

图 5－6　位移（或速度）和应力边界条件
1—可动工具的作用；2—固定工具的作用；
3—外加单位力；4—自由表面

$$\int_F p_i v_i \mathrm{d}F = \int_V \sigma_{ij}\dot{\varepsilon}_{ij}\mathrm{d}V + \sum\int_{F_D} k\Delta v_t \mathrm{d}F$$

$$(5-21)$$

式中　　v_i——外表面上材料质点位移速度；

　　　　$\dot{\varepsilon}_{ij}$——按列维－密赛斯流动法则，由 σ_{ij} 所确定的应变速率分量；

　　　　Δv_t——在速度不连续面上的速度不连续量；

　　　　V, F——工件的体积和表面积。

　　对于我们所虚拟的静力许可应力状态 σ_{ij}^* 以及由此应力状态而导出的单位表面力 p_i^*，虚功原理式 5－9 也成立，即

$$\int_F p_i^* v_i \mathrm{d}F = \int_V \sigma_{ij}^* \dot{\varepsilon}_{ij}\mathrm{d}V + \sum\int_{F_D} \tau^* \Delta v_t \mathrm{d}F \qquad (5-22)$$

在变形体表面上，已知表面力的区域为 F_p，已知位移速度 v_i 的区域为 F_v，所以

$$\int_F p_i v_i \mathrm{d}F = \int_{F_p} p_i v_i \mathrm{d}F + \int_{F_v} p_i v_i \mathrm{d}F \qquad (5-22a)$$

$$\int_F p_i^* v_i \mathrm{d}F = \int_{F_p} p_i^* v_i \mathrm{d}F + \int_{F_v} p_i^* v_i \mathrm{d}F \qquad (5-22b)$$

因为虚拟的静力许可应力 σ_{ij}^* 满足表面上的应力边界条件，所以在 F_p 上 $p_i = p_i^*$。于是，由式 5－22a 减去式 5－22b，则

$$\int_F p_i v_i \mathrm{d}F - \int_F p_i^* v_i \mathrm{d}F = \int_{F_v} (p_i - p_i^*) v_i \mathrm{d}F \qquad (5-22c)$$

把式 5－21 和式 5－22 代入式 5－22c 得

$$\int_{F_v} (p_i - p_i^*) v_i \mathrm{d}F = \int_V (\sigma_{ij} - \sigma_{ij}^*)\dot{\varepsilon}_{ij}\mathrm{d}V + \sum\int_{F_D} (k - \tau^*)\Delta v_t \mathrm{d}F$$

由于 $\tau^* \leqslant k$，则上式等号右边的第二积分大于或等于零。按最大塑性功原理式 5－20，

$$\int_V (\sigma_{ij} - \sigma_{ij}^*)\dot{\varepsilon}_{ij}\mathrm{d}V \geqslant 0$$

所以

$$\int_{F_v} (p_i - p_i^*) v_i \mathrm{d}F \geqslant 0$$

或

$$\int_{F_v} p_i^* v_i \mathrm{d}F \le \int_{F_v} p_i v_i \mathrm{d}F \qquad (5-23)$$

这样，所谓下界定理就是与虚拟的静力许可应力 σ_{ij}^* 相平衡的外力所提供的功率小于或等于与真实应力相平衡的外力 σ_{ij} 所提供的功率。

所以，在已知位移速度时，根据满足力平衡条件、应力边界条件和不破坏塑性条件所虚拟的静力许可应力场 σ_{ij}^*，求出未知的单位表面力 p_i^*（如单位压力）就给出了下界解，也就是由静力许可应力场所估计的变形力不大于由真实应力场正确求得的变形力。从这个意义上讲第 3 章中用工程法所确定的变形力属于下界变形力。

5.7 上 界 定 理

上界定理的前提是按满足几何方程、体积不变条件和位移速度（或位移增量）边界条件来设定变形体内部的运动许可速度场。在这种场内沿某截面 F_D 的切线方向位移速度可以是不连续的，但如前所述沿 F_D 的法线方向位移速度必须连续。

如上述，把变形体表面分成位移速度已知域 F_v 和单位表面力已知域 F_p，令 v_i^* 为虚拟的运动许可的位移速度。由 v_i^* 按几何方程式 1-39 求出的应变速率为 $\dot\varepsilon_{ij}^*$；而由 $\dot\varepsilon_{ij}^*$ 按列维-密赛斯流动法则式 2-37 求出的应力为 σ_{ij}^*。这样确定的应力未必满足力平衡条件和应力边界条件；但是此应力 σ_{ij}^* 却与虚拟的运动许可应变速率 $\dot\varepsilon_{ij}^*$ 适合列维-密赛斯流动法则。注意到虚拟的运动许可的应变速率 $\dot\varepsilon_{ij}^*$ 与真实应力未必适合于列维-密赛斯流动法则，所以按最大塑性功原理式 5-20，则

$$\int_V (\sigma_{ij}^* - \sigma_{ij})\dot\varepsilon_{ij}^* \mathrm{d}V \ge 0$$

或

$$\int_V \sigma_{ij}^* \dot\varepsilon_{ij}^* \mathrm{d}V \ge \int_V \sigma_{ij}\dot\varepsilon_{ij}^* \mathrm{d}V \qquad (5-24)$$

对于必然满足静力许可条件的真实应力 σ_{ij} 和运动许可位移速度 v_i^* 以及沿速度不连续面 F_D 上的切向速度不连续量 Δv_t^*，虚功原理式 5-9 成立，所以

$$\int_F p_i v_i^* \mathrm{d}F = \int_V \sigma_{ij}\dot\varepsilon_{ij}^* \mathrm{d}V + \sum\int_{F_D} k\Delta v_t^* \mathrm{d}F$$

由不等式 5-24，得

$$\int_F p_i v_i^* \mathrm{d}F \le \int_V \sigma_{ij}^* \dot\varepsilon_{ij}^* \mathrm{d}V + \sum\int_{F_D} \tau\Delta v_t^* \mathrm{d}F$$

而

$$\int_F p_i v_i^* \mathrm{d}F = \int_{F_v} p_i v_i^* \mathrm{d}F + \int_{F_p} p_i v_i^* \mathrm{d}F$$

代入上式，则

$$\int_{F_v} p_i v_i^* \mathrm{d}F + \int_{F_p} p_i v_i^* \mathrm{d}F \le \int_V \sigma_{ij}^* \dot\varepsilon_{ij}^* \mathrm{d}V + \sum\int_{F_D} k\Delta v_t^* \mathrm{d}F$$

由于虚拟的运动许可位移速度场满足 F_v 上的位移速度边界条件，所以在 F_v 上 $v_i^* =$

v_i，并注意到 $k \geqslant \tau$，则得

$$\int_{F_v} p_i v_i \mathrm{d}F \leqslant \int_V \sigma_{ij}^* \dot{\varepsilon}_{ij}^* \, \mathrm{d}V + \sum \int_{F_D} k \Delta v_t^* \, \mathrm{d}F - \int_{F_p} p_i v_i^* \, \mathrm{d}F$$

或

$$J \leqslant J^* = \dot{W}_i + \dot{W}_s + \dot{W}_b \tag{5-25}$$

式中　$\dot{\varepsilon}_{ij}^*$——按运动许可速度场确定的应变速率；

Δv_t^*——在运动许可速度场中，沿速度不连续面上的切向速度不连续量。

式 5-25 左边的积分表示真实外力功率 J；右边各积分项表示按运动许可速度场确定的功率 J^*，其中第一积分项表示内部塑性变形功率 $\dot{W}_i$，第二积分项表示速度不连续面（包括工具与工件的接触面）上的剪切功率 $\dot{W}_s$，第三积分项表示克服外加力（如轧制时的张力和推力）所需的功率 $\dot{W}_b$。

由式 5-25 可见真实的外力功率决不会大于按运动许可速度场所确定的功率，也就是不会大于按式 5-25 右边各项计算的功率，这就意味按运动许可速度场所确定的功率，对实际所需的功率给出上界值，这就是所谓的上界定理。由上界功率所确定的变形力便是上界的变形力。

若把惯性力功率 $\dot{W}_k$、变形体内部孔隙扩张功率 $\dot{W}_p$ 和表面变化功率 $\dot{W}_\gamma$ 也考虑进去，则

$$J \leqslant J^* = \dot{W}_i + \dot{W}_s + \dot{W}_b + \dot{W}_k + \dot{W}_p + \dot{W}_\gamma \tag{5-26}$$

（1）内部塑性变形功率 $\dot{W}_i$：

$$\dot{W}_i = \int_V \sigma_{ij} \dot{\varepsilon}_{ij} \mathrm{d}V = \int_V \sigma_e \dot{\varepsilon}_e \mathrm{d}V$$

对刚-塑性体 $\sigma_e = \sigma_s$，由式 2-66，

$$\dot{\varepsilon}_e = \sqrt{\frac{2}{3}(\dot{\varepsilon}_x^2 + \dot{\varepsilon}_y^2 + \dot{\varepsilon}_z^2 + 2\dot{\varepsilon}_{xy}^2 + 2\dot{\varepsilon}_{yz}^2 + 2\dot{\varepsilon}_{zx}^2)} = \sqrt{\frac{2}{3}\dot{\varepsilon}_{ij}\dot{\varepsilon}_{ij}} \tag{5-27}$$

所以

$$\dot{W}_i = \sigma_s \int_V \dot{\varepsilon}_e \mathrm{d}V = \sigma_s \sqrt{\frac{2}{3}} \int_V \sqrt{\dot{\varepsilon}_{ij}\dot{\varepsilon}_{ij}} \mathrm{d}V \tag{5-28}$$

（2）剪切功率 $\dot{W}_s$：包括速度不连续面剪切所耗的功率 $\dot{W}_D$ 和工具与工件接触摩擦所耗的功率 $\dot{W}_f$。

$$\dot{W}_s = \dot{W}_f + \dot{W}_D = \int_{F_f} \tau_f |\Delta v_f| \mathrm{d}F + k \int_{F_D} |\Delta v_t| \mathrm{d}F$$

式中，摩擦剪应力 τ_f 可按式 2-9 或式 2-11 确定，但上界法中常用式 2-11 确定 τ_f，即 $\tau_f = mk = m\dfrac{\sigma_s}{\sqrt{3}}$，于是

$$\dot{W}_s = m\frac{\sigma_s}{\sqrt{3}} \int_{F_f} |\Delta v_f| \mathrm{d}F + \frac{\sigma_s}{\sqrt{3}} \int_{F_D} |\Delta v_t| \mathrm{d}F \tag{5-29}$$

相对错动速度或速度不连续量的绝对值 $|\Delta v_t|$ 和 $|\Delta v_f|$ 可结合具体成型过程确定。

（3）附加外力功率 $\dot{W}_b$：例如，带前后张力（或推力）轧制时（注意 p_i 与 v_i 方向相同时，p_iv_i 为正，p_i 与 v_i 方向相反时 p_iv_i 为负），则

$$\dot{W}_b = -\int_{F_p} p_iv_i\,\mathrm{d}F = \sigma_bF_0v_0 - \sigma_fF_1v_1 \tag{5-30}$$

式中　σ_f，σ_b——前、后张应力；

　　　　F_1，F_0——轧制前、后轧件断面积；

　　　　v_1，v_0——轧件前、后端的前进速度。

（4）惯性功率 $\dot{W}_k$：对高速成型过程惯性力的影响不能忽略，此时

$$\dot{W}_k = \int_{F_k} \frac{\rho}{g}\mathrm{d}l\mathrm{d}F\,\frac{v_i}{t}\,\frac{v_i}{2} = \frac{\rho}{2g}\int_{F_k} v_i^3\,\mathrm{d}F \tag{5-31}$$

式中　ρ——变形体的密度；

　　　　g——重力加速度。

（5）孔隙扩张功率 $\dot{W}_p$ 和表面变化功率 $\dot{W}_\gamma$：这两项功率都是研究塑性变形时工件内部损伤所必需的。

塑性变形时工件内部亿万个极其微小的孔隙在外力作用下会发生扩张或压合，因而工件的表观体积也会相应地增加或减少，所以

$$\dot{W}_p = v_Vp \tag{5-32}$$

式中　v_V——体积变化率；

　　　　p——单位表面积的外压力。

塑性变形时由缺陷引起的内表面也会变化，与此相应工件的表面能也发生变化。与变形能比较，此能量一般可以忽略。然而，对于工件内部存在许多缺陷，由于这些缺陷表面扩大而引起表面能增加较多时，就应当考虑这个能量 $\dot{W}_\gamma$。

$$\dot{W}_\gamma = \gamma\,\frac{\mathrm{d}s}{\mathrm{d}t} \tag{5-33}$$

式中　γ——表面比能，即产生每一单位新表面面积所需的能量；

　　　　$\dfrac{\mathrm{d}s}{\mathrm{d}t}$——新表面产生率。

上面各项功率中 $\dot{W}_i$、$\dot{W}_s$ 总为正值，而其他各项功率是需要附加的功率为正值，需要扣出的功率为负值。例如当工件流动速度加快时、孔隙扩张和工件内部缺陷表面扩大时 $\dot{W}_k$、$\dot{W}_p$ 和 $\dot{W}_\gamma$ 为正。

一般情况，$\dot{W}_k$、$\dot{W}_p$ 和 $\dot{W}_\gamma$ 与 $\dot{W}_i + \dot{W}_s + \dot{W}_b$ 比较可以忽略，此时 J^* 可由 5-25 确定。

假定材料是由速度不连续面分割的许多刚性块所组成，并认为材料的塑性变形仅是由各刚性块相对滑动引起的，此时式 5-25 右边第一积分项为零；此外，当表面 F_p 仅是自由表面时，上式右边第三积分项也为零；对于这种情况式 5-25 可写成

$$J \leqslant J^* = \dot{W}_s \tag{5-34}$$

最后指出，式 5-25 或式 5-26 中的 J 可结合具体成型过程确定，例如镦粗、挤压和拉拔：

$$J = Pv \qquad (5-35)$$

轧制：

$$J = M\omega \qquad (5-36)$$

式中　P——作用力；

　　　v——作用力移动速度；

　　　M——纯轧力矩；

　　　ω——轧辊角速度。

5.8* 　理想刚－塑性体解的唯一性定理

设理想刚－塑性体的总表面积为 F，体积为 V。此物体在表面 F_p 上受 p_i 的作用进入屈服状态，并在 F_v 上已知速度 v_i，而 $F = F_v + F_p$。

设 σ_{ij}、v_i 和 σ_{ij}^*、v_i^* 是塑性变形体两个可能的应力状态以及与其相应的速度场。σ_{ij}、σ_{ij}^* 是静力许可的；v_i、v_i^* 是运动许可的；而且由 v_i、v_i^* 按几何方程所确定的应变速率 $\dot{\varepsilon}_{ij}$、$\dot{\varepsilon}_{ij}^*$ 与相应的 σ_{ij} 和 σ_{ij}^* 分别适合于列维－密赛斯流动法则和密赛斯塑性条件。

若不考虑重力和惯性力的影响，则以下各情况虚功原理分别成立：

$$\int_F p_i v_i \mathrm{d}F = \int_V \sigma_{ij} \dot{\varepsilon}_{ij} \mathrm{d}V + \sum \int_{F_{D1}} k \,|\, \Delta v_t \,|\, \mathrm{d}F_{D1} \qquad (a)$$

$$\int_F p_i^* v_i^* \mathrm{d}F = \int_V \sigma_{ij}^* \dot{\varepsilon}_{ij}^* \mathrm{d}V + \sum \int_{F_{D2}} k \,|\, \Delta v_t^* \,|\, \mathrm{d}F_{D2} \qquad (b)$$

$$\int_F p_i v_i^* \mathrm{d}F = \int_V \sigma_{ij} \dot{\varepsilon}_{ij}^* \mathrm{d}V + \sum \int_{F_{D2}} \tau \,|\, \Delta v_t^* \,|\, \mathrm{d}F_{D2} \qquad (c)$$

$$\int_F p_i^* v_i \mathrm{d}F = \int_V \sigma_{ij}^* \dot{\varepsilon}_{ij} \mathrm{d}V + \sum \int_{F_{D1}} \tau^* \,|\, \Delta v_t \,|\, \mathrm{d}F_{D1} \qquad (d)$$

需说明，对适合列维－密赛斯流动法则和密赛斯屈服准则者，即 σ_{ij} 与 $\dot{\varepsilon}_{ij}$ 和 σ_{ij}^* 与 $\dot{\varepsilon}_{ij}^*$，由于进入屈服，则速度不连续面上的剪应力应为屈服剪应力 k；对于未必适合流动法则和屈服准则者，即 σ_{ij}^* 与 $\dot{\varepsilon}_{ij}$ 和 σ_{ij} 与 $\dot{\varepsilon}_{ij}^*$，由于未进入屈服，则速度不连续面上的剪应力分别为 τ^* 和 τ。

由公式 $(a)+(b)-(c)-(d)$，得

$$\int_F (p_i - p_i^*)(v_i - v_i^*) \mathrm{d}F$$

$$= \int_V (\sigma_{ij} - \sigma_{ij}^*)(\dot{\varepsilon}_{ij} - \dot{\varepsilon}_{ij}^*) \mathrm{d}V + \int_{F_{D1}} (k - \tau^*) \,|\, \Delta v_t \,|\, \mathrm{d}F_{D1} +$$

$$\int_{F_{D2}} (k - \tau) \,|\, \Delta v_t^* \,|\, \mathrm{d}F_{D2} \qquad (5-37)$$

由于在 F_p 表面上 $p_i = p_i^*$ 和在 F_v 表面上 $v_i = v_i^*$，所以，式 5-37 左边应为零。根据最大塑性功原理式 5-20

$$\int_V (\sigma_{ij} - \sigma_{ij}^*) \dot{\varepsilon}_{ij} \mathrm{d}V \geqslant 0$$

和

$$\int_V (\sigma_{ij}^* - \sigma_{ij}) \dot{\varepsilon}_{ij}^* \mathrm{d}V \geqslant 0$$

也就是式 5 – 37 右边第一积分式是非负的；注意到 $k \geqslant \tau$ 和 $k \geqslant \tau^*$，则式 5 – 37 右边的第二、三积分式也是非负的。所以，式 5 – 37 右边各项都必为零，才能满足此式左边为零的条件。由此得

$$\sigma_{ij} = \sigma_{ij}^*$$

这样，如果一个问题有两个或更多的完全解，则这些解的应力场（除刚性区外）是唯一的。这就是所谓的理想刚 – 塑性体解的唯一性定理。

5.9 上界法应用

5.9.1 上界功率计算的基本公式

上界法解析成型问题主要采用三角形速度场与连续速度场，三角形速度场主要用于解平面变形问题。假定变形体是由速度不连续线分割成几个三角形的刚性块所组成的，并假定已知单位表面力的表面 F_p 为自由表面，前已述及，在此特殊情况下，应采用式 5 – 34，此时，

$$J^* = \dot{W}_s \qquad\qquad (5 – 38)$$

式中的 $\dot{W}_s$ 按式 5 – 29 确定。

连续速度场即可解平面变形问题，也可解轴对称问题，如果速度场选择合适，数学方法得当，也可成功解析三维变形问题，此时应采用式 5 – 25：

$$J^* = \int_V \sigma_{ij}^* \dot{\varepsilon}_{ij}^* \, \mathrm{d}V + \sum \int_{F_D} k \Delta v_t^* \, \mathrm{d}F - \int_{F_p} p_i v_i^* \, \mathrm{d}F$$

或

$$J^* = \dot{W}_i + \dot{W}_s + \dot{W}_b \qquad\qquad (5 – 39)$$

在求得此上界功率的式子中一般都含有待定参数。求此上界功率中的最小值 $J_{\min}^*$（即最小的上界值）来确定力能参数。令 $J_{\min}^* = J$，进而由式 5 – 35 或式 5 – 36 便可求出变形力的最小上界值。

5.9.2 光滑平冲头压缩半无限体

此种压缩情况的滑移线场解法在前章已讲过，下面按上界三角形速度场方法求解。参照滑移线场，假定此时的变形区速度不连续线和速端图如图 5 – 7 所示。

由于变形的对称性，下面只研究垂直对称轴的左侧部分。$BCDE$ 以下的材料为刚性区。此区内位移速度为零。这就决定了刚性区以上的材料，其流动路线如图 5 – 7a 中的虚线所示。三角形 ABC 以速度 Δv_{BC} 沿刚性区的边界 BC 滑动，显然此速度应当是三角形 ABC 向下移动速度 v_0 与水平速度 v_x 的矢量和即 $\Delta v_{BC} = v_x + v_0$。速度 Δv_{BC} 与速度不连续线 AC 上的速度不连续量 Δv_{AC} 的矢量和等于三角形 ADC 的水平移动速度 Δv_{DC}，即 $\Delta v_{DC} = \Delta v_{BC} + \Delta v_{AC}$。同理速度 Δv_{DC} 与速度不连续线 AD 上的速度不连续量 Δv_{AD} 的矢量和等于三角形 ADE 沿 DE 方向的移动速度 Δv_{DE}，即 $\Delta v_{DE} = \Delta v_{DC} + \Delta v_{AD}$。这样，便可作出图5 – 7b 所示

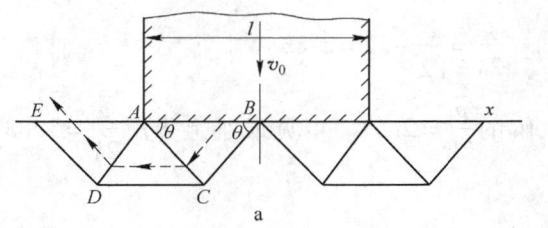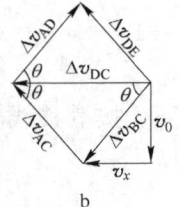

图 5-7　光滑平冲头压缩半无限体

a—三角形速度场；b—速端图

的速端图。因为 $BCDE$ 以下的材料为移动速度等于零的刚体，速度 Δv_{BC}、Δv_{DC} 和 Δv_{DE} 分别为 BC、DC 和 DE 线上的速度不连续量；AC 和 AD 线上的速度不连续量为 Δv_{AC} 和 Δv_{AD}。图 5-7b 中的 θ 为待定参数。由图 5-7 可见，在 DE、AD、AC 和 BC 上的速度不连续量为

$$\Delta v_{DE} = \Delta v_{AD} = \Delta v_{AC} = \Delta v_{BC} = \frac{v_0}{\sin\theta}$$

在 DC 上的速度不连续量为

$$\Delta v_{DC} = \frac{2v_0}{\tan\theta}$$

如取垂直纸面方向的厚度为 1，按体积不变或秒流量相等的原则，$v_0 \cdot AB = \Delta v_{DE}\sin\theta \cdot AE$，$AE = AB$；$v_0 \cdot AB = \Delta v_{DC} \cdot \frac{AB}{2}\tan\theta$，从而得

$$\Delta v_{DE} = \frac{v_0}{\sin\theta}; \qquad \Delta v_{DC} = \frac{2v_0}{\tan\theta}$$

这样，上述的速度场是满足体积不变条件和位移速度边界条件的，也就是运动许可的速度场。

由于取单位厚度，速度不连续面的面积 ΔF 可用其线段长度表示。分别为

$$BC = AC = AD = DE = \frac{l}{4\cos\theta}$$

而 $DC = \frac{l}{2}$。因为冲头面是光滑的，所以接触摩擦功率为零。这里仅计算速度不连续面上的剪切功率

$$J^* = \sum k\,|\Delta v_t|\,\Delta F = k(4 \cdot \Delta v_{DE} \cdot DE + \Delta v_{DC} \cdot DC)$$

$$= k\left(4 \cdot \frac{lv_0}{4\cos\theta\sin\theta} + \frac{2v_0}{\tan\theta} \cdot \frac{l}{2}\right)$$

$$= klv_0\left(\frac{2}{\tan\theta} + \tan\theta\right)$$

令 $x = \tan\theta$，由 $\dfrac{\mathrm{d}J^*}{\mathrm{d}x} = 0$，得到 $x = \tan\theta = \sqrt{2}$ 或 $\theta = 54°42'$。按 $J^*_{\min} = J$，并注意到 $J = \bar{p}\dfrac{l}{2}v_0$，则 $\bar{p}\dfrac{l}{2}v_0 = klv_0\left(\dfrac{2}{\sqrt{2}} + \sqrt{2}\right)$，从而得到此上界解中最小的 $\dfrac{\bar{p}}{2k}$，即

$$\frac{\bar{p}}{2k} = \frac{2}{\sqrt{2}} + \sqrt{2} = 2.83 \tag{5-40}$$

在此情况下，按滑移线场求解的 $\frac{\bar{p}}{2k} = 2.57$。可见最小上界解 $\frac{\bar{p}}{2k} = 2.83$ 比滑移线解略高。

5.9.3　在光滑平板间压缩薄件（$\frac{l}{h} > 1$）

在光滑平板间压缩薄件（$l/h > 1$）时，$\bar{p}/2k$ 取决于 l/h 是否是整数。如果 l/h 是整数，则滑移线场是如图 5-8a 所示的与接触面成 45°的直线场，此时 $\bar{p} = 2k$ 或 $\bar{p}/2k = 1$。

当 l/h 不为整数时，为图 5-8b 所示的滑移线场，靠近压板的自由表面上 σ_y 不为零，这与实际不符。因此当 l/h 不是整数时滑移线场必含有曲线段。下面研究 l/h 是整数，且 $l/h > 1$ 时的上界解。

假定在此情况下的速端图和速度不连续线如图 5-9 所示。图中的交叉线表示速度不连续线，并与接触面相交为 θ 角。下面仅研究四分之一部分，材料的流动路线如图 5-9 中的虚箭头线。速度不连续线 AB、BC 和 CD 的速度不连续量分别为 Δv_{AB}、Δv_{BC}、Δv_{CD}，1 区的速度（上压板速度）v_0 与 Δv_{CD} 的矢量和为 2 区的速度 v_2，方向为水平方向；v_2 与 Δv_{BC} 的矢量和为 3 区的速度 v_3，但 v_3 的垂直分量必为 v_0，v_3 与 Δv_{AB} 的矢量和为 4 区的速度 v_4。这样便可作出如图 5-9b 的速端图。

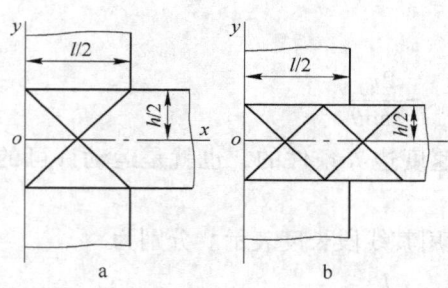

图 5-8　光滑平板间压缩薄件
a—l/h 为整数；b—l/h 不为整数

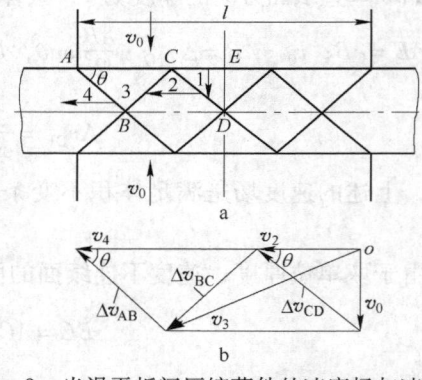

图 5-9　光滑平板间压缩薄件的速度场与速端图
a—速度场；b—速端图

各速度不连续线上的速度不连续量为

$$\Delta v_{CD} = \Delta v_{BC} = \Delta v_{AB} = \frac{v_0}{\sin\theta}$$

各速度不连续线段的长度为

$$CD = BC = AB = \frac{l/2}{n\cos\theta}$$

式中　n——速度不连续线与水平对称轴交点的个数（图 5-9 中 $n = 3$）。

因为接触面光滑，所以忽略接触摩擦功率。

$$J^* = \sum k \,|\,\Delta v_t\,|\,\Delta F = nk\frac{v_0}{\sin\theta}\frac{l/2}{n\cos\theta} = \frac{klv_0}{2}\left(\tan\theta + \frac{1}{\tan\theta}\right)$$

如图 5 - 9 所示

$$\tan\theta = \frac{h/2}{CE} = \frac{h/2}{l/2n} = n\,\frac{h}{l}$$

则

$$J^* = \frac{klv_0}{2}\left(\frac{nh}{l} + \frac{l}{nh}\right) \tag{5-41}$$

由 $\dfrac{\mathrm{d}J^*}{\mathrm{d}n} = 0$，可知 $n = l/h$ 时，有最小上界值 $J^*_{\min}$，并注意 $J = \bar{p}l/2v_0$，则得

$$\frac{\bar{p}}{2k} = 1$$

这是可以理解的，因为此时 $n = l/h$ 为整数，所以 $\dfrac{\bar{p}}{2k} = 1$。可我们是研究 l/h 不为整数的情况，并令此时 $n = 1$ 代入式 5 - 41，由 $J = J^*$ 得

$$\frac{\bar{p}}{2k} = \frac{1}{2}\left(\frac{h}{l} + \frac{l}{h}\right) \tag{5-42}$$

若令此时 $n = 2$ 代入式 5 - 41，则得

$$\frac{\bar{p}}{2k} = \frac{1}{2}\left(\frac{2h}{l} + \frac{l}{2h}\right) \tag{5-43}$$

把式 5 - 42、式 5 - 43 与格林按滑移线场求得正确解相比（图 5 - 10）可知，式 5 - 42 适于 $1 \leqslant l/h \leqslant \sqrt{2}$ 的范围，式 5 - 43 适于 $\sqrt{2} \leqslant l/h \leqslant 2$ 的范围。而且在最坏的情况下（$l/h = \sqrt{2}$）与格林解的差别仅为 2%。可见，所得的上界解相当接近于正确解。

顺便指出，在设计平面变形抗力（$K = 2k = 1.155\sigma_s$）的实验测定方法时最好使 l/h 为整数。

5.9.4 粗糙辊面轧板

假定接触面全黏着并以弦代弧，采用单个三角形速度场（指水平轴上部），此时速度不连续线与速端图

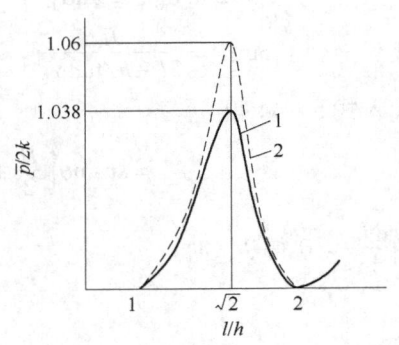

图 5 - 10 光滑平板压缩时上界解与正确解的比较
1—格林正确解；2—上界解

如图 5 - 11 所示。下面仅研究水平对称轴上部情况。BC 以右和 AC 以左分别为前后外端，并各自以水平速度 v_1 和 v_0 移动。因为接触面全黏着，则三角形 ABC 沿 AB 以轧辊周速 v 运动，AC 和 BC 为速度不连续线，其上速度不连续量为 Δv_{AC} 和 Δv_{BC}。v_0 和 Δv_{AC} 的矢量和为 $\triangle ABC$ 区的速度 v；v 和 Δv_{BC} 的矢量和为 v_1。

在 AC 和 BC 上的速度不连续量可按下法确定，由图 5 - 11b，按正弦定理有

$$\frac{v}{\sin(180° - \alpha_0)} = \frac{\Delta v_{AC}}{\sin\theta}$$

$$\frac{v}{\sin\alpha_1} = \frac{\Delta v_{BC}}{\sin\theta}$$

或
$$\Delta v_{AC} = \frac{v\sin\theta}{\sin\alpha_0}$$

$$\Delta v_{BC} = \frac{v\sin\theta}{\sin\alpha_1}$$

由图 5 – 11a，AC 和 BC 的线段长度分别为：

$$AC = \frac{H}{2\sin\alpha_0}, \quad BC = \frac{h}{2\sin\alpha_1}$$

因为表面全黏着，所以接触面的切向速度为零，于是接触面上的摩擦功率也为零。

$$J^* = k(\Delta v_{AC} \cdot AC + \Delta v_{BC} \cdot BC)$$

把前面各式代入有：

$$J^* = kv\sin\theta\left(\frac{H}{2\sin^2\alpha_0} + \frac{h}{2\sin^2\alpha_1}\right)$$

$$(5-44)$$

由图 5 – 11 知：

$$l = \frac{H}{2\tan\alpha_0} + \frac{h}{2\tan\alpha_1} \quad (5-45)$$

或
$$\tan\alpha_0 = \frac{H}{2l - h/\tan\alpha_1}$$

代入式 5 – 44 得

$$J^* = kv\sin\theta\left[\frac{H}{2} + \frac{1}{2H}(2l - h/\tan\alpha_1)^2 + \frac{h}{2}\left(1 + \frac{1}{\tan^2\alpha_1}\right)\right]$$

由 $\dfrac{\mathrm{d}J^*}{\mathrm{d}\alpha_1} = 0$ 得 $J^*_{\min}$ 时，

$$\tan\alpha_1 = \frac{H+h}{2l} = \frac{\bar{h}}{l} \tag{5-46}$$

把式 5 – 46 代入式 5 – 45 可以证明，此时 $\tan\alpha_1 = \tan\alpha_0 = \dfrac{\bar{h}}{l}$，代入式 5 – 44 得

$$J^*_{\min} = kv\sin\theta\left(\bar{h} + \frac{l^2}{\bar{h}}\right) \tag{5-47}$$

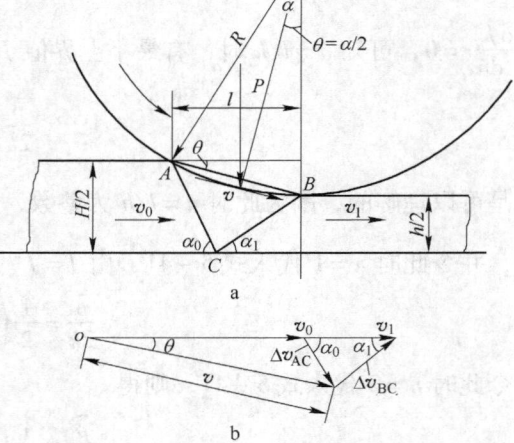

图 5 – 11 轧制时以弦代弧且表面全黏着时采用的三角形速度场
a—速度不连续线；b—速端图

按式 5 – 36，$J = M\omega$，由图 5 – 11 知 $M = PR\sin\theta = \bar{p}lR\sin\theta$，$\omega = \dfrac{v}{R}$，于是

$$J = \bar{p}lv\sin\theta$$

按 $J = J^*_{\min}$，

$$\frac{\bar{p}}{2k} = 0.5\frac{\bar{h}}{l} + 0.5\frac{l}{\bar{h}} \tag{5-48}$$

图 5 – 12 为按上式计算与实测值的比较。计算结果与热轧厚板、初轧板坯、热轧薄板坯和热轧宽扁钢实测结果符合较好。

5.9.5 连续速度场解析平面变形矩形件压缩（不考虑侧面鼓形）

在变形体内若 v_i 及其按几何方程确定的 $\dot{\varepsilon}_{ij}$ 连续变化，则此速度场为连续速度场。矩形件平面变形压缩不考虑侧面鼓形时，速度场设定如图 5 – 13 所示。上压板以 $-v_0$ 向下运动，下压板以 $+v_0$ 向上运动。假定宽向无变形，即 $v_z = 0$，$\dot{\varepsilon}_z = 0$，σ_0 为外加的水平力。因变形对称，为简化仅研究的四分之一部分并取单位宽度（垂直纸面厚度取 1），在水平和垂直对称轴上，

$$v_y \big|_{y=0} = 0 \qquad v_x \big|_{x=0} = 0$$

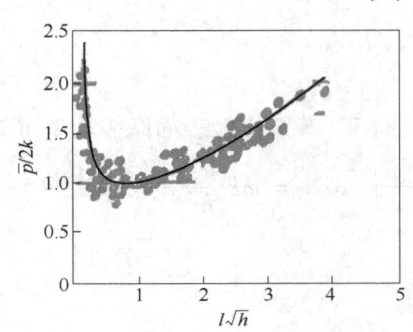

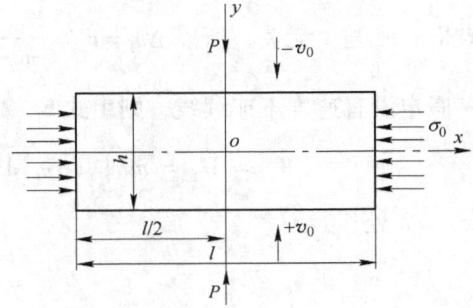

图 5 – 12　计算值与实测值的比较　　　图 5 – 13　平面变形矩形件压缩（不考虑侧面鼓形）

假定位移速度的垂直分量 v_y 与坐标 y 成线性关系

$$v_y = -\frac{2y}{h}v_0$$

此式满足 $y = 0$，$v_y = 0$；$y = \pm\dfrac{h}{2}$，$v_y = \mp v_0$ 的速度边界条件，按体积不变条件，平面变形时 $\dot{\varepsilon}_x = -\dot{\varepsilon}_y$，由几何方程，有

$$\dot{\varepsilon}_y = \frac{\partial v_y}{\partial y} = -\frac{2}{h}v_0$$

所以 $\dot{\varepsilon}_x = -\dot{\varepsilon}_y = \dfrac{2}{h}v_0$ 或 $\dot{\varepsilon}_x = \dfrac{\partial v_x}{\partial x} = \dfrac{2}{h}v_0$。因为无鼓形，即 v_x 与 y 无关则上式可写成 $\dfrac{\mathrm{d}v_x}{\mathrm{d}x} = \dot{\varepsilon}_x = \dfrac{2}{h}v_0$。所以

$$v_x = \int \dot{\varepsilon}_x \mathrm{d}x = \int \frac{2}{h}v_0 \mathrm{d}x = \frac{2}{h}v_0 x + C$$

由 $x = 0$，$v_x = 0$ 求出 $C = 0$，于是得

$$v_x = \frac{2}{h}v_0 x$$

这样，此压缩情况的运动许可速度场为

$$v_x = \frac{2v_0}{h}x, \quad v_y = -\frac{2v_0}{h}y, \quad v_z = 0 \tag{5－49}$$

运动许可的应变速率场为

$$\dot{\varepsilon}_x = -\dot{\varepsilon}_y = \frac{2v_0}{h}, \quad \dot{\varepsilon}_z = 0 \tag{5-50}$$

因为无鼓形，所以 $\dot{\varepsilon}_{xy} = \dot{\varepsilon}_{yz} = \dot{\varepsilon}_{zx} = 0$，即 x、y、z 轴为主轴，有时这类速度场也称平行速度场。

按式 5-28，则

$$\dot{W}_i = \frac{2}{\sqrt{3}}\sigma_s\int_V \dot{\varepsilon}_x dV = 2k\int_V \dot{\varepsilon}_x dV = 4 \times 2k\int_0^{l/2}\left(\int_0^{h/2}\frac{2v_0}{h}dy\right)dx = 4 \times 2kv_0\frac{l}{2} \tag{5-51}$$

工件对工具表面的相对速度 Δv_f 等于 $y = \pm\frac{h}{2}$ 时，沿 x 轴材料的位移速度分量，因为无鼓形，v_x 与 y 无关，所以 $\Delta v_f = v_x = \frac{2v_0 x}{h}$。

假定没有速度不连续线，则由式 5-29 可知，此时 $\dot{W}_s$ 等于接触表面摩擦功率 $\dot{W}_f$，即

$$\dot{W}_s = \dot{W}_f = mk\int_{F_f}|\Delta v_f|dF = 4mk\frac{2v_0}{h}\int_0^{l/2}x dx = mk\frac{l^2}{h}v_0 \tag{5-52}$$

在 $x = l/2$ 处

$$v_x = \frac{2}{h}v_0 x = \frac{v_0}{h}l$$

假定外加的应力 σ_0 沿厚件均匀分布，则克服的外加功率应为

$$\dot{W}_b = 4 \times \frac{h}{2}v_x\sigma_0 = 4 \times \frac{h}{2}\frac{v_0 l}{h}\sigma_0 = 2lv_0\sigma_0 \tag{5-53}$$

所以

$$J^* = \dot{W}_i + \dot{W}_f + \dot{W}_b = 4kv_0 l + mk\frac{l^2}{h}v_0 + 2lv_0\sigma_0$$

由 $J = 2\bar{p}lv_0$，$J = J^*$，得 $\dfrac{\bar{p}}{2k}$ 的上界值为

$$\frac{\bar{p}}{2k} = 1 + \frac{m}{4}\frac{l}{h} + \frac{\sigma_0}{2k}$$

当 m 取 1 时

$$\frac{\bar{p}}{2k} = 1 + 0.25\frac{l}{h} + \frac{\sigma_0}{2k} \tag{5-54}$$

在无外加应力 σ_0 时，式 5-54 与工程法得到的结果一致。

5.9.6 连续速度场解析扁料平板压缩（考虑侧面鼓形）

前一种情况是砧面光滑、侧面无鼓形的压缩情况，无论在 $y = \pm\frac{h}{2}$ 的表面上或 $y = 0$ 的中心层 x 方向的速度分量 v_x 是一样的。实际上由于表面摩擦，使中心层的 v_x 比表层大，而导致出现鼓形（图 5-14）。于是从表层到内层便产生速度梯度，因此引起剪应变速率 $\dot{\varepsilon}_{xy}$ 而使内部变形功率增加，但由于接触面上工件对工具的相对滑动速度减小（和无鼓形比较）表面摩擦功率相应变小。

假定 v_x 沿 y 轴是按指数函数变化，考虑到式 5-49，令

$$v_x = Av_0 \frac{2x}{h} e^{-2by/h}$$

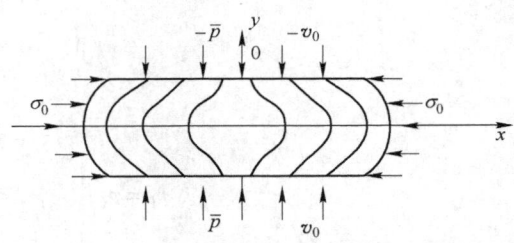

式中　A，b——待定参数。

由于体积不变和 $\dot{\varepsilon}_z = 0$，则

$$\dot{\varepsilon}_x = \frac{\partial v_x}{\partial x} = \frac{2Av_0}{h} e^{-2by/h} = -\dot{\varepsilon}_y = \frac{\partial v_y}{\partial y}$$

所以

图 5 - 14　粗糙砧面压缩工件的侧面鼓形

$$v_y = -\frac{2Av_0}{h} \int e^{-2by/h} \mathrm{d}y = \frac{A}{b} v_0 e^{-2by/h} + f(x)$$

由于变形的对称性，$y = 0$ 时，$v_y = 0$，由此边界条件可求出 $f(x) = -\frac{A}{b} v_0$。这样，便可得到如下的运动许可速度场：

$$v_z = 0, \qquad v_x = Av_0 \frac{2x}{h} e^{-2by/h}, \qquad v_y = \frac{A}{b} v_0 (e^{-2by/h} - 1)$$

在 $y = \frac{h}{2}$ 的表面上，$v_y = -v_0$，所以

$$v_y \big|_{y = h/2} = \frac{A}{b} v_0 (e^{-b} - 1) = -v_0$$

因此

$$\frac{A}{b} = \frac{1}{1 - e^{-b}} \quad \text{或} \quad A = \frac{b}{1 - e^{-b}}$$

于是

$$v_x = \frac{b}{1 - e^{-b}} v_0 \frac{2x}{h} e^{-2by/h}$$

$$v_y = \frac{1}{1 - e^{-b}} v_0 (e^{-2by/h} - 1) \tag{5-55}$$

$$v_z = 0$$

这样，该式中便仅剩下一个待定参数 b。

按此速度场由几何方程可写出如下的应变速率场：

$$\dot{\varepsilon}_x = -\dot{\varepsilon}_y = \frac{\partial v_x}{\partial x} = \frac{2bv_0}{(1 - e^{-b})h} e^{-2by/h}$$

$$\dot{\varepsilon}_{xy} = \frac{1}{2}\left(\frac{\partial v_x}{\partial y} + \frac{\partial v_y}{\partial x}\right) = \frac{1}{2}\frac{\partial v_x}{\partial y} = \frac{-2b^2 v_0 x}{(1 - e^{-b})h^2} e^{-2by/h} \tag{5-56}$$

$$\dot{\varepsilon}_{zx} = \dot{\varepsilon}_{yz} = \dot{\varepsilon}_z = 0$$

由式 5 - 28 有

$$\dot{W}_i = 2k \int_V \sqrt{\dot{\varepsilon}_x^2 + \dot{\varepsilon}_{xy}^2} \, \mathrm{d}V = 2k \frac{b}{1 - e^{-b}} \frac{2v_0 b}{h^2} \times 4 \int_0^{l/2} \left[\int_0^{h/2} e^{-2by/h} \sqrt{\left(\frac{h}{b}\right)^2 + x^2} \, \mathrm{d}y \right] \mathrm{d}x$$

$$= 4kv_0 \left\{ \frac{1}{2} \sqrt{1 + \left(\frac{b}{h}\right)^2 \left(\frac{l}{2}\right)^2} + \frac{h}{b} \ln\left[\frac{l}{2} \frac{b}{h} + \sqrt{1 + \left(\frac{b}{h}\right)^2 \left(\frac{l}{2}\right)^2} \right] \right\}$$

$$\tag{5-57}$$

当 $b = 0$ 时，得

$$\dot{W}_i = 4 \times 2kv_0 \frac{l}{2}$$

又

$$\tau_f = mk$$

$$\Delta \overline{v_f} = v_x \Big|_{y=h/2} = \frac{b}{1-e^{-b}} v_0 \frac{2x}{h} e^{-b}$$

所以，接触面摩擦动率为

$$\dot{W}_f = \int_{F_f} \tau_f |\Delta v_f| dF = 4mk \frac{2bv_0}{(1-e^{-b})h} e^{-b} \int_0^{l/2} x dx = mk \frac{be^{-b}v_0}{1-e^{-b}} \frac{l^2}{h} \qquad (5-58)$$

假定外加应力 σ_0 沿 h 均布，对于新的速度场虽然表面层和中心层 v_x 不同，但假定取平均值，所以外加功率 $\dot{W}_b$ 仍按式 5–53 计算。把式 5–57、式 5–58 和式 5–53 代入式 5–25，并注意这里 $\dot{W}_s = \dot{W}_f$，便可求出 J^*。由 $\frac{dJ^*}{db} = 0$ 可求出 J^*_{min} 时的 $b = \dfrac{3}{1+\dfrac{2}{m}\dfrac{l}{h}}$，按

$J = J^*_{min}$ 以及 $J = 2\overline{p}lv_0$ 有

$$\frac{\overline{p}}{2k} = 1 + \frac{m}{4}\frac{l}{h} - \frac{3}{2}\frac{\left(\dfrac{m}{4}\right)^2}{1+2\dfrac{m}{4}\dfrac{h}{l}} + \frac{\sigma_0}{2k} \qquad (5-59)$$

取 m 为 1 和外加应力 σ_0 为零时，按式 5–54 和式 5–59 以及由滑移线场数值解得到的结果比较如图 5–15 所示，可以看出，不考虑侧面鼓形得到的上界 $\overline{p}/2k$ 值比考虑侧面鼓形得到的大。按滑移线场数值解得到的 $\overline{p}/2k$ 比按上面两种上界法得到的都低。

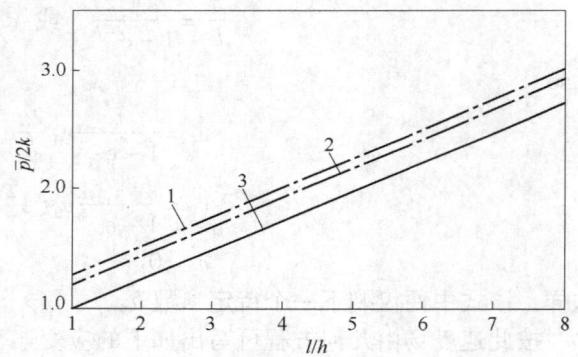

图 5–15   按各种方法计算的 $\overline{p}/2k - l/h$ 关系的比较（$m=1.0$，$\sigma_0=0$）

1—不考虑侧鼓；2—考虑侧鼓；3—滑移线解

5.9.7 *   楔形模平面变形拉拔和挤压

通过楔形模孔进行平面变形拉拔和挤压如图 5–16 所示，对此种变形情况，可用许多方法建立运动许可速度场。下面介绍阿维瑟方法。

由速度不连续线 $\widehat{11'}$（Γ_0 线）、$\widehat{22'}$（Γ_1 线）、$\overline{12}$ 和 $\overline{1'2'}$（把工件和工具接触线也看作速度不连续线）包围的区域（Ⅱ区）称为塑性区。在此区域内只有 r 方向位移速度 v_r。Ⅲ区和Ⅰ区为前后外区，这两个区分别以速度 v_1 和 v_0 沿轴向移动。未变形的Ⅰ区金属通过 Γ_0 进入塑性变形区（Ⅱ），再通过 Γ_1 变形完毕，其流线如图 5–16 所示。下面取圆柱面坐标系建立运动许可速度场。由于 $v_z = v_\theta = 0$

$$\dot{\varepsilon}_r = \frac{\partial v_r}{\partial r}, \quad \dot{\varepsilon}_\theta = \frac{v_r}{r}, \quad \dot{\varepsilon}_{r\theta} = \frac{1}{2}\frac{\partial v_r}{r\partial \theta} \qquad (5-60)$$

按体积不变条件，则

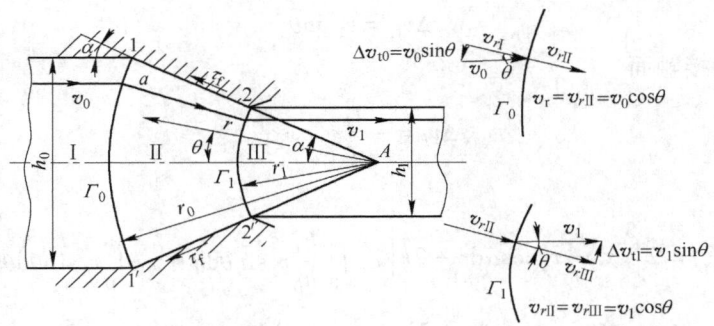

图 5 – 16 通过楔形模孔进行平面变形拉拔和挤压

(a 为流线)

$$\frac{\mathrm{d}v_r}{\mathrm{d}r} + \frac{v_r}{r} = 0$$

或

$$\mathrm{d}(rv_r) = 0$$

积分得

$$rv_r = C$$

根据边界 $\overset{\frown}{22'}$ 上法向位移速度连续的条件，则 $r = r_1$ 时

$$v_{r\text{III}} = -v_1\cos\theta \text{（移动方向与 } r \text{ 轴正向相反故取负号）}$$

按此确定积分常数 C，于是得

$$v_r = -\frac{r_1}{r}v_1\cos\theta \tag{5-61}$$

代入式 5 – 60，则

$$\dot{\varepsilon}_r = -\dot{\varepsilon}_\theta = \frac{r_1}{r^2}v_1\cos\theta$$

$$\dot{\varepsilon}_{r\theta} = \frac{r_1 v_1}{2r^2}\sin\theta$$

按式 5 – 28

$$\dot{W}_\text{i} = 4kr_1 v_1 \int_0^\alpha \Big[\int_{r_1}^{r_0} \frac{1}{r^2}\sqrt{1 - \frac{3}{4}\sin^2\theta}\, r\mathrm{d}r\Big]\mathrm{d}\theta$$

$$= 2k\frac{h_1}{\sin\alpha}\ln\frac{r_0}{r_1}E\Big(\alpha, \frac{\sqrt{3}}{2}\Big)v_1$$

$$= 2kh_1\ln\frac{r_0}{r_1}\xi(\alpha)v_1 \tag{5-62}$$

式中，$\xi(\alpha) = \dfrac{E\Big(\alpha, \dfrac{\sqrt{3}}{2}\Big)}{\sin\alpha}$，$E\Big(\alpha, \dfrac{\sqrt{3}}{2}\Big)$ 是第二椭圆积分，可由数学手册查知。

如图 5 – 16 所示，沿 $\varGamma_0$、$\varGamma_1$ 的速度不连续量分别为

$$\Delta v_{t0} = v_0\sin\theta = \frac{h_1}{h_0}v_1\sin\theta$$

$$\Delta v_{t1} = v_1 \sin\theta$$

沿工具和工件的接触面

$$\Delta v_{\mathrm{f}} = -\frac{r_1}{r}v_1\cos\alpha$$

按式 5-29，则

$$\dot{W}_{\mathrm{s}} = 2\int_{r_1}^{r_0}\tau_{\mathrm{f}}\frac{r_1}{r}v_1\cos\alpha\mathrm{d}r + 2k\Big[r_0\int_0^\alpha\frac{h_1}{h_0}v_1\sin\theta\mathrm{d}\theta + r_1\int_0^\alpha v_1\sin\theta\mathrm{d}\theta\Big]$$

$$= h_1v_1\Big[\tau_{\mathrm{f}}\cot\alpha\ln\frac{r_0}{r_1} + \frac{2k(1-\cos\alpha)}{\sin\alpha}\Big]$$

按式 5-25

$$J^* = \dot{W}_{\mathrm{i}} + \dot{W}_{\mathrm{s}}$$

按 $J = J^*$，并注意，拉拔功率 $J = \sigma_1 h_1 v_1$；挤压功率 $J = \sigma_0 h_0 v_0 = \sigma_0 h_1 v_1$，所以在不考虑挤压缸壁摩擦时，对同样 τ_{f}、α 和面缩率 ψ，相对单位拉拔力 $\frac{\sigma_1}{2k}$ 和 $\frac{\sigma_0}{2k}$ 的上界值为

$$\frac{\sigma_1}{2k} = \frac{\sigma_0}{2k} = \Big[\xi(\alpha) + \frac{\tau_{\mathrm{f}}}{2k}\cot\alpha\Big]\ln\frac{h_0}{h_1} + \frac{1-\cos\alpha}{\sin\alpha} \qquad (5-63)$$

按式 5-63 计算的结果如图 5-17 所示。

由图 5-17 可见，$\sigma_1/2k$、$\sigma_0/2k$ 最低时的模角 α 随 ψ 和 τ_{f} 的增大而增加。

如图 5-18 所示，死区界面倾角 α'。死区金属与流动金属界面间，由于速度不连续引起的剪切功率与 $\alpha = \alpha'$，$\tau_{\mathrm{f}} = k$ 时的摩擦功率相同。此时 $\sigma_1/2k$、$\sigma_0/2k$ 可由图 5-17 上 $\tau_{\mathrm{f}} = k$ 的曲线确定。在该图 $\tau_{\mathrm{f}} = k$ 的曲线上，$\sigma_1/2k$、$\sigma_0/2k$ 最小值的模角用 α_{opt} 表示。与 $\alpha > \alpha_{\mathrm{opt}}$ 的变形情况相比，出现图 5-18 表示的 $\alpha' = \alpha_{\mathrm{opt}}$ 的死区，而得低的 $\sigma_1/2k$、$\sigma_0/2k$ 上界值。因为低的上界值接近正确值，所以若 $\tau_{\mathrm{f}} = k$，则 $\alpha > \alpha_{\mathrm{opt}}$ 的情况，应取对应 α_{opt} 时的上界值。这就是图 5-17 所示的水平线。由该图也可以看出，当 $\tau_{\mathrm{f}} = 0.5k$ 和 $\tau_{\mathrm{f}} = 0$ 时，α 角

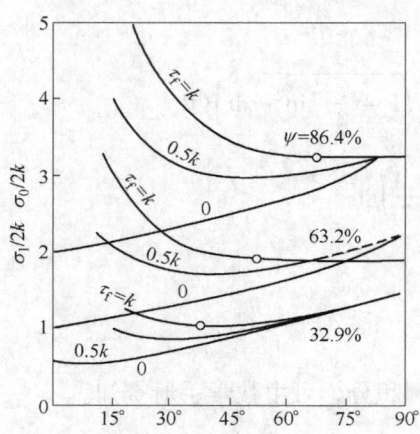

图 5-17　计算的 $\sigma_0/2k$，$\sigma_1/2k$ 与 α、τ_{f} 和 ψ 的关系

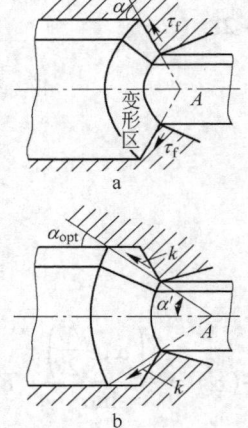

图 5-18　死区的形成

a—无死区；b—有死区

接近 90° 仍会出现死区，因为形成后者具有低的上界值，也就是不出现死区的上界值（虚线）比出现死区的上界值（水平实线）为高。

5.9.8* 上界定理解析轴对称压缩圆环

粗糙工具压缩圆环由于轴对称，在圆周方向不存在位移速度 v_θ，但是由于存在径向位移速度 v_r 也会产生圆周方向的应变速率 $\dot{\varepsilon}_\theta$，由体积不变条件可知，轴对称问题不存在平面变形问题的刚性三角形速度场，而在子午面上的速度不连续线呈曲线形式。如图 5-19 所示，把变形区分成 Ⅰ、Ⅱ、Ⅲ 区。设 Ⅱ 区的 $v_{z\text{Ⅱ}} = -\alpha$，按体积不变条件，

$$\frac{\partial v_r}{\partial r} + \frac{v_r}{r} + \frac{\partial v_z}{\partial z} = 0 \qquad (5-64)$$

则

$$\frac{\partial v_r}{\partial r} + \frac{v_r}{r} = 0$$

假定 v_r 沿 z 方向均布，上式可写成

$$\frac{\mathrm{d}v_r}{v_r} = -\frac{\mathrm{d}r}{r}$$

积分得

$$v_r = \frac{c}{r} \qquad (5-65)$$

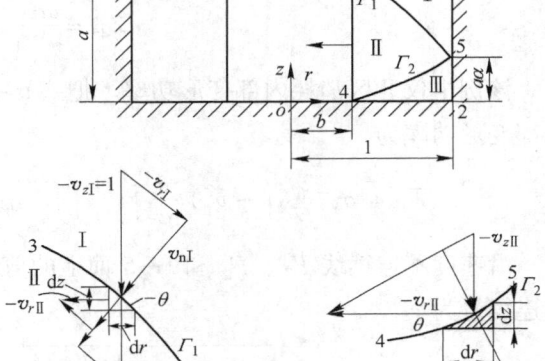

图 5-19　用粗糙工具压缩圆环
（按小林史郎）

按秒流量相等原则，$-1(1-b^2)\pi = 2\pi bav_{rb}$，所以当 $r = b$ 时，$v_{rb} = -\dfrac{1-b^2}{2ba}$，于是积分常数 $c = -\dfrac{1-b^2}{2a}$。从而得 Ⅱ 区的

$$v_{r\text{Ⅱ}} = -\frac{1-b^2}{2ar} \qquad (5-66)$$

其他两区速度场为

Ⅱ区：$\quad v_{r\text{Ⅰ}} = 0,\ v_{z\text{Ⅰ}} = -1$

Ⅲ区：$\quad v_{r\text{Ⅲ}} = 0,\ v_{z\text{Ⅲ}} = 0$ $\qquad (5-67)$

由式 2-76 可知，此两区的应变速率分量均为零；Ⅱ区的应变速率分量为

$$\left.\begin{aligned}
\dot{\varepsilon}_r &= (1-b^2)/2ar^2 \\
\dot{\varepsilon}_\theta &= -(1-b^2)/2ar^2 \\
\dot{\varepsilon}_z &= 0 \\
\dot{\varepsilon}_{rz} &= \dot{\varepsilon}_{r\theta} = \dot{\varepsilon}_{\theta z} = 0
\end{aligned}\right\} \qquad (5-68)$$

下面来确定速度不连续线 Γ_1、Γ_2 的方程。由于穿过速度不连续线法向速度是连续的，则得

$$\frac{v_{z\text{Ⅰ}} - v_{z\text{Ⅱ}}}{v_{r\text{Ⅱ}}} = -\tan\theta$$

或

$$\frac{\mathrm{d}Z_{35}}{\mathrm{d}r} = -\frac{(1-a)2ar}{1-b^2}$$

积分得

$$Z_{35} = -\frac{1-a}{1-b^2}ar^2 + c$$

当 $r = 1$，$Z = a\alpha$，所以 $c = a\alpha + \frac{1-a}{1-b^2}a$，从而得 Γ_1 线的方程为

$$Z_{35} = -\frac{a(1-a)}{1-b^2}(1-r^2) + a\alpha \tag{5-69}$$

同理得 Γ_2 线的方程为

$$Z_{45} = \frac{a\alpha(r^2 - b^2)}{1-b^2} \tag{5-70}$$

该例中仅 II 区消耗内部变形功率。把式 5 – 68 代入式 5 – 27 并由式 5 – 28，得 II 区的内部变形功率为

$$\dot{W}_\mathrm{i} = \sigma_\mathrm{s}\frac{2}{\sqrt{3}}(1-b^2)\frac{\pi}{a}\int_b^1\frac{1}{r}\Big[\int_{Z_{45}}^{Z_{35}}\mathrm{d}z\Big]\mathrm{d}r = \frac{\pi\sigma_\mathrm{s}}{\sqrt{3}}\Big[2\ln\frac{1}{b} - (1-b^2)\Big] \tag{5-71}$$

沿速度不连续线 Γ_1、Γ_2 和 1—5 面上的剪切功率按式 5 – 29 确定。在 Γ_1 线上的速度不连续量为

$$|\Delta v_\mathrm{t}|_{35} = \sqrt{(1-a)^2 + \frac{(1-b^2)^2}{4a^2r^2}} = \frac{1}{2ar}\sqrt{(1-a)^24a^2r^2 + (1-b^2)^2}$$

沿 Γ_1 上的微线段长度 $\mathrm{d}s = \sqrt{\mathrm{d}z^2 + \mathrm{d}r^2} = \sqrt{1 + \left(\frac{\mathrm{d}z}{\mathrm{d}r}\right)^2}\mathrm{d}r$，则

$$\dot{W}_\mathrm{D35} = \frac{2\pi\sigma_\mathrm{s}}{\sqrt{3}}\int|\Delta v_\mathrm{t}|_{35}\mathrm{d}s$$

$$= \frac{\pi\sigma_\mathrm{s}}{\sqrt{3}}\Big[a(1-\alpha)^2\frac{4}{3}\frac{1+b+b^2}{1+b} + \frac{1}{a}(1-b^2)(1-b)\Big] \tag{5-72}$$

同理，

$$\dot{W}_\mathrm{D45} = \frac{\pi\sigma_\mathrm{s}}{\sqrt{3}}\Big[a\alpha^2\frac{4}{3}\frac{1+b+b^2}{1+b} + \frac{1}{a}(1-b^2)(1-b)\Big] \tag{5-73}$$

沿粗糙面 1—5 上的摩擦功率为

$$\dot{W}_\mathrm{f15} = 2\pi\frac{\sigma_\mathrm{s}}{\sqrt{3}}(1-\alpha)a$$

$$\dot{W}_\mathrm{s} = \dot{W}_\mathrm{D35} + \dot{W}_\mathrm{D45} + \dot{W}_\mathrm{f15} \tag{5-74}$$

由式 5 – 25，则

$$J^* = \dot{W}_\mathrm{i} + \dot{W}_\mathrm{s}$$

按 $J = J^*$ 并注意到 $J = \bar{p}\pi(1-b^2)\times 1$，则得

$$\frac{\overline{p}}{\sigma_s} = \frac{1}{\sqrt{3}}\left(\frac{2}{1-b^2}\ln\frac{1}{b}-1\right) + \frac{2a}{1-b^2}\left[\frac{2}{3}\frac{1}{\sqrt{3}}\frac{1+b+b^2}{1+b}(1-2\alpha+2\alpha^2) + \right.$$

$$\left.(1-\alpha)\frac{1}{\sqrt{3}}\right] + 2(1-b)\frac{1}{\sqrt{3}a} \tag{5-75}$$

把式 5-75 对 α 求导，便可求出 $\dfrac{\overline{p}}{\sigma_s}$ 取最小值时的 α 值和 $\dfrac{\overline{p}}{\sigma_s}$ 的最好上界解，此时

$$\alpha = \frac{1}{2}\left(1 + \frac{3}{4}\frac{1+b}{1+b+b^2}\right) \tag{5-76}$$

上述方法也可用于拉拔和挤压。

5.9.9 平行速度场解析圆环压缩

实验表明，圆环压缩某瞬间，存在中性层，其位置用圆柱坐标系中的 r_n 表示，如图 5-20 所示。根据圆环尺寸和摩擦条件不同有两种情况：（1）$r_n \leqslant r_1$，此时金属沿径向全部外流；（2）$r_1 < r_n < r_0$，此时中性层两侧的金属沿相反方向流动。

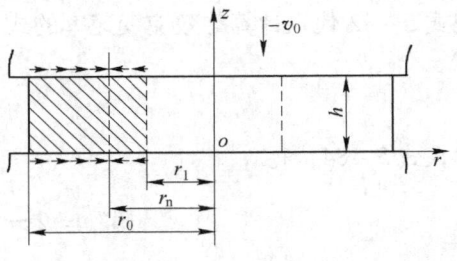

图 5-20 圆环的压缩

根据以上基本实验事实，假定圆环为刚-塑性材料，接触面上的摩擦应力为 $\tau_f = m\dfrac{\sigma_s}{\sqrt{3}}$，忽略圆环内外侧面的鼓形（圆环不太厚、每步压下率很小时，允许这些简化），建立平行速度场（应变速率与 z 轴无关），并确定中性层参数如下。

5.9.9.1 确定速度场

$$v_\theta = 0, \quad v_z = -\frac{zv_0}{h}, \quad v_r = v_r(r, z) \tag{5-77}$$

$$\dot{\varepsilon}_\theta = \frac{v_r}{r}, \quad \dot{\varepsilon}_z = -\frac{v_0}{h}, \quad \dot{\varepsilon}_r = \frac{\partial v_r}{\partial r}, \quad \dot{\varepsilon}_{r\theta} = \dot{\varepsilon}_{rz} = \dot{\varepsilon}_{\theta z} = 0 \tag{5-78}$$

按体积不变条件

$$\dot{\varepsilon}_\theta + \dot{\varepsilon}_r + \dot{\varepsilon}_z = \frac{v_r}{r} + \frac{\partial v_r}{\partial r} + \left(-\frac{v_0}{h}\right) = 0 \tag{5-79}$$

或

$$\frac{1}{r}\frac{\partial}{\partial r}(rv_r) - \frac{v_0}{h} = 0$$

积分后得

$$v_r = \frac{1}{2}\frac{v_0}{h}r + \frac{B(z)}{r}$$

$B(z)$ 可由边界条件确定。当 $r = r_n$ 时 $v_r = 0$ 代入上式，得

$$B(z) = -\frac{1}{2}\frac{v_0}{h}r_n^2 \tag{5-80}$$

代回原式得速度场与应变速率为

$$v_r = \frac{1}{2}\frac{v_0}{h}r\left[1 - \left(\frac{r_n}{r}\right)^2\right] \quad v_\theta = 0 \quad v_z = -\frac{z}{h}v_0 \tag{5-81}$$

$$\dot{\varepsilon}_\theta = \frac{1}{2}\frac{v_0}{h}\Big[1 - \Big(\frac{r_n}{r}\Big)^2\Big] \quad \dot{\varepsilon}_z = -\frac{v_0}{h} \quad \dot{\varepsilon}_r = \frac{1}{2}\frac{v_0}{h}\Big[1 + \Big(\frac{r_n}{r}\Big)^2\Big] \tag{5-82}$$

由上可知，在上述的速度场中只含有一个特定参数 r_n，故可按 $J^* = J^*_{min}$ 确定真实速度场下的 r_n。

5.9.9.2　确定 r_n

按式 5-25

$$J^* = \dot{W}_i + \dot{W}_f \tag{5-83}$$

$$\dot{W}_i = \int_{r_1}^{r_0}\int_0^{2\pi}\int_0^h \sigma_s\dot{\varepsilon}_e rdzd\theta dr \tag{5-84}$$

把式 5-82 代入计算等效应变速率的式 5-27 中，得

$$\dot{\varepsilon}_e = \frac{v_0}{h}\sqrt{1 + \frac{r_n^4}{3r^4}}$$

代入式 5-84，得

$$\dot{W}_i = 2\pi v_0\sigma_s\int_{r_1}^{r_0}\sqrt{r^4 + \frac{1}{3}r_n^4}\frac{dr}{r} \tag{5-85}$$

$$\dot{W}_f = 2\int_{F_f}\tau_f|\Delta v_f|dF = \frac{2m\sigma_s}{\sqrt{3}}\int_{F_f}v_r dF \tag{5-86}$$

应指出，$\dot{W}_f$ 应取绝对值。根据中性层 r_n 的数值，可得 $\dot{W}_f$ 的两种表达式：当 $r_n < r$ 时，由式 5-81，v_r 得正，故可直接代入式 5-86 计算；当 $r_n > r$ 时，由式 5-81，v_r 得负，为使 $\dot{W}_f$ 得正，代入式 5-86 计算时应加一负号。

注意到式 5-81 的第一式，将式 5-85 和式 5-86 代入式 5-83，按 $\frac{\partial J^*}{\partial r_n} = 0$ 可确定 r_n。

对于 $r_1 < r_n < r_0$ 时，得出

$$\frac{r_n}{r_0} \approx \frac{2\sqrt{3}m\frac{r_0}{h}}{\Big(\frac{r_0}{r_1}\Big)^2 - 1}\left\{\sqrt{1 + \frac{\Big(1 + \frac{r_1}{r_0}\Big)\Big[\Big(\frac{r_0}{r_1}\Big)^2 - 1\Big]}{2\sqrt{3}m\frac{r_0}{h}}} - 1\right\} \tag{5-87}$$

当 $r_n = r_1$ 时，注意使 $\frac{\partial J^*}{\partial r_n} = 0$ 的式中 $\frac{r_1}{r_n} = 1$，得

$$m\frac{r_0}{h} = \frac{1}{2\Big(1 - \frac{r_1}{r_0}\Big)}\ln\left[\frac{3\Big(\frac{r_0}{r_1}\Big)^2}{1 + \sqrt{1 + 3\Big(\frac{r_0}{r_1}\Big)^4}}\right] \tag{5-88}$$

顺便指出，根据此式，可通过实验估计 m 值。为此，准备各种 r_1、r_0 和 h 的圆环，给小压下率（如取 3% ~5%），找出压后内径不变即 $r_n = r_1$ 时的 r_1、r_0 和 h，代入式 5-88 中便可估算出 m 值，也可由该式作出计算曲线，如图 5-21 所示。

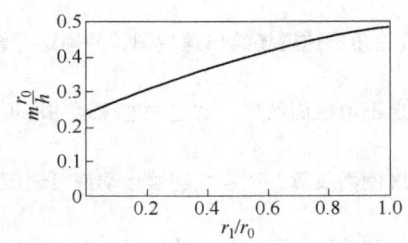

图 5-21　$r_n = r_1$ 时 $m \dfrac{r_0}{h}$ 与 $\dfrac{r_1}{r_0}$ 的关系曲线

（按 Avitzur B.）

思 考 题

5-1　说明何为静力许可条件、何为运动许可条件，按上界定理要求设定的速度场应满足哪些条件？

5-2　真实解（完全解）应满足哪些条件？

5-3　满足运动许可条件的应变速率场与满足静力许可条件的应力场间有何物理关系？

5-4　存在应力不连续与存在速度不连续时对虚功原理有何影响？试给出表达式。

5-5　试考虑如何用上界定理解决实际变形过程中的力学问题。

5-6　试以求和约定形式写出上界定理需要满足的条件。

5-7　三角形速度场与上界连续速度场解法有哪些异同？

5-8　为什么三角形速度场只适于平面变形问题，而不适于轴对称问题？

5-9　与工程法和滑移线场法比较上界法的特点有哪些？

5-10　工程法属于下界法，但为什么工程法有时还给出偏高的结果？

5-11　设定含有待定参数 a_i 的某种运动许可速度场，虽然按 $\dfrac{\partial J^*}{\partial a_i} = 0$ 确定了 a_i，但为什么仍然得不到精确解？

5-12　为什么在同样摩擦因子条件下锻粗时，考虑侧面鼓形比不考虑 $\dfrac{\bar{p}}{2k}$ 值小？

5-13　上界法建立速度场应满足什么条件？有几种方法建立上界速度场？二者有何区别？

习 题

5-1　试证明最大塑性功原理：$\displaystyle\int_V (\sigma_{ij} - \sigma_{ij}^0)\dot{\varepsilon}_{ij}\mathrm{d}V \geqslant 0$

5-2　试叙述虚功原理，写出其表达式，并以平面变形为例给予证明。

5-3　什么是上界定理，试用最大塑性功原理和虚功原理证明上界定理。

5-4　试写出力平衡微分方程和密赛斯屈服准则的求和约定形式。

5-5　对刚-塑性体写出塑性变形时内部变形功率的表达式。

5-6　试将下列求和约定形式写成展开形式

1）$a_{ij}b_j$；

2）$\sigma_{ij,i} = 0$。

5-7　以三角形速度场解析光滑平冲头压入半无限体问题的 $\dfrac{\bar{p}}{2k}$ 值。

5-8　在光滑平板间压缩薄件（$\dfrac{l}{h} > 1$），且 $\dfrac{l}{h}$ 为整数，试建立三角形速度场，求 $\dfrac{\bar{p}}{2k}$ 的值。

5 – 9　辊面粗糙情况下的轧板，按三角形速度场绘出速端图，并确定纯轧制力矩和$\dfrac{\bar{p}}{2k}$的大小。

5 – 10　矩形件平面变形压缩，假定不考虑面鼓形，试建立连续运动许可速度场，并求$\dfrac{\bar{p}}{2k}$的值。

5 – 11　矩形件平面变形压缩，考虑侧面鼓形，试建立连续运动许可速度场，并确定求$\dfrac{\bar{p}}{2k}$值的主要步骤。

5 – 12　试建立楔形模平面变形拉拔和挤压过程的连续速度场，并确定求$\dfrac{\bar{p}}{2k}$值的主要步骤。

参 考 文 献

[1] 赵德文. 材料成形力学 [M]. 沈阳：东北大学出版社，2002.

[2] 赵志业. 金属塑性变形与轧制理论 [M]. 北京：冶金工业出版社，1980.

[3] 赵志业. 金属塑性加工力学 [M]. 北京：冶金工业出版社，1987.

[4] 曹乃光. 金属塑性加工原理 [M]. 北京：冶金工业出版社，1983.

[5] 李生智. 金属压力加工概论 [M]. 北京：冶金工业出版社，1984.

[6] 王仲仁等. 塑性加工力学基础 [M]. 北京：冶金工业出版社，1989.

[7] 王廷溥. 金属塑性加工学 [M]. 北京：冶金工业出版社，1988.

[8] V. B. 金兹伯格. 板带轧制工艺学 [M]. 马东清，等译. 北京：冶金工业出版社，1998.

[9] 吕立华. 轧制理论基础 [M]. 重庆：重庆大学出版社，1991.

[10] 汪家才，金属压力加工的现代力学原理 [M]. 北京：冶金工业出版社，1991.

[11] 日本材料学会. 塑性加工学 [M]. 陶永发，于清莲，译. 北京：机械工业出版社，1983.

[12] 熊祝华，洪善桃. 塑性力学 [M]. 上海：科学技术出版社，1984.

[13] 俞茂宏. 双剪理论及其应用 [M]. 北京：科学出版社，1998.

[14] 赵志业，王国栋. 现代塑性加工力学 [M]. 沈阳：东北工学院出版社，1986.

[15] 王仲仁，郭殿俭，汪涛. 塑性成形力学 [M]. 哈尔滨：哈尔滨工业大学出版社，1989.

[16] 王祖成，汪家才. 弹性和塑性理论及有限单元法 [M]. 北京：冶金工业出版社，1983.

[17] 徐秉业，陈森灿. 塑性理论简明教程 [M]. 北京：清华大学出版社，1981.

[18] 日本钢铁协会. 板带轧制理论与实践 [M]. 王国栋，吴国良，等译. 北京：中国铁道出版社，1990.

[19] 王祖唐，关廷栋，肖景容 等. 金属塑性成形理论 [M]. 北京：机械工业出版社，1989.

[20] 沃·什彻平斯基. 金属塑性成形力学导论 [M]. 徐秉业，刘信声，孙学伟，译. 北京：机械工业出版社，1987.

[21] 徐秉业. 塑性力学 [M]. 北京：高等教育出版社，1988.

[22] 俞汉清，陈金德. 金属塑性成形原理 [M]. 北京：机械工业出版社，1999.

[23] 陈家民. 塑性成形力学 [M]. 沈阳：东北大学出版社，2006.

[24] 王平. 金属塑性成形力学 [M]. 北京：冶金工业出版社，2006.

冶金工业出版社部分图书推荐

书　名	定价(元)
成形能率积分限线性化原理及应用	95.00
金工实习	32.00
中国 600℃ 火电机组锅炉钢进展	69.00
中厚板外观缺陷的界定与分类	150.00
中厚板生产实用技术	58.00
中厚板生产知识问答	29.00
中国中厚板轧制技术与装备	180.00
高精度板带材轧制理论与实践	70.00
板带冷轧生产	42.00
板带材生产原理与工艺	28.00
板带冷轧机板形控制与机型选择	59.00
高精度板带钢厚度控制的理论与实践	65.00
冷热轧板带轧机的模型与控制	59.00
板带材生产工艺及设备	35.00
中国热轧宽带钢轧机及生产技术	75.00
热轧薄板生产技术	35.00
热轧带钢生产知识问答	35.00
冷轧带钢生产问答	45.00
轧钢生产基础知识问答	49.00
冷轧薄钢板生产（第 2 版）	69.00
冷轧生产自动化技术	45.00
冷轧薄钢板精整生产技术	30.00
冷轧薄钢板酸洗设备与工艺	28.00
冷轧带钢生产	41.00